Kurt Kotrschal

Wolf – Hund – Mensch
Die Geschichte einer jahrtausendealten Beziehung

Gewidmet meiner Frau Rosemarie und unseren Kindern Katharina und Alexander, die es immer geduldig ertrugen, meine Zeit und Aufmerksamkeit im Übermaß mit der Zoologie zu teilen.

Kurt Kotrschal

Wolf Hund Mensch

Die Geschichte einer jahrtausendealten Beziehung

Brandstätter

INHALT

Zum Beginn

Wölfe und Hunde sind seit jeher in einem erstaunlichem Ausmaß unser wesensmäßiges *Alter Ego*. Wir lieben und hassen sie, wir achten und verachten sie, aber kaum jemand bleibt von ihnen unberührt. Seit etwa 60 000 Jahren leben Menschen mit Wölfen und ihrer mit uns sozial verträglichen Form, den Hunden, zusammen. Alle Kulturen des *Homo sapiens* sind in Beisein von Wölfen bzw. Hunden entstanden. Hunde sind nicht nur die längstgedienten, sondern auch die engsten Tierkumpane der Menschen. Sie sind uns wesensähnlich und können viel für uns tun, nicht nur als Polizei- oder Rettungshund. So fördert das Aufwachsen mit Hunden die körperliche, emotionale und geistige Entwicklung von Kindern und ihre emotionale Intelligenz. Menschen teilen mit vielen anderen Tieren, besonders aber mit Wölfen und Hunden, ihr soziales Gehirn und ihre soziale Intelligenz, die Stressphysiologie sowie andere Prinzipien der sozialen Organisation. Es ist daher nicht verwunderlich, dass echte Sozialbeziehungen zwischen Menschen und anderen Tieren möglich sind. Als Teil des „philosophischen Moduls" des menschlichen Gehirns und als eines unserer Alleinstellungsmerkmale sind Menschen „biophil", d.h. nahezu „instinktiv" an Natur und Tieren interessiert. Auch die menschliche Spiritualität entstand in dieser engen Naturbeziehung. Letztlich bleibt die *Conditio humana* ohne Bezug auf diese Natur- und Tierbeziehung unbegreifbar.

Von Wölfen geht eine eigenartige Faszination aus. Wölfe sind seit Urzeiten Brüder und Schwestern der Menschen. Und das nicht nur in den spirituellen Vorstellungen unserer steinzeitlichen Ahnen. Vielmehr sind uns Wölfe in ihrer Lebensweise ähnlicher als selbst unsere nächsten Verwandten, die Schimpansen. Wölfe und Menschen sind jeweils die innerhalb ihrer Klans freundlichsten und kooperativsten Arten ihrer Verwandtschaftsrunden, den Menschenaffen bzw. den Hundeartigen. Wenn es jedoch um die Bekämpfung gruppenfremder Artgenossen geht, sind wir beide konsequent und grausam. Wölfe wie ursprüngliche Menschen leben in nach innen auf Zusammenarbeit ausgerichteten Kriegergesellschaften. Mit Nachbarn leben wir im Burgfrieden, wir tauschen uns freundlich mit ihnen aus und besuchen sie und gelegentlich bekämpfen wir sie bis aufs Blut. Zudem sind Wölfe und Menschen beide Top-Beutegreifer, die mit Hilfe ihrer Anpassungsfähigkeit, ihrer Kooperationsbereitschaft und ihres klugen Köpfchens nahezu alle Lebensräume der Nordhemisphäre besiedelten. Meist eroberten Wölfe und Menschen sogar dieselben Lebensräume. Wenn sie sich arrangierten, hatten beide kaum andere Beutegreifer zu fürchten. Wo hingegen das Verhältnis kippte, war der Mensch des Wolfes schlimmster Feind; und manchmal auch umgekehrt. Mensch und Wolf sind zwar nicht bluts-, wohl aber wesensverwandt, sozusagen Mitglieder derselben ökologischen Familie, derselben geistigen Sippschaft. Familienmitglieder sind einander bekanntlich nicht egal. Meist liebt oder hasst man einander, hegt zueinander Einstellungen und Erwartungen, die man Fremden gegenüber gewöhnlich nicht hat.

So leben Wolf und Mensch seit Urzeiten in einer oft ambivalenten Nahebeziehung. Kein Wunder also, dass bereits vor sehr langer Zeit aus dieser ökologischen Nahebeziehung auch eine soziale wurde, dass man sich aneinander anschloss. Ob damit anfangs neben dem spirituellen Bezug der Menschen zu Wölfen eine Nutzanwendung verbunden war, ist unbekannt. Als gesichert kann hingegen gelten, dass von den vielen Annäherungen zwischen Menschen und Wölfen einige wenige lange genug andauerten, um die Wölfe genetisch zu Hunden zu wandeln. So kam es, dass der Wolf in Form des Hundes zum Gefährten der menschlichen Kulturentwicklung wurde, zu einem Wegbegleiter über Jahrzehntausende, zum treuen Wächter, Kämpfer im Krieg, Jagdgefährten, Abfallbeseitiger oder schlicht Sozialgefährten.

Wir wurden in Gemeinschaft mit Tieren, besonders aber mit Wölfen und Hunden, zu modernen Menschen. Das ist zu berücksichtigen, wenn wir uns selber verstehen wollen. Das System Wolf-Mensch -Hund bildet eine uralte Beziehungskiste, dynamisch moduliert über Raum, Zeit und Kulturen in Koexistenz und Gegnerschaft, Liebe und Hass, Nähe und Distanz. In gewisser Weise war diese Beziehungskiste immer auch eine Schicksalsgemeinschaft.

Über dieses Buch

Die Beziehung und Einstellung zu Wolf und Hund spiegelt – in grauer Vorzeit wie heute – die Verfasstheiten menschlicher Gesellschaften wider. Wölfe wie Hunde sind „Beziehungstiere“ und wichtige Projektionsflächen für menschliche Vorstellungen. Das ist eine der spannendsten Seiten an unseren vierbeinigen Partnern und einer meiner Hauptgründe, dieses Buch zu schreiben. Wenn man über Wölfe und Hunde spricht und schreibt, kann man versuchen, sich ausschließlich auf so genanntes „gesichertes Wissen", also die neueren Erkenntnisse der Wissenschaft, zu beziehen und wird auf diese Weise ein recht lückenhaftes Bild zeichnen. Oder man traut sich, auch Szenarien zu entwerfen, die auf einer Mischung aus gesichertem Wissen, Erfahrung, Anekdoten und über Jahrzehnte entwickeltem Bauchgefühl beruhen – das natürlich auch falsch sein kann. Letztlich ist dieses Buch ein Versuch, Wölfe, Hunde und ihre wechselseitige Beziehung zu den Menschen zu beleuchten. Wölfe und unsere Wolfs- und Hundebeziehungen wirklich „verstehen" und vollständig erklären zu wollen, wäre ein vermessener Anspruch.

Man kann kaum sinnvoll über Wölfe schreiben, ohne Hunde und Menschen einzubeziehen. Das Buch beginnt mit einem Aufriss dieser Beziehungskiste. Es folgen Kapitel zur Biologie des Dreigestirns Wolf-Hund-Mensch, zum Verhalten und Wesen, einschließlich der Ausbildung von Kulturen, bei Wölfen und schließlich zur eigentlichen historischen, spirituellen und materiellen Beziehung Mensch-Wolf. Ferner berichte ich, wie es zur Gründung des Wolfsforschungsinstitutes in Ernstbrunn (WSC; www.wolfscience.at) kam und wie unsere Arbeit dort aussieht. Hunde sind im Text immer präsent, der Schluss des Buches widmet ihnen einen kleinen Schwerpunkt. Denn Faszination Wolf hin oder her – Hunde sind heute für unseren menschlichen Alltag bei weitem wichtiger.

Dieses Buch wäre ohne mein Umfeld nicht möglich gewesen, ohne meine Arbeitsgruppen an der Konrad Lorenz Forschungsstelle in Grünau und jener für Mensch-Tierbeziehung in Wien. Vor allem aber möchte ich meinen zwei Partnerinnen, Friederike Range und Zsófia Virányi, danken. Dies ist kein Buch über das WSC, aber ohne WSC und die dort gesammelte persönliche und wissenschaftliche Erfahrung mit Wölfen, Hunden und Menschen wäre dieses Buch nicht möglich gewesen. Wir konnten das WSC aufgrund der Komplexität dieses Projekts nur zu dritt gründen, betreiben es gemeinsam und in ständiger fachlicher Diskussion und verlangen voneinander, von unseren Mitarbeitern und unseren Studenten wohl meist zu viel. Die Arbeit mit unseren Wölfen und Hunden bedeutet tägliche Herausforderungen und große physische und psychische Anstrengungen, aber auch sehr viel schönes gemeinsames Erleben.

Auf den Wolf gekommen – eine persönliche Beziehungsgeschichte

Starkes Interesse an Tieren und Natur war bei mir wohl prototypisch frühgeprägtem Biologen von frühester Kindheit an vorhanden, wandte sich aber zunächst dem Krabbelgetier und den Fischen zu. Dem Vernehmen nach sammelte ich sie seit dem dritten Lebensjahr lebend und hielt sie in Gläsern und Aquarien. Ohne Hund aufgewachsen, las ich während meines Biologiestudiums an der Universität Salzburg die Bücher von Erik Zimen und Konrad Lorenz, etwa „*So kam der Mensch auf den Hund*".

Als junge Familie kamen meine Frau und ich dann zeitgleich auf Kind und Hund. So war im Mai 1978 Schluss mit trauter Zweisamkeit und wir waren plötzlich zu viert. Der Welpe entwickelte sich zum großen schwarzen, menschenfreundlichen Mischlingsrüden Rolfi. Das Baby zu einer sehr gelungenen Tochter. Das ist eine andere Geschichte, könnte man meinen; doch das stimmt nicht ganz, denn Hunde können sehr viel zur Entwicklung von Kindern beitragen. Man weiß seit nicht allzu langer Zeit durch Zusammenschau der Ergebnisse der Psychologie, Pädagogik und Neurobiologie auch, warum das so ist. Rolfi kam von einem Bauernhof bei Oberndorf, etwa 20 km nördlich von Salzburg. Er war unerschütterlich freundlich zu Menschen, aber recht unverträglich mit seinesgleichen. Für den vom Lorenz'schen Idealismus geprägten Junghundehalter musste der arme Rüde als Wolfsersatz herhalten. Oder für das, was ein auf Basis der damaligen Literatur verbildeter Student für wölfisch hielt. Der arme Hund war dafür denkbar ungeeignet. Ich hatte Hundeerziehung wohl mit einem Übermaß an Kontrolle verwechselt. Den Kindern – Sohn Alex kam zwei Jahre nach Tochter Katharina – kam das zugute, reagierte ich doch Erziehungsprinzipien und Kontrollbedürfnis vorwiegend am Hund ab. Im Endeffekt waren wir sicherlich ein gutes Team, Rolfi und ich, aber meinen damaligen Interaktionsstil würde ich heute keinem Hund mehr zumuten wollen.

Bis 1990 forschte ich an Fischen, dann an Vögeln. Rolfis Tod 1991 bedeutete Familientrauer, besonders bei Tochter und Sohn, die mit ihm aufgewachsen waren. Wenige Jahre später kam der schwarzmarkenfarbenen Eurasierrüde Basko ins Haus. Er war ziemlich das Gegenteil von Rolfi, eigensinnig, souverän im Umgang mit Artgenossen, Menschen gegenüber allerdings ein völlig respektloser Lustschnapper, ein Hobby, das er trotz aller Belehrungsversuche bis zu seinem

Lebensende beibehielt. Insbesondere Macho-Männer mussten vor ihm beschützt werden. So „wölfisch" war es mir nun auch wieder nicht recht, wobei ich damals noch nicht wusste, dass ein dermaßen überzogenes Selbstbewusstsein eigentlich gar nicht typisch wölfisch ist ...

Die Lage besserte sich, als wir zwei Jahre später die sanfte und sozial sehr kompetente blonde Eurasierhündin Briska dazunahmen und nochmals, als Basko schließlich im fünften Lebensjahr kastriert wurde. Die Reduktion seiner männlichen Geschlechtshormone war eine Erleichterung für uns und offensichtlich auch für ihn. Nach Baskos Tod kam eine zweite Eurasierhündin ins Haus, die rot-wildfarbene Bolita, die seit Briskas Tod als alleinige Hündin in unserem Haushalt lebt. Bolita begleitete mich bei der Handaufzucht von nunmehr vier Jahrgängen von Timberwölfen, sozialisierte diese Wölfe hervorragend und gewann dabei derart an Selbstbewusstsein, dass sie zu unserem Leidwesen Eurasierrüden als Geschlechtspartner kaum mehr in Betracht zieht. Ihre heute einige Jahre alten Stiefkinder trifft sie immer noch gerne zu mehr oder weniger wildem Spiel.

Bereits seit längerer Zeit wollte ich unsere Forschungen an der Konrad Lorenz Forschungsstelle zur sozialen Komplexität von Vögeln durch die Arbeit an Wölfen ergänzen. Als ich dies auch auf unserer Homepage kundtat (www.klf.ac.at), meldete sich im Jahr 2004 die Kognitionswissenschaftlerin Friederike Range; unser Projektantrag floppte jedoch zunächst. Als sich im Herbst 2007 auch die Verhaltensbiologin Zsófia Virányi von der Eötvös Lorand Universität in Budapest in Wien aufhielt, war es aber endlich so weit: Zu dritt packten wir es an. Alle drei wollten wir aus jeweils etwas anderen Gründen mit Wölfen arbeiten. So stürzten wir uns ins Abenteuer – Optimisten zeichnen sich bekanntlich durch einen Mangel an Information aus. Der Aufbau unseres Wolfsforschungszentrums, zunächst im oberösterreichischen Grünau, an der Konrad Lorenz Forschungsstelle, dann im Wildpark Ernstbrunn, etwa 40 km nördlich von Wien, verlangt uns seitdem oft mehr ab, als wir eigentlich geben können, was Einsatz, Arbeitszeit und auch persönlichen materiellen Beitrag betrifft. Doch unsere wachsende Gruppe kooperativer Timberwölfe und gleich wie sie aufgezogener Hunde sowie die einzigartigen Möglichkeiten unseres Settings entschädigen dafür.

Die beste Möglichkeit, Tiere von Grund auf kennenzulernen und sie jenseits der wissenschaftlichen Zielsetzungen intuitiv zu verstehen, ist sie aufzuziehen. Auch Konrad Lorenz zog über sein langes Leben immer wieder unterschiedlichste Tiere auf, etwa die berühmte Graugans Martina. Tatsächlich ist sozial und emotional beteiligte Handaufzucht oft die Methode der Wahl, Wildtiere zu vertrauensvollen Partnern für die Forschung heranzuziehen. Das gilt für jene Graugänse, die ich im Frühjahr 1991 aufzog, für Raben, Papageien und natürlich auch für Wölfe. Im Team mit meinen Kolleginnen durfte ich die ersten Wölfe im Frühjahr 2008 aufziehen, drei weitere Aufzuchten sollten bis Frühjahr 2012 folgen. Es geht dabei nicht nur um die Erfüllung ihrer physischen Bedürfnisse, sie zu füttern und sauber zu halten, sondern vor allem auch um ihre sozialen Bedürfnisse nach emotional-empathischer Zuwendung. Dies muss natürlich bei Raben, Gänsen oder Wölfen jeweils etwas anders ausfallen. Als menschlicher „Ziehelter" durfte ich viel über Wölfe lernen, ein gutes Gefühl dafür erwerben, wie sie ticken, und auch dafür, ihnen mit Respekt zu begegnen und sie tatsächlich als Partner auf gleicher Augenhöhe zu betrachten, nicht einfach als „Versuchstiere". Denn auch eng menschenbezogen aufgewachsene Wölfe behalte ihren eigenen Kopf und halten wenig von hündisch-blindem Vertrauen, Gefallen-Wollen oder Unterwürfigkeit dem Sozial- und Arbeitspartner Mensch gegenüber. Ähnlich wie Graugänse und Raben – die viel weniger Zähne in ihren Schnäbeln tragen – aber ganz im Unterschied zu den gefallsüchtigen Hunden.

Natürlich wusste ich, dass Wölfe von vielen Menschen mythisch überhöht werden, von anderen aber immer noch gefürchtet oder sogar gehasst. Aber ich hatte keine Ahnung von Ausmaß und Intensität dieses Beziehungsspektrums. Was wir in den letzten drei Jahren mit Besuchern erlebten, aber auch die Wirkung der Wölfe auf uns, die wir ja eigentlich nüchterne Wissenschaftler sein sollten, legt nahe, dass der Wolf als Archetyp tief in den meisten Menschen verankert zu sein scheint. So sind unsere Wolfsspaziergänge (mehrmals pro Woche dürfen uns Interessierte gegen eine Spende begleiten) auf Monate im Voraus gebucht und so mancher Besucher, der einen Wolf berührt, wäscht sich anschließend lange nicht mehr die Hand. Und gelegentlich werden wir angefeindet, weil unsere Wölfe „Sitz" und „Platz" machen. Man verübelt uns manchmal, dass die Inkarnationen der unberührten Natur, des Wilden und der Freiheit mit uns Menschen wie Hunde kooperieren. Erstaunlich, wie dünn die Ratio zu sein scheint, wenn es um den Wolf geht, und wie stark ideologisch aufgeladen diese Tiere anscheinend immer noch sind.

Wolfsbeziehungen

Wolfsnacht

Die vollkommene Dunkelheit der Nacht bettet mich ein, schwarz wie der Wolf im Märchen vom Rotkäppchen. So schwarz, dass ich die vier ebenfalls schwarzen, einjährigen Wölfe um mich herum nur fühlen kann. Ich weiß, der große Wolfsrüde, der mit mir auf Körperkontakt liegt, muss Aragorn sein, denn die anderen, Kaspar, Shima und Tayanita halten beim Schlafen gerne etwas Abstand. Kein Mond, kein Licht der Sterne erhellt die Nacht, Ernstbrunn liegt zugedeckt von einer dicken Wolkendecke.

Nein, ich bin weder verrückt noch versuche ich, mich als Alpha-Wolf unseres Rudels zu profilieren, wie so manche zweifelhafte Wolfs-Machos. Im Mai 2009 übersiedelten wir das Wolfsforschungszentrum mit Sack und Pack und vor allem mit den von uns handaufgezogenen kanadischen Grauwölfen (*Canis lupus occidentalis*, auch Timberwolf genannt) vom Wildpark Grünau im oberösterreichischen Almtal in ein neues, noch vorläufiges Gehege im Wildpark Ernstbrunn im niederösterreichischen Weinviertel. Da Wölfe ganz im Gegensatz zum landläufigen Image eher vorsichtig-schüchterne Tiere sind, die, in eine ihnen unbekannte Umgebung versetzt, scheu bis panisch reagieren können, entschloss ich mich, die ersten drei Nächte mit ihnen das Lager in ihrem neuen Gehege zu teilen.

Tatsächlich nahmen sie das ihnen unbekannte Gehege interessiert an und respektierten seine Grenzen, beruhigt offenbar durch die Anwesenheit eines ihnen vertrauten Menschen bzw., sozial gesehen, eines Bindungs- und Arbeitspartners. Ich schlief zeitweise ziemlich gut, dort im Stroh des Wolfsunterstands. Aber Wölfe sind keine Durchschläfer, und meine Schlafgefährten verließen als unruhige Nachtgeister unser gemeinsames Nachtlager immer wieder. Es beunruhigte mich auch nicht, Aragorn plötzlich nicht mehr an meinem Rücken zu spüren. Denn Kaspar, der später so verlässliche und ruhige Rudelchef, war in diesem Alter noch etwas „verhaltensoriginell“. Wird schon wiederkommen, dachte ich im Halbschlaf. Und so war es dann auch. Immer wieder beeindruckend, wie geräuschlos sich Wölfe bewegen können. Obwohl ich wusste, dass sie nahe an mir vorbeiliefen, hörte ich sie weder kommen noch gehen. Sehen konnte ich in der absoluten Dunkelheit dieser lauen Wolkennacht ohnehin nichts. So fühlte es sich gut an, Aragorns mächtigen Kopf plötzlich wieder auf meinem Oberschenkel zu spüren; offenbar hatte er beschlossen, mich als Kopfpolster zu verwenden. Er war schon als Welpe eher ein Kontaktschläfer mit mir. Ein wenig mulmig wurde mir dann aber doch, als ich merkte, dass er sich seinen Mitternachtssnack in Form der Wirbelsäule eines am Vortag verfütterten Rehs mitgenommen hatte und auf mir liegend daran knabberte, dass die Knochen nur so krachend knackten.

Wölfe verstehen – wie auch viele Hunde – keinen Spaß, wenn's ums Essen geht. Also lag ich zunächst mal ganz ruhig, um nicht den Eindruck entstehen zu lassen, ich wolle ihm seinen Leckerbissen streitig machen. Das machen wir nie: Unsere Wölfen werden während des gesamten Aufwachsens kaum zurechtgewiesen, sie werden nie von uns dominiert und es wird ihnen niemals etwas weggenommen. Das wissen sie. Falls nötig, etwa im Falle eines stibitzten Handys (Aragorn ist unter unseren Wölfen *der* Technikfreak), versuchen wir, gegen ein nettes Stück Futter auszutauschen, um den Gegenstand einigermaßen heil zurückzubekommen. Aber wenn der Wolf nicht will, dann eben nicht. Es gilt, Situationen zu vermeiden, die in Konflikte ausarten könnten. Theoretisch. Praktisch lag ein Wolf auf mir, dessen mächtige Kiefer gerade Rehknochen knackten. Also einfach so tun, als würde ich's nicht bemerken. Nach einem Weilchen regungslosen Liegens wurde es unbequem, ich drehte mich zur Seite, während Aragorn ungeniert weiter seine Brechschere betätigte. Schließlich begann ich, seinen Kopf zu kraulen und auch die Rehwirbelsäule anzufassen, um deren mir unbequeme Lage zu verändern. Und wie reagierte der Rüde? Gar nicht, nicht mal ein leises Knurren. Er ließ sich auch nicht stören, als ich vorsichtig mit meinen Fingern zu sondieren begann, welche seiner riesigen Backenzähne er zum Knacken der Wirbelsäule einsetzte. Ich nahm es als jenen Beleg tiefen Vertrauens zwischen uns beiden, der es wahrscheinlich auch war. Und fand mich in der feuchten Morgendämmerung unter einem Apfelbaum eingebettet in friedlich schlummernde Wölfe.

Partner Wolf?

Sind Wölfe also doch Kuscheltiere? Das wäre wohl die falsche Botschaft. Die Rudelgehege der erwachsenen Wölfe würden wir heute in der Nacht nicht mehr betreten; und schon gar nicht allein. Nicht, weil sie „gefährlich" wären oder nur „auf ihre Chance" warten würden, wie so mancher meinen könnte, der Wölfe immer noch als verschlagen-hinterlistige Feinde sieht. Unsere erwachsenen Wölfe entwickelten zu ihren menschlichen Partnern im Verlauf von Jahren verlässlicher Zusammenarbeit ein tiefes Vertrauensverhältnis. Und umgekehrt. Auf dieses Vertrauen sind wir in unserer Arbeit mit den Wölfen angewiesen. Aber die soziale Dynamik im Rudel lässt es nicht ratsam erscheinen, auch als vertrauter Mensch das Gehege allein zu betreten. Unsere Sicherheitsstandards lassen das nicht zu. Wir sind Kooperationspartner und wollen nicht Teil des sozialen Rudelgefüges werden. Was etwa, wenn ein Wolf die anderen zu beeindrucken versucht, indem er den bekannten Menschen testet, am Hosenbein zieht oder durch ruppiges Wadlbeißen zum Spiel auffordert; was wenn sich dann andere anschließen und ein lustiges Menschenmobbing beginnt? Der Sinn eines „Backups“ durch eine zweite im Umgang mit Wölfen erfahrene Person ist es, solche Ideen gar nicht erst aufkommen zu lassen.

In der wissenschaftlichen Arbeit mit Wölfen versuchen wir so wenig wie möglich in unsere Partner hineinzuprojizieren und -interpretieren. Wir bemühen uns, die Wölfe mit Respekt zu behandeln und im Übrigen herauszufinden, „wie sie wirklich sind“, soweit das überhaupt geht. Sonst wären wir ja keine Wissenschaftler. Tatsächlich ist eine objektive Sicht gerade auf den Wolf schwieriger als auf viele andere Tiere, wie ein kurzer Blick auf die Kulturgeschichte der Menschheit zeigt. Menschen waren offenbar seit Urzeiten vom „Parallelwesen“ Wolf fasziniert. Die ähnliche Lebensführung unserer Vorfahren und der ihren Lebensraum teilenden Wölfe machte sie zu „Brüdern“ in der Vorstellungswelt steinzeitlicher Jäger- und Sammlerkulturen. Sie teilen den Glauben an die Beseeltheit der Natur und nehmen Tiere als denkende und fühlende Mitgeschöpfe wahr. So stand wahrscheinlich wie bei den meisten frühen Domestikationsereignissen von Nutzpflanzen und -tieren auch bei der Annäherung von Menschen und Wölfen nicht der Nutzen im Vordergrund; eher waren es spirituelle Vorstellungen. In vielen dieser animistischen Kulturen waren Wölfe und Raben die wichtigsten Mittler der Schamanen zwischen der wahrnehmbaren Welt und dem Reich der Geister, bevölkert mit den Seelen der toten Menschen und Tiere. In diesen Rollen mögen Raben und Wölfe Hauptrollen gespielt haben in der Entwicklung der religiösen Vorstellungen der Menschen.

Wölfe in den Köpfen der Menschen

Niemals aber in der Geschichte der Menschen auf der Nordhalbkugel unserer Erde waren die Wölfe nur verehrte Kultwesen oder geliebte Kuscheltiere. Man achtete sie zwar, fürchtete sie mitunter aber auch. So gestaltete sich wohl in den meisten Kulturen die Beziehung zwischen Wolf und Mensch ambivalent und komplex. Bereits sehr früh beeinflussten Wölfe in ihrer Rolle als ökologische Mitbewerber und Konkurrenten oder einfach als kluge und geheimnisvolle Parallelwesen die Ideenwelt und Mythen der sie beobachtenden Menschen. Frühe, jungsteinzeitliche Menschen glaubten an eine beseelte Natur. Diese Menschen nahmen sicherlich wahr, dass es da einen Vierbeiner gab, der ähnlich wie sie selber gemeinsam jagt, der liebevoll für seine Familie sorgt, Feinde aber entschlossen bekämpft und der ähnlich neugierig beobachtete, was sie als Menschen so trieben, wie umgekehrt. Naheliegend, dass in dieser Wesensverwandtschaft auch eine Seelenverwandtschaft gesehen wurde. Tatsächlich ist das „Werwolfthema", also die Verwandlung vom Menschen in einen Wolf, einer der ältesten Mythen der Menschheit und etwa bei allen indogermanischen Völkern zu finden.

So dienen Wölfe von der Jungsteinzeit bis heute als Projektionsflächen menschlicher Vorstellungen. Der „Bruder Wolf" bei den nordwestamerikanischen Indianern; Wölfinnen als Urmütter in den Gründungssagen von Rom oder der türkischen Nation; der kaum zu bändigende, brandgefährliche Fenriswolf, das Berserker-Macho-Monster in der germanischen Edda; das spätmittelalterliche Wolfsbild als Verkörperung des Bösen und der Wiedergeburt des Teufels; der Wolf als Sinnbild der edlen, tapferen Kriegertugenden bei den Mongolen und auch in der deutsch-nationalistischen Romantik und im Nationalsozialismus; und schließlich der Wolf als Sinnbild jener wilden und unbezähmbaren Natur, wie sie nur noch in der Sehnsucht der naturfernen, postmodernen Städter vorkommt: All das sind Rollen, welche Menschen unterschiedlicher Kulturen und Zeiten Wölfen zudachten und immer noch zudenken. Mit der *Biologie* der Wölfe hat dies nur am Rande zu tun, wohl aber mit den sich wandelnden Vorstellungen der Menschen von ihrer Welt. Die Einstellung zum Wolf verrät die in einer Gesellschaft vorherrschenden Ideologien und Einstellungen.

Nur scheinbar humaner als die Sage vom Fenriswolf gibt sich der Gründungsmythos Roms: Eine Wolfsamme nährte Romulus und

Remus. Auch in diesem Fall leitet sich eine Kriegergesellschaft von einem Wesen her, das als Macho-Tier gesehen wurde, wenn auch in seiner - besonders von Indianern gerne betonten - fürsorglichen Rolle. Ausgerechnet eine Wölfin, also ein Tier, von dem Gefahr für Kinder ausgehen kann, wie Etrusker und Römer sicher wussten, soll die Stammväter Roms genährt haben. Besser kann man die menschliche Ambivalenz zum *Alter Ego* Wolf kaum ausdrücken. Sogar wenn eine Wölfin ein Menschenbaby adoptieren würde, wäre dessen Aufwachsen in wölfischer Pflege biologisch gar nicht möglich.

Noch immer scheint der Umgang mit Wölfen die Verfasstheit einer Gesellschaft zu spiegeln; im Sinne etwa des tschechischen Schriftstellers Milan Kundera, der in seinem klassischen Roman *„Die unerträgliche Leichtigkeit des Seins"* feststellte, dass im von den Sowjets besetzten Prag Kampagnen gegen Straßenhunde und Stadttauben vom Zaum gebrochen wurden, nachdem die Proponenten des Prager Frühlings aus den öffentlichen Ämtern entfernt und diese mit regimetreuen Kollaborateuren besetzt worden waren. So zeigen sich die Spannungen in der Gesellschaft in der Verfolgung von Tieren, meinte Kundera - ein bestechender, nicht von der Hand zu weisender Gedanke.

Seit Jahren wandern Wölfe nun wieder in viele lange wolfsfreie Gebiete in Mitteleuropa ein. In Deutschland werden über die Zuzügler offene Kontroversen ausgetragen, die zu pragmatisch-politischen Lösungen führen. Daher sind in der Lausitz und in anderen Teilen Deutschlands bereits mehr als zehn Wolfsrudel unterwegs, Tendenz steigend. Auch nach Österreich wandern seit Jahren Wölfe ein. Unser schönes Land scheint jedoch ein Bermudadreieck für die großen Beutegreifer zu sein. Nur in Österreich „verdunsteten" im Verlauf von einigen Jahren etwa 30 Braunbären spurlos (na ja, nicht ganz, einer wurde ausgestopft im Keller eines verstorbenen Jägers von der Kriminalpolizei beschlagnahmt). Und die jährlich etwa fünf bis zehn einwandernden Wölfe gründeten hierzulande trotz geeigneten Lebensraums noch keine Rudel. Einige werden überfahren oder in angeblicher Verwechslung mit wildernden Schäferhunden abgeschossen. Die meisten Wölfe verschwinden jedoch spurlos. Vielleicht wandern sie weiter, vielleicht auch nicht. Gesetzlich sind sie ganzjährig geschützt. Aber das Einhalten von Gesetzen war in Österreich bekanntlich immer schon eine Ermessensangelegenheit. Da wird der Unterschied zu Deutschland offenkundig, wo man nach Kontroversen und demokratischem Konfliktmanagement einen *Modus vivendi* fand. Noch nicht so in Österreich. Es ist zu hoffen, dass auch in der Alpenrepublik die Sache Wolf nicht mehr „unter der Hand" geregelt würde, illegal und der demokratischen Kontrolle entzogen.

Menschen, Wölfe und Raben: Eine ökologische Trias

Wölfe sind in ihrer Bedeutung für uns Menschen mehr als nur eine von vielen Tierarten. Sie sind Partner und Gegner der Menschen seit Urzeiten und schließlich sind sie die Stammform unserer Hunde. Nicht zuletzt sind sie auch die Projektionsflächen unserer romantischen Vorstellungen von der Natur und von Urängsten. Wölfe wurden und werden verehrt und mit grausamen Mitteln verfolgt; sie wurden gefoltert, gehenkt und verbrannt. Noch heute trägt ein ranghohes deutsch-englisches Adelsgeschlecht die „Wolfsangel" sozusagen als „Logo" im Wappen. Wolfsangeln waren Eisenhaken, die man in gut verschluckbaren Fleischködern versteckte.

Wölfe sind zwar nicht die größten, aber aufgrund ihrer Teamorientierung die wohl effizientesten Beutegreifer der Nordhalbkugel. Zudem sind sie in ihren ökologischen Ansprüchen überaus plastisch. Wölfe eroberten eine unglaubliche Vielfalt an Lebensräumen, von den südöstlichen Halbwüsten, von Nordost-Afrika bis weit in die Arktis. Einzeln bzw. paarweise leben sie von Kleinsäugern, von den Abfällen der Müllhalden in Italien oder Rumänien oder sie machen in komplexen Rudeln von bis zu 40 Tieren gemeinsam Jagd auf Großtiere. Wie Bären auch nehmen sie erhebliche Mengen pflanzlicher Nahrung zu sich, sei es direkt, etwa durch süßes Obst im Herbst, wenn sie Zugang dazu haben, oder in Form von Darminhalten der von ihnen erbeuteten großen Pflanzenfresser. Denn Wölfe wie Menschen können essentielle Fettsäuren nicht selber bilden. Menschen gehören übrigens generell nicht ins Beutespektrum von Wölfen, aber zu behaupten, sie hätten noch nie Menschen angegriffen, wäre gelogen. Vor allem unter Wölfinnen bilden sich diesbezüglich gelegentlich Spezialistinnen.

Wölfe interagieren intensiv mit anderen Arten. So sind Raben und Menschen keineswegs nur mögliche Wolfsbeute, sondern seit Urzeiten Partner bei der Nahrungssuche. Mit Raben und Menschen teilen Wölfe nicht nur ökologische Breite und soziale Intelligenz, diese drei Arten bilden seit den frühen Eiszeiten auf der Nordhalbkugel auch eine Jagd- und Fressgemeinschaft. Also mindestens seit 50 000 Jahren, wahrscheinlich aber viel länger. Denn es gibt keinen Grund anzunehmen, dass nur der erst vor etwa 60 000 bis 100 000 Jahren aus Afrika ausgewanderte moderne *Homo sapiens* diese ökologische Beziehung zu Raben und Wölfen aufnahm. Wahrscheinlich unterschieden sich unsere unmittelbaren Vorfahren darin nicht von ihrer Schwesterart *Homo erectus*, die bereits hunderttausende Jahre früher als unsere direkten Vorfahren Afrika verließ. In Nordost-Deutschland etwa wurden 300 000 Jahre alte Siedlungen und Hochtechnologie-Wurfspeere des *Homo erectus* gefunden. Diese voreiszeitlichen Jäger sowie ihre eiszeitlichen Nachkommen, die Neandertaler, hatten also mit einiger Sicherheit Beziehungen zu Wölfen. Wie intensiv diese Beziehungen waren und ob sie über Räuber-Beute hinausgingen, wissen wir nicht. Mit der Entwicklung der Spiritualität erlangten später zumindest bei *Homo sapiens* die Natur und bestimmte Pflanzen und Tieren an Bedeutung, darunter auch und vor allem der Wolf.

Menschen, Wölfen und Raben ist unter anderem ihr breites Nahrungsspektrum gemeinsam, das von beinahe vollständig vegetarisch bis hin zu ausschließlich tierisch reicht. Ihre schon sehr lange währenden Gemeinsamkeiten in Ökologie und sozialer Orientierung werden letztlich dafür den Ausschlag gegeben haben, dass Menschen und Wölfe einander über die letzten Jahrzehntausende immer wieder nahe kamen und dass eine dieser Annäherungen der letzten Zwischeneiszeit vor etwa 15 000 Jahren Mensch und Wolf in der Form des Hundes für immer zusammenwachsen ließ. Bezeichnenderweise geschah dies zeitgleich mit einem der tiefgreifendsten sozio-ökologischen Übergänge der Menschheit, jenem vom nomadisierenden Jäger- und Sammlerstadium zur Sesshaftigkeit. Mit der Domestizierung zum Hund übernahmen die Menschen auch symbolisch die Kontrolle über ihr äonenlanges *Alter Ego*, den Wolf.

Beutegreifer mit Familiensinn

Sowohl Wölfe als auch Menschen verhalten sich innerhalb ihrer Clans weitaus netter und kooperativer als nächstverwandte Arten wie Schakal oder Kojote im Falle des Wolfes oder Schimpanse im Fall des Menschen. Sowohl Wölfe als auch Menschen sind Kooperationstiere. Innerhalb des Rudels/Klans arbeitet man in oft recht komplexer Weise zusammen, bei der gemeinsamen Jagd auf große Beute, beim Aufziehen der Nachkommen, bei der mitunter blutigen Verteidigung der

Grenzen des Territoriums und dem Vergrämen von Konkurrenten. Und man ist offenbar mit dieser sozialen Orientierung und der damit einhergehenden gruppeninternen Zusammenarbeit anderen, weniger sozialen Arten überlegen. Eine Parallele dazu stellt übrigens auf der anderen Seite der Welt die „Prinzessin von Burundi" dar, ein Buntbarsch, der wohl aufgrund eines ausgeprägten Helfer- und Familiensystems so gut wie alle Felsküsten des Tanganjika-Sees bevölkert, während nahe verwandte, weniger soziale Arten oft eine sehr eingeschränkte Verbreitung zeigen. Teamgeist siegt, auch in der Evolution. Der Mensch liefert das beste Beispiel.

Die Gruppe agiert beim Verfolgen gemeinsamer Ziele geschlossen als eine Art „Superorganismus", der jedoch nicht, wie es bei den sozialen Insekten der Fall ist, fast ausschließlich auf Instinkten beruht, sondern auf den untereinander abgestimmten geistigen Leistungen der Einzelnen. Das bedeutet nicht notwendigerweise gruppeninterne Harmonie. Denn auch in den hoch kooperativen Gruppen der Menschen oder Wölfe herrschen unterschiedliche Einzelinteressen, etwa wenn es um die Reproduktion geht. Daher entwickeln sich in solchen Gruppen immer Rangordnungen, die meist weniger auf Muskelkraft als auf Motivation, Persönlichkeit und sozialer Kompetenz und dem Schließen von Allianzen beruhen. Gewöhnlich profitieren die Hochrangigen vom Zugang zu Ressourcen und die Niederrangigen sind die Helfer im System, entweder weil sie selber davon profitieren oder weil sie despotisch dazu gezwungen werden.

Die moderne Verhaltens- und Kognitionsbiologie zeigt, dass nicht nur Intelligenzleistungen komplexe soziale Organisation erlauben, sondern dass vielmehr umgekehrt ein komplexes Sozialleben als einer der wichtigsten Selektionsfaktoren für die Entwicklung weitgehend paralleler Intelligenzleistungen von Menschen, Wölfen und Raben gelten kann. Die „Social-brain"-Hypothese Robin Dunbars und anderer gilt mittlerweile als die plausibelste Erklärung für die Entwicklung großer, leistungsfähiger Gehirne bei vielen Säugetieren. Sie besagt, dass die geistige Herausforderung, mit vielen anderen Individuen in unterschiedlichsten Beziehungen zu leben, einen starken Selektionsdruck auf das Gehirn ausübt, größer und sozial intelligenter zu werden. Ganz nebenbei trägt das zur Erklärung des Wunders bei, dass Vertreter dieser Arten, etwa Mensch, Wolf und Rabe, einander zwischenartlich verstehen und sogar zusammenarbeiten, wenn es sein muss.

Schließlich besteht selbst die Hundwerdung des Wolfes im Grunde in der Verfeinerung der in Wölfen angelegten kooperativen Fähigkeiten im Umgang mit dem Menschen. Unsere Kenntnis, wie diese Entwicklung genau abgelaufen ist, ist freilich noch recht begrenzt. Viele weitere Jahre der Arbeit an unserem Wolfsforschungszentrum werden unser Wissen zum Wesen der Wölfe und zur Hundwerdung wesentlich präzisieren.

Was Wölfe biologisch sind und wie das mit Menschen und Hunden zusammenpasst

Wir sind Säugetiere und als solche Wirbeltiere

Eigentlich ist es Grundtenor dieses Buches, dass es „den Wolf", „den Hund" und „den Menschen" gar nicht gibt, sondern nur viele verschiedene Menschen, Hunde oder Wölfe. „Artspezifisches Verhalten" war der Fokus der Biologie bis zur Mitte des letzten Jahrhunderts. Dann erkannte man, dass die Einheit der Selektion das Individuum ist. Bis heute interessieren sich Verhaltensbiologen daher immer mehr für das, was Individuen tun, und fanden einen großen Reichtum an Taktiken und Reaktionen auf eine variable Umwelt. Eine Typusbezeichnung, also „der Mensch", „der Wolf" oder „der Hund", ist allerdings dann gerechtfertigt, wenn es um die kennzeichnenden Merkmale einer Art geht, etwa um die Zahl und Ausführung der Zähne. Daher ist der Gebrauch der Ein- oder Mehrzahl in diesem Buch nicht zufällig.

Hund und Wolf sollten entgegen anderer Meinungen übrigens immer noch als eine einzige biologische Art gelten, schließlich sind sie auch mit fruchtbaren Nachkommen kreuzbar. Zoologisch gesehen sind Wölfe zuallererst Wirbeltiere, denn wie Fische, Amphibien, Reptilien, Vögel und andere Säugetiere arrangieren auch Wölfe ihren Körper entlang einer Wirbelsäule. Wölfe ähneln großen Haushunden, mit meist längerem Rumpf und höherem, schmalem Brustkorb. Der relativ große und breite Kopf trägt einen kräftigen Kiefer mit wesentlich größeren Zähnen als das beim Hund der Fall ist. Die Augen setzen schräg an, die Ohren sind kurz. Der buschige Schwanz misst etwa ein Drittel der Kopf-Rumpf-Länge.

In den gemäßigten Zonen Eurasiens überwiegen graue Wölfe, auf dem nordamerikanischen Kontinent gibt es weiße, cremefarbene, dunkle, gelbliche, rötliche, graue und schwarze Wölfe. Dass sie trotzdem alle als „Grauwölfe" bezeichnet werden, mag verwirren, ist aber die Konvention. Die nördlichen Populationen zeigen größere Anteile schwarzer und weißer Tiere und sind größer als die im Süden. Das ist wahrscheinlich durch das Nahrungsangebot bedingt, denn die Riesen benötigen Großwild, während die kleinen Wüstenwölfe in der Regel mit Kleinsäugern ihr Auslangen finden. Die Großen weisen auch weniger Oberfläche bezogen auf ihre Körpermasse auf, sie kommen daher mit der Kälte besser zurecht. Die größten Wölfe leben in den nördlichen Waldzonen Lettlands, Weißrusslands, Alaskas und Kanadas. Sie erreichen eine Kopf-Rumpf-Länge von bis zu 160 cm und eine Schulterhöhe von etwa 80 cm, bei einem Gewicht von bis zu 80 Kilogramm. Die kleinsten Wölfe von etwa 80 cm Körperlänge leben im Vorderen Orient und auf der Arabischen Halbinsel, sie wiegen nur rund 15 bis 20 Kilo. Kaum größer sind die Wölfe aus Italien. Wolfsweibchen bleiben etwa 10 % kleiner als die Rüden und um 20 % leichter. Männliche mitteleuropäische Wölfe wiegen zwischen 35 und 70 Kilo, Weibchen erreichen kaum 50 Kilo. Die kanadischen Grauwölfe können im Schnitt etwa zehn Kilo schwerer werden, aber die Variation in Farbe und Größe kann beachtlich sein, auch innerhalb von Rudeln.

Die unterschiedliche Lebensweise wirkt sich offensichtlich auch auf die soziale Toleranz bzw. Aggressionsbereitschaft dieser unterschiedlichen Wolfspopulationen aus. Gerade die großen Timber- und arktischen Wölfe gelten als innerhalb des Rudels friedfertig und als sozial tolerant, was plausibel ist, sind sie doch allein aufgrund der Größe ihrer Beutetiere gezwungen, in größeren Rudeln zu leben, was ein kleiner Wüstenwolf aufgrund der geringen Beutedichten nicht kann und aufgrund der geringen Beutetiergröße auch nicht muss. Den kleinen südlichen Wölfen eilt unter Tiergärtnern der Ruf voraus stressanfällig zu sein, während die amerikanischen Timberwölfe als ruhig und umgänglich gelten. Das ist auch der Grund, warum wir uns am WSC für die Timberwölfe und gegen die etwas kleineren Europäer entschlossen haben. Diese Zusammenhänge zwischen Körpergröße und sozialer Toleranz basieren allerdings nur auf Erfahrung und Hörensagen. Gesicherte Daten gibt es zu den Wesensunterschieden von Wölfen unterschiedlicher Ökosysteme oder Herkunft nicht.

Menschen und Wölfe verfügen als Säugetiere im Gegensatz zu den anderen Wirbeltierstämmen über einen in sich unbeweglichen Schädel aus harten Hautknochen samt dem zugehörigen „heterodonten Gebiss", also einer Differenzierung der Zähne nach Funktionen. An der Schnauzenspitze finden sich die „Incisivi", die Schneidezähne zum Abbeißen und Abreißen von Nahrung, dann gegen den Mundwinkel ein Eckzahn, der so genannte „Caninus" (!), der ausgerechnet nach dem Hund bzw. den Hundeartigen benannte Eckzahn der Säugetiere. Dieser „Hundszahn" dient zum Reißen der Beute, zur Verteidigung gegen Fressfeinde oder zum herzhaften Beißen unliebsamer Artgenossen. Beim Fressen ist er eher im Weg. Gegen das Kiefergelenk folgen ein paar Übergangszähne, so genannte „Prämolaren“, also „Vorbackenzähne“, weder Fisch noch Fleisch, bei denen der Evolution offenbar nicht wirklich eingefallen ist, wozu sie gut sein sollen. Sie sind auch relativ anfällig, bei ingezüchteten Rassehunden gar nicht mehr ausgebildet zu werden. Und schließlich, nah am Kiefergelenk, wo die Hebelkräfte beim Kauen am größten sind, die „Molaren“, die Backen- oder Mahlzähne. Bei Wölfen ist das freilich eine irreführende Bezeichnung, denn zum „Mahlen“ eignen sich diese Zähne ganz und gar nicht. Sie bilden vielmehr eine mächtige Brechschere, die das Knacken auch der härtesten Markknochen erlaubt. Wenn ein gemütlich fressender Wolf die Oberschenkelknochen ausgewachsener Rinder krachend knuspert, dann kann einem schon ein ehrfürchtiger Schauer über den Rücken laufen.

Um diese enorme Beißkraft in einem relativ kleinen Schädel unterzubringen (Krokodil müsste man sein!), braucht es den starr-unbeweglichen Oberschädel eines Säugetieres. Ein Wolf mit „kinetischem“ Fisch- oder Schlangenkopf, bei dem verschiedene Teile des Schädels gegeneinander beweglich blieben, wäre vielleicht noch fähig, einen Hirsch niederzustrecken, nicht aber, ihn anschließend aufzuarbeiten. Ein wichtiger Schritt auf dem Weg zu diesem hochstabilen Fressapparat der Säugetiere, den wir im Prinzip mit dem Wolf teilen, war übrigens der Umbau des Kiefergelenks. Das weniger stabile „primäre“, knorpelig angelegte Kiefergelenk der Reptilien wurde auf dem Weg zum Säugetier vor etwa 250 Millionen Jahren durch steinharte Hautknochen ersetzt. Nur die Säugetiere verfügen über dieses hoch belastbare „sekundäre“ Kiefergelenk.

Allerdings geht in der Evolution selten etwas verloren. Die Gelenkelemente des primären Unter- und Oberkiefers wurden nur in eine andere Abteilung versetzt. Sie wechselten ihre Funktion und wurden zu zwei unserer drei Gehörknöchelchen („Hammer“ und „Amboss“) im Mittelohr, welche nun dafür sorgen, dass der Luftschall vom Trommelfell gut und über einen weiten Frequenzbereich an das Innenohr übermittelt wird. Das primäre Kiefergelenk stieg also von seiner Funktion her von mundwerklicher Grobtätigkeit ins „mittlere Management“ im Funktionsgefüge des Schädels auf, das uns heute ermöglicht, Mozart oder heulende Wölfe zu hören. Eines unserer drei Gehörknöchelchen, die „Columella“ (das „Säulchen“, das bei den Säugetieren zum „Steigbügel“ wurde), ging schon viel früher aus einem zweckentfremdeten

Kiemenbogenelement der Fische hervor. Es war bereits bei unseren Amphibien- und Reptilienvorfahren vorhanden und auch bei den mit den Dinosauriern engst verwandten Vögeln. Nur wir Säugetiere verfügen über drei Gehörknöchelchen.

Unsere zoologische Stammesbezeichnung lautet nur in der deutschen Sprache „Säuge"tier. Auf gut Lateinisch heißen wir „Mammalia", auf Englisch „mammals", was nichts anderes als „Brüstler" oder „Busentiere" heißt, sich also auf die Spezialisierung des weiblichen Brustgewebes bezieht. Das war den alten deutschen Gelehrten vermutlich ein zu sexuell gefärbter und zu frauenbezogener Begriff, weswegen man auf Deutsch unseren gesamten Stamm fürderhin nach den Eigenschaften der Nachkommen (s. unten), nicht aber der Mütter benannte. Allen Säugetieren ist gemeinsam, dass sie je nach Artzugehörigkeit unterschiedlich lange ihre noch recht abhängig geborenen Jungtiere mit einem Sekret aus den Brustdrüsen der Weibchen ernähren, welches wir „Milch" nennen. Jene Männchen, die sich für die Väter dieser Jungtiere halten (was sie nicht unbedingt sein müssen, aber das wäre wieder eine andere Geschichte), verfügen über denkbar schlechte Karten, es ihren Weibchen gleichzutun. Denn auch bei größter Fürsorglichkeit produziert ihr Brustgewebe keine Milch. Sie können sich bestenfalls dafür engagieren, ihren Weibchen Nahrung und Schutz zukommen zu lassen, um so eher indirekt für ihren Nachwuchs zu sorgen.

Genau das ist in Wolfsrudeln der Fall. Im Rudel engagieren sich gewöhnlich nicht nur der Alpharüde, welcher die Jungen in der Regel zeugt, sondern auch die anderen Rudelmitglieder, die sich bei der Aufzucht der Welpen als Helfer betätigen. Beim Menschen sollte eigentlich die so genannte Liebe, gepaart mit Pflichtbewusstsein, dafür sorgen, dass sich Männer zumindest für die Periode der Abhängigkeit der Welpen – pardon, Säuglinge – an die Mutter ihres Kindes binden und ihr bei der Versorgung helfen. Diese evolutionär angelegte Asymmetrie in der Möglichkeit, sich um den Nachwuchs zu kümmern, führt übrigens dazu, dass im Gegensatz zu den zu 80 % monogamen Vögeln, bei denen die Männchen mehr und zeitlich früher zur Jungenaufzucht beisteuern können, deutlich weniger als 10 % der Säugetierarten ihren Nachwuchs in monogamer Partnerschaft großziehen. Gewöhnlich zeugen Säugetiermännchen und sind dann wieder weg. Auch manche Menschenmänner halten das so. Ob das als sozialer Atavismus (ein Durchbrechen eines stammesgeschichtlich alten Merkmals), als adaptive Strategie oder einfach als verantwortungslos aufzufassen ist, soll hier nicht weiter verfolgt werden.

Jedenfalls gibt es nicht allzu viele Säugetierarten, bei denen man innerhalb der Gruppen so freundlich und lange beim Aufziehen der Jungen kooperiert wie bei Wölfen oder Menschen. Ein Riesenunterschied besteht allerdings in der Dauer der Abhängigkeit. Während Wolfswelpen nur in ihren ersten drei Lebenswochen unbedingt Muttermilch zum Überleben brauchen, waren die Säuglinge ursprünglicher Menschen vier bis sechs Jahre davon abhängig. Schon ab der dritten Woche betteln Wolfswelpen von der Jagd zurückkehrende Rudelmitglieder an, indem sie sie an den Mundwinkeln mit der Nase anstoßen und lecken; die können dann gewöhnlich gar nicht anders, als halbverdauten, körperwarmen Nahrungsbrei hervorzuwürgen. So werden die Welpen rasch auf die Rudelnahrung umgestellt, wenn sie noch relativ klein sind. Von diesen vorverdauten Nahrungsspenden und vom passiven Partizipieren an den Rissen sind sie allerdings noch lange abhängig, denn einigermaßen erfolgreich selbständig jagen können Wölfe erst etwa ab dem achten Lebensmonat. Die exklusive Abhängigkeit von der Mutter jedoch währt bei Wolfswelpen nur recht kurz im Vergleich zu Menschen und anderen Arten unserer Affenverwandtschaft.

Allen Säugetierbabys gemeinsam ist, dass ihre Zunge den Saugkolben abgibt und die Wangen die Abdichtung liefern, womit gegen den Fließwiderstand der Ausführgänge Milch aus den mütterlichen Brustdrüsen herausgesaugt werden kann. Und wenn auf der Gegenseite Mütter bedingt durch das Sozialhormon Oxytocin vor Pflegebedürfnis zerfließen, fließt auch die Milch, bei Wölfinnen genau wie bei Menschenfrauen. Diese Gemeinsamkeiten im Pflegemechanismus erklären, warum in menschlichen Phantasien Wölfinnen immer wieder die Rolle von Nährmüttern für ausgesetzten Menschennachwuchs zugedacht wurde wie bei Romulus und Remus. Theoretisch wäre das zwar denkbar, zumal Wölfinnen in der Hormon- und Stimmungslage des Pflegemodus Menschenbabys möglicherweise sogar adoptieren und sie durchaus säugen würden, wenn das Menschenbaby in der Lage wäre, eine Zitze zu finden. Die zeitliche Abstimmung zwischen Wolfsmutter und Menschensäugling könnte allerdings nicht klappen. Denn falls das Menschenbaby überhaupt die etwas anders als Menschenmilch zusammengesetzte Wolfsmilch vertragen würde, könnte es nach wenigen Wochen Milchnahrung nicht vom Vorgewürgten überleben. Und zudem wäre es kaum wahrscheinlich, dass die Rudelmitglieder bei dieser Menschenrettungsaktion mitspielten. Denkt man Sagen und Mythen zu Ende, kommt man meist zu dem Schluss, dass diese Erzählungen nicht als naturwissenschaftliche Erfahrungsberichte zu verstehen sind, sondern als dem philosophischen Gehirn des Menschen entsprungene Metaphern, die sich bestenfalls grob an der biologischen Wirklichkeit orientieren.

Wolf – Hund – Mensch: Gemeinsames ...

Sowohl Menschen als auch Wölfe und Hunde sind Säugetiere, daher stammesgeschichtlich relativ nah miteinander verwandt. Dies bedeutet unter anderem, dass wir auch Gehirnstrukturen und -funktionen teilen, die im Dienst des sozialen Zusammenlebens stehen. Zum Beispiel die Grundsysteme zur Bewältigung von Herausforderungen, zum Herstellen von Bindung und zum „Wohlfühlen", was es wiederum erleichtert, freundlich und nicht aggressiv zu anderen zu sein und bewirkt, dass wir einander wenig „Stress" machen. Fordern uns jedoch unsere mehr oder weniger netten Artgenossen heraus, dann springen unsere beiden Stresssysteme an, die uns ermöglichen, auf die Herausforderungen aus der Umwelt zu reagieren: zum einen das so genannte „sympathische Nervensystem" (nach dem Sympathikusstrang des *Nervus vagus* benannt, nicht weil es so sympathisch wäre), welches auf einen Schreck hin Adrenalin ausschüttet, Herzschlag und Blutdruck erhöht und sofort den Kreislauf aktiviert. Zum anderen das mit geringer Zeitverzögerung die Energiereserven mobilisierende Zwischenhirn-Hypophysen-Nebennierenrindensystem, welches das Stresshormon Kortisol produziert, das Energie bereitstellt und den Körper aktionsbereit macht.

Zwischendurch ein wenig Stress zu haben, ist gesund und aktiviert. Wenn allerdings Stresszustände zum Dauerzustand werden wie bei vielen Menschen in der modernen Arbeitswelt oder bei Tieren in schlechten Haltungen, machen sie geistig und körperlich krank. Vor allem die emotionale Unterstützung durch Partner, die wir mögen und an die wir gebunden sind, versetzt nach stressigen Ereignissen Körper und Geist rasch wieder in einen entspannten Zustand. Durch die bloße Gegenwart von Eltern, Freunden oder Geschlechtspartnern sowie durch angenehme körperliche Berührung wird das Hormon Oxytocin, ein kleines Peptid aus neun Aminosäuren, ins Gehirn und in den Blutkreislauf ausgeschüttet, was zur Dämpfung der Stresshormone führt, zu Beruhigung, zu weniger Ängsten und zu mehr sozialem Vertrauen. Oxytocin bahnt auch die Entstehung einer starken Bindung an, etwa bei der Geburt zwischen Mutter und Kind oder im Zuge von Orgasmen zwischen Geschlechtspartnern oder, auch ganz ohne Sex, zwischen vertrauten Menschen oder zwischen Menschen und ihren Kumpantieren, etwa beim entspannten Streicheln.

... aber auch Unterschiede: Zur sozio-sexuellen Effizienz der Wölfe und zur Ineffizienz der Menschen und Hunde

Besonders wichtig im Zusammenhang mit sozialem Verhalten sind die in den Hoden und in geringem Ausmaß auch in der Nebennierenrinde produzierten männlichen Geschlechtshormone (Androgene, z.B. Testosteron). Dieses System wird allerdings beim Wildtier Wolf wesentlich effizienter geregelt als bei seinem domestizierten Vetter, dem Hund, oder auch bei uns Menschen. Denn anders als Menschenmänner leben Wolfsrüden parallel zu ihren Weibchen in einem sexuellen Jahreszyklus. Es könnte stimmen, dass Frauen die Zustände ihres Körpers und ihre Stimmungen sensibler wahrnehmen als Männer, weil Frauen in hormonellen und funktionellen Zyklen leben, den Monatszyklen zwischen Eisprung und Regelblutung und dem großen Zyklus von Empfängnis, Schwangerschaft, Geburt und Kinderbetreuung. Im Gegensatz zu Wolfsrüden halten Menschenmänner übers Jahr und auch über das Leben relativ konstant große Hoden und eher konstante Spiegel an männlichen Geschlechtshormonen

Diese für ein gedeihliches soziales Zusammenleben eigentlich zu hohen Androgenspiegel kurbeln den männlichen Stoffwechsel an, fördern das Konkurrenzverhalten und verringern gleichzeitig das soziale Interesse sowie die verbale Ausdrucksfähigkeit. Androgene fördern die männliche Aggressions- und Risikobereitschaft gerade im Zusammenhang mit dem sozialen Verhalten rund um den Sex. Männer konkurrieren mit anderen Männern und versuchen Frauen zu kontrollieren, oft mit schierer Gewalt. Männer führen Kriege, sie verletzen oder töten Kinder und Frauen, nur ganz selten aber kommen sie umgekehrt durch Frauenhand zu Schaden. Die Schwelle zum Morden und Vergewaltigen wird durch Androgene nachweislich gesenkt. Über die gesamte Menschheitsgeschichte begehen Männer in Kriegen

Massenvergewaltigungen als Standardmethode der Demütigung und sozialen Vernichtung der „Feinde". Und all das nahezu unabhängig von der Jahreszeit. Nicht zuletzt kosten die hohen Androgenspiegel der Männer und das damit verbundene Risikoverhalten – vom Autorasen bis zum Alkoholmissbrauch – Lebenszeit. In weltweit allen Kulturen sterben Männer um Jahre früher als Frauen. Die beständig hohen Androgenspiegel der Menschenmänner verursachen also hohe gesellschaftliche Kosten. Wölfe sind diesbezüglich wesentlich ökonomischer.

Selten – wenn auch noch viel zu häufig – gebärden sich auch Hunde unabhängig von der Jahreszeit sozial aggressiv. Auch bei Hunden sind es zu 80 % die Rüden, die Briefträger und Passanten beißen und oft genug auch die Mitglieder ihrer eigenen Familie. Auch Hunderüden tragen ganzjährig große Hoden und leben beständig unter hohen Androgenspiegeln. Wolfsrüden sind dagegen ab dem zweiten Lebensjahr geschlechtsreif und leben dann in einem sexuellen Jahreszyklus, ganz ähnlich wie ihre Weibchen. Jahrüber halten sie ihre Hoden etwa auf der Größe einer Haselnuss. Wenig mehr als einen Monat vor der „Ranzzeit" im Februar, also dem Läufig-Werden der Weibchen, beginnen die Hoden zu wachsen, erreichen Taubeneigröße, produzieren befruchtungsfähiges Sperma und viel männliches Geschlechtshormon, um im März wiederum in den Ruhezustand zurückzuschrumpfen. So ersparen sich Wolfsrüden wie die Männchen vieler anderer Wildtiere die Bürde ganzjährig hoher Androgenspiegel. Dies scheint mit ein Grund zu sein, warum es in Wolfsrudeln, besonders im Freiland, meist friedlicher zugeht als in Hunderudeln, in die Menschen nicht ständig befriedend eingreifen. Während Menschen und Hunde besonders des männlichen Geschlechts mit ihren hormonellen und sexuellen Pfunden wuchern, tun Wölfe dies in einem viel geringerem Ausmaß. So ersparen sie sich auf der männlichen Seite viele der Nachteile und Kosten, welche die allzeit bereiten Menschenmänner und Hunderüden zu tragen haben. Die in einer meiner Zeitungskolumnen in diesem Zusammenhang geäußerte Anregung, im Interesse einer friedlicheren und harmonischeren Gesellschaft und einer längeren Lebenszeit den Großteil der Knaben zu kastrieren, wurde übrigens nicht ernst genommen. War auch nicht ernst gemeint.

Nun könnte man an das Faktum der bezüglich ihrer männlichen Geschlechtshormone ökonomischeren Wölfe jede Menge Ideologie dranhängen. Es ist richtig, dass als ein für alle domestizierten Tierarten geltendes Merkmal die Hypersexualität im männlichen Geschlecht und die erhöhte Fruchtbarkeit auf der weiblichen Seite gelten können. Das wurde von einigen noch im Geiste des deutschen Idealismus aufgewachsenen Altvorderen als Zeichen der „Degeneration“ der domestizierten Tiere im Vergleich zum Wildtier gewertet. Auch beim Menschen sei die Hypersexualität ein Hinweis auf seine „Selbstdomestikation“ oder „Verhausschweinung“, wie es Konrad Lorenz weniger vornehm auszudrücken pflegte. Heute sehen wir das anders. Vermehrungszyklen sind eine Anpassung an die Nahrungsverfügbarkeit. Wölfinnen werfen ihre Welpen im April, wenn nach dem Winter besonders viel an geschwächter Beute zur Verfügung steht. Warum sollten Wölfe also ganzjährig bereit sein für Sex und rudelinterne Konflikte, wenn Vermehrung nur im Frühjahr sinnvoll ist?

Dass sich Menschen in dieser Hinsicht von Wölfen unterscheiden, macht evolutionär gesehen Sinn. Es war selbst unseren frühesten, breit ökologisch orientierten Jäger- und Sammlervorfahren möglich, ihre Vermehrung von der Jahreszeit zu entkoppeln, weil aufgrund des großen menschlichen Gehirns ganzjährig genügend Nahrung zur Verfügung stand und weil umgekehrt dieses große Gehirn eine proteinreiche Ernährung benötigt, also auch zur Jagd motiviert. Zudem liegen unsere stammesgeschichtlichen Wurzeln im äquatornahen Ostafrika, sodass wir von Haus aus keine ausgeprägt jahreszeitlich zyklische Physiologie und Vermehrungsbereitschaft mitbekamen. Daher ist die ganzjährige Sex- und Vermehrungsbereitschaft der Menschen als Teil ihrer Biologie und als Anpassung an die ökologischen Bedingungen zu sehen, unter denen sich Menschen entwickelten, nicht aber als eine im Vergleich zum „edlen Wildtier“ (was wäre das eigentlich beim Menschen?) erfolgte „Verhausschweinung“. Menschen schaffen sich ihre Kulturumgebung selber und sind gut daran angepasst. Wir sind keine „Mängelwesen“, wie etwa Arnold Gehlen noch meinte.

Und was ist mit dem domestizierten Wolf, dem Hund? Ist der „verhausschweint“, weil er im männlichen Geschlecht wegen seiner permanent großen Hoden hypersexualisierte und weil Hundeweibchen im Gegensatz zu Wölfinnen meist zwei Läufigkeitszyklen pro Jahr entwickeln? Nun – domestizierte Wölfe sind Hunde allemal, das Lorenz’sche Argument gilt also bedingt. Aber auch im Fall der Hunde ist diese Veränderung im Vergleich zur Stammform nicht als domestikationsbedingte „Degeneration", sondern als Anpassung zu werten, da es im Zusammenleben mit dem Menschen und der damit verbundenen stabileren Nahrungsversorgung möglich wurde, Sex und Vermehrung von der Jahreszeit zu entkoppeln. Zudem konnten Hunde fruchtbarer werden als Wölfe, was sich unter anderem in den meist größeren Würfen der Hunde äußert. Recht betrachtet gelang es den Wölfen unter Nutzung der menschlichen Kulturumgebung ihren biologisch-evolutionären Erfolg wesentlich zu steigern. Zudem verbreiteten sich Wölfe in Form der Hunde mittels Menschen als Vektor weltweit und sind heute millionenfach auf praktisch allen Kontinenten vertreten, im Gegensatz zu den eher weniger florierenden Wolfspopulationen. Domestizierte Tiere werden als Individuen von den Menschen oft ausgebeutet, misshandelt und missbraucht. Auf Populationsebene jedoch kann man Domestikation als einen evolutionären „Trick" von Wildtieren auffassen, unter Nutzung des Menschen die ökologischen Grenzen der Wildform zu sprengen und damit ihren evolutionären Erfolg wesentlich zu steigern. Wolf – Hund liefert dafür ein eindrucksvolles Beispiel.

Wir teilen ein „soziales Gehirn"

Aber wieder zurück zur Sozialfähigkeit: Ob und wenn ja, welchen Anderen man vertrauensvoll begegnet, hängt maßgeblich von der Verlässlichkeit und Qualität der frühen Beziehung zu den Betreuungspersonen, bei Menschen gewöhnlich der Mutter, bei Wölfen und Hunden Mutter und Rudelmitgliedern, ab. Alle diese „sozialen Mechanismen", also die grundlegende Verzahnung zwischen frühen sozialen Beziehungen und der individuellen Entwicklung des Sozialverhaltens, der Hormonphysiologie und den damit verbundenen Affekten und Empfindungen (soweit wir das bei anderen wissen können) teilen Wölfe, Hunde und Menschen funktionsgleich als stammesgeschichtliches Erbe. Doch das ist noch nicht genug der Erklärung, warum Menschen mit Hunden und – wenn man es richtig anstellt – auch mit Wölfen vertraut umgehen, zusammenleben und kooperieren können. Für die Fähigkeit, geordnet und zivilisiert miteinander umzugehen, fehlt noch ein weiteres Element, ein „Kontrollhirn", das darüber wacht, dass wir in einer komplexen Welt die richtigen Entscheidungen treffen und uns im Umgang mit unseren Artgenossen nicht danebenbenehmen.

So teilen wir mit allen sozial komplexen Säugetieren auch das Stirnhirn, den so genannten „praefrontalen Kortex", welcher uns erlaubt, uns selbst in komplexen sozialen Zusammenhängen richtig zu verhalten. Hier geht es darum, instinktives Handeln und die Impulse zu kontrollieren, sich viele relevante Dinge, besonders über andere, zu merken und generell zu wissen, „was man tut und was nicht". Das Stirnhirn ist die Schaltstelle für komplexe Assoziationen, trifft für uns knifflige Entscheidungen und kann auch als Sitz des Gewissens und des moralischen Empfindens gelten – und das offenbar nicht nur bei Menschen. So wird jeder Hund, der in seiner Jugend gebührend darauf aufmerksam gemacht wurde, in der Regel die Leckereien auf dem Tisch der Menschen nicht anrühren, weil ihm das Stirnhirn sagt, dass man das nicht tut, weniger aus Angst vor Strafe.

Es ist davon auszugehen, dass unsere Wölfe am Wolfsforschungszentrum wissen, dass sie sich alles, was wir in der Hand halten, etwa ein Futterstück, oder die Portion Leckerlis in den Taschen unserer Hosen und Jacken mit Gewalt aneignen könnten. Und ich nehme sogar an, sie wissen, dass sie uns in Sekundenbruchteilen überwältigen könnten, wenn sie das wollten. Sie wollen aber ganz offensichtlich nicht, weil ihnen ihr Stirnhirn eindringlich mitteilt, dass wir Sozial- und Arbeitspartner sind, die sogar noch mehr zu achten sind als andere Wölfe im Rudel. Zumindest kann man dies aus ihrem Verhalten herauslesen. Wenn sie sich schon Unverschämtheiten herausnehmen, dann nur solche, die nicht zu einer dauerhaften Beschädigung der Beziehung führen, also beispielsweise mal an der Hosentasche eines bleichen Besuchers zu ziehen. Diese Achtung scheint insbesondere bei den erwachsenen Wölfen tief verankert, da sie auch wissen, dass wir mit ihnen nie um Nahrung oder Geschlechtspartner konkurrieren würden. Das betrifft insbesondere Individuen, die sie von klein auf kennen. Es gibt also keinen Grund, uns herauszufordern. Fürchten müssten wir uns nur dann, wenn diese Stirnhirnkontrolle funktionslos wird, etwa in Folge einer Tollwutinfektion; gegen diese Kranheit sind unsere Wölfe natürlich geimpft.

Nur Wölfe und Hunde, nicht aber Menschen gehören zu den Fleischfressern: Die Sippschaft der *Carnivora*

Nicht alles teilen wir innerhalb der Säugetiere. Wir sehen nicht nur sehr unterschiedlich aus, Wölfe können auch schneller laufen als wir und viel kraftvoller zubeißen. Zudem sind wir Menschen zumindest im technisch-philosophischen Bereich offenbar klüger als Wölfe.

Geronimo in wolfstypischer Pose: aufmerksam und wachsam

Kenai (li.) und Wapi (re.) als Welpen

Kenai pflückt Blumen ...

Ankunft der Welpen im Juni 2012 (v. li. n. re.: Z. Virányi, K. Kotrschal, G. Motter)

Erstkontakt der Welpen mit der vierjährigen Shima

Klein, aber ein sehr ernsthafter Wolfsrüde: Apache, der 2009 als Welpe aus dem Zoo Basel zu uns kam

Trainerin M. Hentrup hält Shima, Assistentin S. Wisshak bereitet einen Versuch vor.

Trainerin B. Belenyi im Mai 2009 mit dem einjährigen Aragorn

Tatonga am Touchscreen

Aragorn, Kaspar und Shima mit einer Studentin im provisorischen Testraum

Winterzeit ist Wolfszeit: Aragorn pflügt durch den frischen Schnee.

Aragorn und Shima im Duett

Archetyp Wolf. Bis heute berührt er Menschen, als Bruder, Freund oder Feind.

Apache fixiert die Kamera –
oder den Kameramann, wer weiß?

en: Geronimo in überlegener Ruhe, unten: Aragorn schaut nach links.

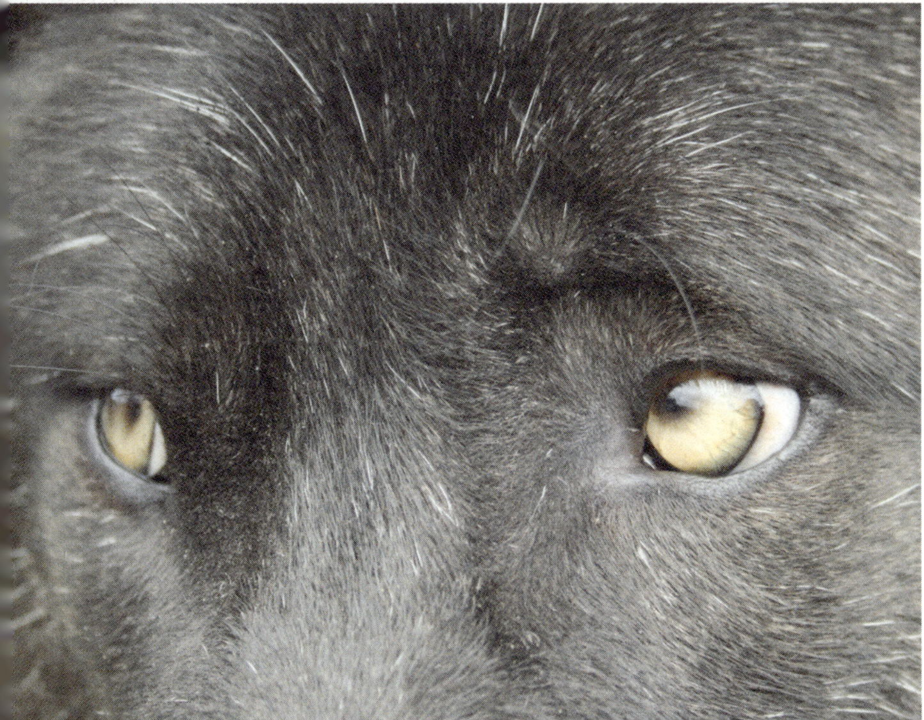

Drei halbwüchsige Wölfe im Sommer 2010:
Tatonga, hinter ihr Yukon, dahinter Nanuk

Im Bereich der sozialen Intelligenz können wir uns diesbezüglich aufgrund unserer Erfahrungen und Ergebnisse nicht mehr so sicher sein. Wölfe gehören zoologisch gesehen zur Ordnung der *Carnivora*, also zu den Fleischfressern, Menschen dagegen zu den Primaten, den „Herrentieren“. Diese Einteilung klingt, als ob Menschen kein Fleisch essen würden oder manche Wölfe sich nicht ganz schön herrisch über andere Artgenossen gebärden könnten; über ihre Beute machen sie dies mit fatalem Ende für Letztere sowieso. Genau genommen stellt unsere zoologische Zugehörigkeitsbezeichnung also nichts anderes als wissenschaftlichen Chauvinismus dar. Aber was steckt hinter all diesen Namen, was unterscheidet Wölfe als Mitglieder der Fleischfresserverwandtschaft objektiv von den anderen Säugetieren?

Zunächst sind Wölfe eine von 230 bis 250 Arten (je nach Autor) an Land lebender Fleischfresser, die an Wasser gebundenen Seehunde und Robben nicht mit eingeschlossen. Die Ordnung der eigentlichen Fleischfresser ist nach heutigem genetischen Wissen „monophyletisch“, sie stammt also von einer einzigen Stammart ab, die sich vor etwa 54 Millionen Jahren in zwei Arten aufspaltete, welche zu Stammformen der zwei Untergruppen der Fleischfresser wurden. Die eine mit den Familien der Hundeartigen (*Canidae*, 34 Arten), der Bären (*Ursidae*, 9 Arten), der Waschbärenartigen (*Procyoinidae*, 18 Arten) und der Marderartigen (*Mustellidae*, 65 Arten), die andere mit den Familien der Katzenartigen (*Felidae*, 36 Arten), der Hyänen (*Hyaenidae*, 4 Arten), der Mungoartigen (*Herpestidae*, 37 Arten) und der Schleichkatzen (*Viverridae*, ca. 30 Arten).

Die Karnivoren machen also nur etwa 6 % der knapp 4000 Arten umfassenden Säugetiere aus. Nicht allzu viel, was vor allem damit zusammenhängt, dass die meisten dieser Arten als Beutegreifer leben. Denn parallel zur Nahrungspyramide variieren auch die Artenzahlen, da das Nahrungsangebot letztlich Artenzahl und Biomasse reguliert. Während etwa die sich vor allem pflanzlich ernährenden Mäuse oder Kaninchen zahlreich in Arten und Individuen sein können und so die Nahrungsbasis räuberischer Arten bilden, ernähren Ökosysteme nur etwa ein Zehntel an Biomasse und Artenzahl an jenen Arten, die von diesen Primärproduzenten leben. So sind in Ökosystemen nicht allzu viele Planstellen für Top-Prädatoren (Räuber) wie Löwen, Tiger oder auch Wölfe frei. Aber nicht nur das Nahrungsangebot, auch die Artgenossen regulieren die Individuendichte. Wölfe, die man nicht bejagt, regulieren ihre Dichten selber, indem die Rudel ihre Gebiete gegen die

Nachbarn verteidigen, und bleiben erheblich unter jener Dichte, welche das Überleben ihrer Beutetiere gefährden würde, wie man etwa aus dem Yellowstone-Nationalpark in den USA oder auch aus der deutschen Lausitz weiß.

Dass es relativ viele Marderartige gibt, hängt mit deren geringen Körpergröße zusammen. Ökosysteme können mehr dieser kleinen und daher unterschiedlich eingenischten Arten stabil tragen als große mit ähnlicher Lebensweise. Es soll aber zu keinen falschen Schlüssen führen, dass von Wölfen und Menschen nur jeweils eine Art (beim Wolf in mehreren Unterarten) vorhanden ist, denn die Biomassen und Individuenzahlen der Top-Prädatoren Wolf und Mensch können bei hohen Nahrungsdichten beachtlich sein. Dazu tragen mehrere parallele Eigenschaften bei. Beide sind Spitzenprädatoren im dem Sinne, dass sie über ein relativ breites Beutspektrum verfügen, selber aber wenig durch Fressfeinde gefährdet sind. Der Mensch war selber im Verlauf seiner Frühgeschichte mehr Beute als der Wolf, was auch ein Grund gewesen sein kann, warum frühe Menschen sozialisierte Wölfe um sich duldeten, die sie gegen andere Artgenossen schützten. Und da sich beide Arten auf ein variables Nahrungsangebot einstellen können, tragen Ökosysteme nachhaltig eine höhere Biomasse an Wölfen und Menschen, als dies bei reinen Fleischfressern der Fall wäre. Menschen etwa können mit rein pflanzlicher Ernährung ihr Auslangen finden; der Fleischanteil in unserer Nahrung steigt generell mit der geographischen Breite, beträgt aber auch äquatornahe mehr als 10 %. Wölfe sind natürlich vorwiegend karnivor, nehmen aber wie die meisten Hundeartigen oft einen erheblichen Anteil an pflanzlicher Nahrung auf.

Woher die Wölfe stammesgeschichtlich kamen

Innerhalb der Hundeartigen sind einige Arten genetisch eng verwandt, beispielsweise in der Gattung *Canis* die Wölfe, Kojoten und Schakale, zwischen denen es – zumindest theoretisch – auch fruchtbare Hybriden geben kann und über lange Zeiträume auch immer wieder gab. Gewöhnlich denken Wölfe im Freiland eher an Mord oder Mittagessen als an Sex, wenn sie ihren kleineren Verwandten begegnen. Das schließt in gewissem Ausmaß auch ihre abtrünnigen Artgenossen, die Haushunde, mit ein.

Die Gattung *Canis* scheint von etwa fuchsähnlich kleinen Vorfahren abzustammen, die im mittleren Pliozän, also vor rund 3,5 Millionen

Jahren, lebten. Aus einem gemeinsamen Vorfahren entwickelten sich wahrscheinlich mehrere wolfsähnliche Arten. Dem heutigen Wolf *Canis lupus* bereits sehr ähnliche Tiere tauchten dann im Pleistozän, vor etwa einer Million Jahren, in Eurasien auf und verbreiteten sich vor ungefähr 750 000 Jahren nach Nordamerika, wo sie bis vor ca. 7000 Jahren mit einer anderen Wolfsart (*Canis dirus*) den Lebensraum teilten. Warum letzterer ausstarb, der Grauwolf aber nicht, ist unklar. Vielleicht hat es mit dem Verschwinden großer Säugetiere als Beute, vielleicht mit dem Menschen zu tun, vielleicht mit beidem. Denn die Menschen waren am Aussterben der großen Säugetierarten, etwa den Mastodonten in Nordamerika, wahrscheinlich nicht unbeteiligt, was dem Diruswolf möglicherweise die Nahrungsbasis nahm. Und vielleicht war der Grauwolf auch aggressiver und verdrängte den Diruswolf direkt. Das Gehirn des hoch sozialen Grauwolfs ist etwas größer als das der Diruswölfe. Dies deutet darauf hin, dass Diruswölfe weniger sozial und kooperativ gewesen sein könnten als ihre nächsten Verwandten, was in direkter Konkurrenz ein entscheidender Nachteil gewesen sein kann. Ganz genau werden wir das aber wahrscheinlich nie wissen.

Während im guten alten Eurasien gerade mal eine Wolfsart lebt, allerdings in einigen Varianten, ist die Verwandtschaftslage der Gattung *Canis* in Nordamerika wenig übersichtlich. Denn dort gibt es neben den Grauwölfen, faktisch einer dem europäischen Wolf sehr ähnlichen Art, auch Rotwolf und Kojoten. Theoretisch sollten Grauwölfe und Kojoten Schwesterarten sein, die sich vor etwa drei Millionen Jahren trennten. Paarungen ergeben immer noch fruchtbare Hybriden und interessanterweise tragen die östlichen, nicht aber die westlichen amerikanischen Grauwölfe Gene von Kojoten. Um die Lage noch unübersichtlicher zu machen, gibt es auch noch die Rotwölfe, die manche für eine „gute“, als taxonomisch anzuerkennende Art halten, welche sich vor ein bis zwei Millionen Jahren von den Grauwölfen abgespalten habe. Andere halten die Rotwölfe wiederum für das Ergebnis einer Hybridisierung zwischen Grauwölfen und Kojoten. Rotwölfe und östliche Grauwölfe teilen einige Merkmale, beispielsweise ihre geringe Körpergröße. Um dies zu erklären, wurden komplizierte Szenarien der Ein- und Auswanderung von Grauwölfen über die Beringstraße entworfen, die hier zu diskutieren zu weit führen würden. Jedenfalls scheint die engere genetische Verwandtschaft der östlichen Grau- und

Rotwölfe mit den Kojoten die lokale Hybridisierung dieser östlichen Wölfe mit Kojoten gegenüber jener der genetisch weniger verwandten westlichen Grauwölfe zu begünstigen.

Heute leben Wölfe oft nahe an ihren menschenbezogenen Abkömmlingen, den Haushunden. Interessanterweise kommt es jedoch selbst unter diesen Bedingungen engen Zusammenlebens zu wenig Hybridisierung zwischen Wölfen und Hunden. Daher sind Wölfe, im Gegensatz etwa zu Wildkatzen, in ihrem Bestand kaum durch Hybridisierung gefährdet. Wahrscheinlich verhindern die bei Wölfen im Vergleich zu Katzen wesentlich komplexeren sozialen Traditionen und Gebräuche ein freies Durchmischen. In der Regel sind Wolf-Hund-Hybriden in freier Natur auch weniger überlebensfähig als reinerbige Jungwölfe. Aber gelegentlich kommt es doch zu einem erfolgreichen Austausch. So etwa stammt das Gen für die schwarze Fellfärbung etwa eines Drittels der nordamerikanischen Grauwölfe von einer Hundeeinkreuzung in der Zeit vor Kolumbus. Auch die aus Italien kommenden Wölfe in den Westalpen tragen Hundegene. Tja, Kulturunterschied hin oder her – in der Not frisst auch der einsame Wolf/die einsame Wölfin Fliegen und paart sich mit einem Hund, wenn kein anderer passender Partner zur Verfügung steht. Womit dann Hundegene zurück in Wolfspopulationen fließen.

Solche Szenarien sind schrecklich für Naturschutzpuristen und ein Argument gegen den Schutz von Wölfen von Seiten der Wolfsgegner. Man argumentiert, dass es sich bei den heutigen Wölfen nicht mehr um dieselben Tiere handle, die es „früher mal da gab". Doch Caniden sind eben auch genetisch ein dynamisches System. Viele Biologen und andere Zeitgenossen sehen daher diesen gelegentlichen Fluss von Hunde- und Kojotengenen in Richtung Wölfe gelassen. Es besteht auch in Zukunft kaum die Gefahr, dass die freilebenden Wölfe in nennenswertem Ausmaß mit Hunden hybridisieren und so die Art gefährden würden. Angesehene Kollegen wie Raimond Coppinger vertreten sogar die Meinung, dies würde die genetische Variabilität der Wölfe erhöhen, was besonders bei kleinen Populationen eine verbesserte Basis für die Anpassung an zukünftige Umweltveränderungen darstellen kann. Die paar Hundegene in Wolfspopulationen kann man also durchaus auch als genetische Unterstützung der Hunde für das Überleben ihrer wildlebenden Artgenossen sehen.

Wölfe wie Menschen sind soziale Jäger und Sammler

Wölfe sind, ebenso wie ursprüngliche Menschen, in ihrer Nahrungssuche nicht strikt ortsgebunden, sondern können nomadisch umherstreifen, um sich so auf ein räumlich und zeitlich veränderliches Nahrungsangebot einzustellen, wenn diese Möglichkeiten nicht durch bereits niedergelassene Artgenossen eingeschränkt wurden. So etwa bereitet es den nordamerikanischen Grauwölfen aus der Kultur der den Rentierherden folgenden Nomaden Probleme, wenn sie auf ihren Wanderungen in die Territorien sesshafter Wölfe eindringen müssen. Dies stellt eine weitere Parallele zu Menschen dar. Denn sogar im 21. Jahrhundert wird die Auseinandersetzung zwischen sesshaften Menschen und Nomaden noch in mancherlei Form ausgetragen. Schließlich kooperieren die hochsozialen Menschen und Wölfe innerhalb ihrer Gruppen/Rudel, was ihnen einen großen Vorteil gegenüber etwa den zwar teils sozialen, aber doch wesentlich weniger kooperativen Großkatzen verschafft. Gemeinsam jagen und nutzen sie die erlegte Beute effizienter, sind erfolgreicher in der Abwehr von Konkurrenten und Fressfeinden und im Aufziehen des Nachwuchses als die Arten mit weniger verschworener Gruppenstruktur.

Nur gelegentlich gefährden Beutegreifer ihre lokale Nahrungsbasis durch Übernutzung, gewöhnlich tun sie das aber nicht. Auch die evolutionäre Vor-Erfahrung der Beutetiere mit ihren Beutegreifern mag eine Rolle spielen. In der Lausitz etwa verschwanden die dort angesiedelten aus Korsika stammenden und ohne Wolfseinfluss entstandenen Mufflons, nachdem Wölfe eingewandert waren. Die Dichten von Reh, Hirsch und Wildschwein sanken dagegen kaum, obwohl sie die Hauptbeute der Wölfe darstellen. Sie entstanden aber auch über Jahrmillionen in Anpassung an ihren parallel sich entwickelnden Hauptbeutegreifer, den Wolf.

Nahe verwandte Arten von Fleischfressern, die im selben Habitat leben, „bekriegen" einander gewöhnlich, was zu vielen Nebeneffekten führen kann. So etwa dünnen frei lebende Hauskatzen lokale Vogelpopulationen erheblich aus. In den Vororten von Los Angeles durchgeführte Untersuchungen zeigten, dass es in Gebieten mit vielen Kojoten praktisch keine streunenden Hauskatzen gab, die Vogelpopulationen daher beachtliche Dichten erreichten. Schön für die Vögel, schlecht für freilaufende Haushunde, derer sich Kojoten ebenfalls annehmen. Diese gefährden als Kulturfolger die Haustiere der Menschen oft mehr als die Wölfe. Doch überall, wo es auf dem nordamerikanischen Kontinent Wölfe gibt, nehmen die Kojoten nicht überhand. Auch in heimischen Revieren mit Luchs gibt es keine streunenden Hauskatzen und in Rumänien sind mit der Ausbreitung des Goldschakals die Rotfuchspopulationen zusammengebrochen. In allen Fällen tötet die jeweils kräftigere der beide Arten die andere wo immer möglich. Dies gilt auch für Geparde, die ihren Nachwuchs ständig vor Löwen in Sicherheit bringen müssen, und für viele andere Beispiele von nah verwandten Arten von Beutegreifern. Im Haus der Konrad Lorenz Forschungsstelle im oberösterreichischen Almtal wechseln etwa einander Zyklen von Mäusen und Ratten ab. Ins Haus einwandernde Ratten töten die Mäuse, was das Leben in diesem alten Haus so lange erleichtert, bis die sich munter vermehrenden Ratten zur Plage werden und wir uns schweren Herzen entschließen müssen, sie zu bekämpfen. Sind die Ratten weg, kommen die Mäuse wieder.

Aber zurück zum Wolf. Wölfe ernähren sich zumindest zeitweise vorwiegend pflanzlich, sofern sie dazu Gelegenheit haben. Im Herbst etwa sind sie so sehr auf süßes Obst versessen, dass sie wochenlang davon leben können. Unsere Wölfe waren mehr als ein Jahr lang im „Küchengarten“ des Schlosses Ernstbrunn untergebracht, auf 4000 m^2, mit vielen alten Apfel-, Birn- und Pflaumenbäumen und reifem Obst von Juli bis November. Wochenlang nahm täglich fast jeder Wolf mehrere Kilo Obst auf und vertrug das auch sehr gut. Das ging so weit, dass sie begannen, Obst selektiv zu pflücken. Kaspar etwa visierte einen bestimmten Apfel oder auch eine reife Rispe Holunderbeeren an, sprang dann aus dem Stand bis zu 4 m hoch und pflückte das Objekt seiner Wahl. Während dieser Zeit ähnelten die Hinterlassenschaften der Wölfe Bärenkot, groß und rostrot. Und relativ häufig war ihr Kot auch grün gefärbt von mancherlei Kräutern, von denen sie viel aufnahmen. Nicht, dass sie in dieser Zeit Fleisch verschmäht hätten, aber wir mussten mit der Fütterung bremsen, damit sie nicht zulegten wie Bären vor dem Winterschlaf.

Dass es sich dabei nicht um ein „Gehegeartefakt“ handelt, belegt das Verhalten der Wölfe auf der Isle Royale im Lake Superior/Michigan. Auf dieser Insel leben nur wenige Menschen und dies auch nur während der Sommermonate. Vor allem lebt auf der Isle Royale ein über die Jahre stark schwankender Bestand von 300 bis 1400 Elchen, deren Vorfahren 1912 über das Eis oder schwimmend auf die Insel gelangten.

Von diesen Elchen ernähren sich ein bis zwei Wolfsrudel, gesamt etwa 15 bis 50 Tiere, die sich die Hauptinsel teilen. Die Wölfe gelangten im kalten Winter 1948/49 über den zugefrorenen Lake Superior auf die Insel. Seitdem bildet dieses einfache und abgeschlossene Räuber-Beute-System ein exzellentes Freilandlabor für Langzeituntersuchungen. Um das Jahr 2000 entdeckten die Wölfe die alten Apfelbäume auf einem Campingplatz und kommen seitdem regelmäßig zum Ernten vorbei: Äpfel als Abwechslung zu Elch, der sonst beinahe exklusiv auf dem Speiseplan dieser Wölfe stand. Sicherheitshalber musste dieser Campingplatz daher im Spätsommer gesperrt werden, um zu verhindern, dass diese Wölfe zu vertraut mit Menschen werden.

Wölfe und Menschen sind spezialisierte Laufjäger

Innerhalb der Ordnung der Fleischfresser findet man die unterschiedlichsten Lebensweisen und Jägertypen, von den winterschlafenden Braunbären über die in strukturiertem Gelände jagenden Marder, die lochschlüpfenden Wiesel, die heimlich nachtaktiven Schleichkatzen bis zu den spezialisierten Laufjägern, zu denen etwa der afrikanische Wildhund, der indische Rothund und natürlich die Wölfe gehören. In der englischen Fachliteratur heißen diese Laufjäger übrigens *hypercursorial hunters* (also in etwa „Superläufer"). Bei Wölfen fällt, beispielsweise im Vergleich zu Bären, auf, dass ihnen ähnlich wie Geparden lange Beine mit wenig Masse gewachsen sind. Besonders gut ist das an den Wölfen des WSC im dünnen Sommerfell zu sehen. Im Sommer und Herbst sehen sie eher wie Windhunde aus als wie die angeblich so wolfsähnlichen, gedrungenen Deutschen Schäferhunde.

Das Gewicht in Form der „Antriebseinheiten", also der Muskeln, ist dagegen auf den Körper konzentriert. Ihre massearmen Beine ermöglichen Wölfen Marathonläufern gleich in hohem Tempo weite Strecken zurückzulegen und so ihre Beute müde zu laufen, falls das nötig sein sollte. Solche Verfolgungsjagden können unter Umständen über Stunden andauern. Diese Beinkonstruktion lässt aber auch ausdauernde Sprints von bis zu 80 km/h zu. Dazu kommen große Vorderpfoten, die unter anderem als Schneeschuhe fungieren; die Vorderpfoten unserer Wolfsrüden erreichen beinahe die Fläche einer Menschenhand, sie treten auf, halten fest, graben. Die Hinterextremität liefert beim Laufen den Hauptschub, ihre Pfoten sind etwas kleiner als vorne, was es den Wölfen auch erleichtert im Trab mit den Hinterpfoten genau das Trittsiegel der Vorderpfoten zu treffen, wodurch im Schnee das Laufen viel weniger anstrengend wird. „Schnuren" nennen dies die Wildbiologen. Daran erkennt man unter anderem auch, ob ein Wolf oder ein beim Trittsetzen weniger exakter Hund die Spur gelegt hat.

Unter anderem deshalb sind Wölfe auf längeren Wanderungen im Gänsemarsch unterwegs. Die Schneeschuhe der Wölfe machen sich besonders im Spätwinter bezahlt, wenn die bereits durch einen langen Winter geschwächten Hirsche und Wildrinder beim Laufen tief im harschigen Schnee versinken, während die Wölfe darüber hinwegzuschweben scheinen, fast als würden sie über Wasser gehen. Diese Taktik wurde seit Urzeiten von skandinavischen Wolfsjägern auch gegen den Wolf genutzt, deren Langlaufschier den Pfoten der Wölfe im Schnee noch überlegen waren. Die Wölfe wurden so lange verfolgt, bis sie erschöpft aufgaben, sich stellten und mit einer Lanze erstochen werden konnten.

Ihre Lauffähigkeit ermöglicht Wölfen auch, sehr rasch weite Distanzen zu überwinden. So wird an mit Telemetriesendern versehenen Wölfen immer wieder festgestellt, dass sie bis zu 100 km pro Tag bzw. Nacht zurücklegen. Bei diesen Langstreckenrekordlern handelt es sich meist um junge Männchen, die aus mancherlei Gründen das hohe Risiko auf sich nehmen und ihr Rudel verlassen. „Dispersal" nennt man dieses auch bei vielen anderen Tieren vorkommende Phänomen. Hat der junge Rüde Pech, trifft er auf ein fremdes Rudel und wird getötet; dies geschieht mit gewisser Wahrscheinlichkeit dann, wenn es sich um das Nachbarrudel handelt. Nur wenn er weit genug weg läuft, scheint es eine Chance zu geben, sich mehr oder weniger mühsam in ein fremdes Rudel einzugliedern. Wenn er Glück hat, findet er allerdings ein junges Weibchen und die beiden gründen ein neues Rudel. Wahrscheinlich ist dies aber nicht. So gab es laut Information durch den WWF Mitte 2010 sieben Wölfe in Österreich. Ihre Chance, einen gegengeschlechtlichen Partner zu treffen, ist denkbar gering. Viel wahrscheinlicher ist, dass die Rüden in der Nacht überfahren werden. Im Frühjahr 2012 tauchte ein Wolfspaar italienischer Herkunft, wie man genetisch feststellte, im niederösterreichischen Schneeberggebiet auf. Mal sehen, was aus ihnen wird.

Wölfe gehören zweifellos zu den Laufspezialisten unter den Hundeartigen. Zu den anders orientierten Arten zählt der sehr langbeinige südamerikanische Mähnenwolf. Er ist jedoch kein Wolf und zudem auch kein Läufer, sondern ein an das Leben im hohen Gras angepasster Stelzer. Oder aber der kurzbeinige, durch das Unterholz schlüpfende und eng mit dem Mähnenwolf verwandte Waldhund. Was Wunder also, dass beim domestizierten Wolf, dem Hund, im Leistungsbereich viel an der Lauffähigkeit gearbeitet wurde, und das schon vor tausenden von Jahren. Etwa bei den ursprünglichen Windhunden, den Salukis, oder den afghanischen Windhunden, deren Freude an der Sichtjagd und deren Lauftempo im Vergleich zum Wolf durch gezielte Auslese noch gesteigert wurde. Viel später, wahrscheinlich wenige Jahrhunderte nach Beginn der christlichen Zeitrechnung, wurden von Menschen ausgehend von spitzartigen, ursprünglichen Hunden fleißige und menschenfreundliche Dauerläufer wie Husky oder Samojeden herausgezüchtet. Die übermotivierte Lauffreude dieser Schlittenhunde kann ziemlich nerven, wenn diese Tiere als reine Begleithunde gehalten werden, und ihr starker Jagdtrieb (Schlittenhunde mussten traditionellerweise im Sommer Selbstversorger sein) ist nur schwer beherrschbar.

In beidem, der Lauffreude wie auch dem kaum unter Impulskontrolle stehenden Jagdtrieb, scheinen sie unserer Erfahrung nach die Stammform Wolf zu übertreffen. Denn Wölfe verhalten sich immer ökonomisch; mit Ausnahme des Spiels laufen sie nicht einfach aus Spaß an der Freude. Typische Schlittenhunde hingegen schon. Erst mittels der tierassistierten Schlittentechnik war es Menschen möglich, sich dauerhaft in der Arktis anzusiedeln. Das ist eines der vielen Beispiele, wie Menschen manche Eigenschaften von Wölfen durch Zuchtauslese in einer für sie äußerst nützlichen Weise betonten. So geht selbst die Schlittenhundekultur der Inuit auf die Grundfähigkeiten des Wolfs zurück. Im Gegensatz dazu gab es aber auch Negativauslese auf Lauffähigkeit. Irgendwann passierte etwa die Mutation zur Dackelbeinigkeit, die seitdem dominant vererbt wird. Eine ideale Vorraussetzung dafür, Hunde zu züchten, die in die Baue von Füchsen oder Dachsen eindringen. Ein Dackel hetzt seine Beute nicht wie ein Windhund, er verfolgt sie unterirdisch. So ist nicht jeder Hund ein Läufer. Gerade unter den modernen Begleithunden finden sich viele prädestinierte Couchpotatoes wie in extremer Form Bulldoggen oder Bassetts.

Die Spezialisierung auf Langstreckenlauf stellt eine weitere Gemeinsamkeit von Menschen und Wölfen dar. Beide sind die Läufer innerhalb ihrer zoologischen Verwandtschaftsgruppen. Wie Wölfe innerhalb der Hundeartigen unterscheiden wir uns von den anderen Menschenaffen durch unsere Langstreckentauglichkeit. So ist es einem Menschen zwar kaum möglich, einem auf allen Vieren anstürmenden Schimpansen davonzulaufen, auf zwei Beinen hätte der Schimpanse allerdings auch auf der Kurzstrecke keine Chance gegen einen durchschnittlichen Menschen. Und kein Schimpanse würde es schaffen, auf der Marathondistanz mit Menschen Schritt zu halten. Nicht nur aufgrund der körperlichen Gegebenheiten, sondern auch weil Schimpansen wohl die Willenskraft für eine solche ökologisch kontextfreie Kraftanstrengung fehlt. Man könnte meinen, unsere stammesgeschichtlich nächsten Verwandten seien im nicht übertreiben Wollen vernünftiger als wir Menschen.

Moderne Menschen stammen von teils kletternden und erst seit den Australopithecinen Lucy & Co, also seit etwa sechs Millionen Jahren, leidlich zweibeinigen Vorfahren ab. Mit der Zweibeinigkeit kam die Lauffähigkeit. Auf allen Vieren wie die Wölfe hätten wir nicht zu Läufern werden können, denn unser zunächst auf Klettern ausgerichteter Primatenkörper war für optimiertes vierbeiniges Laufen nicht geeignet, wie man an Schimpansen sieht. Erst die wahrscheinlich aus anderen Gründen erworbene Zweibeinigkeit schuf ideale Gegebenheiten für die Entwicklung des modernen Menschen zum Langstreckenläufer. Faszinierend, wenn auch nicht wirklich verwunderlich, dass sich ausgerechnet die Laufspezialisten ihrer Verwandtschaftsrunden, also Mensch und Wolf, in Form des Hundes zu einer nun schon sehr lange währenden Partnerschaft zusammenfanden.

Zu begründen, warum innerhalb unserer Verwandtschaft ausgerechnet wir Menschen uns so konsequent auf zwei Beine aufgerichtet haben, bleibt eine recht spekulative Angelegenheit. Darüber kann man ähnlich wie zur Frage, wie Menschen und Wölfe am Beginn der Hundwerdung zusammenkamen, trefflich und endlos streiten. Schwer zu sagen, ob wir zum Zwecke des Laufens zweibeinig wurden oder erst nach Erreichen der Zweibeinigkeit das Laufen perfektionierten. Wahrscheinlich Letzteres. Jedenfalls führte das Aufrichten, ähnlich wie die Beinverlängerung beim Mähnenwolf, zu einer verbesserten Rundumsicht, emanzipierte die Vorderextremität von der Fortbewegung und erlaubte so ihre Weiterentwicklung zur Greifhand. Dazu kommt, dass in Äquatornähe, wo *Homo sapiens* entstand, ein vertikaler Körper der Sonneneinstrahlung weitaus weniger ausgesetzt ist als ein horizontaler.

Das ist besonders für den von Fell größtenteils ungeschützten tagaktiven Primaten Mensch relevant, weniger für die eher dämmerungs- und nachtaktiven Wölfe, deren Körperorientierung im Raum kaum thermoregulatorische Konsequenzen nach sich zieht. So kann man die Entwicklung des aufrechten Ganges beim vorwiegend visuell orientierten Menschen auch damit in Zusammenhang bringen, dass unseren Jäger- und Sammlervorfahren von den nachtaktiven Hyänen und Großkatzen, von denen sie in ihrem afrikanischen Steppenlebensraum gelegentlich verzehrt wurden, eine tagaktive Lebensweise nahegelegt wurde. In der Folge mussten sie sich der äquatorialen Sonne aussetzen und zweibeinig werden, um die Wärmeeinstrahlung auf ihren Körper zu minimieren.

Die Anpassungen der Menschen an Hitze und UV-Strahlung schließen dunkle Hautfarbe, üppigen Haarwuchs auf dem Kopf und eine gute Ausstattung mit Schweißdrüsen ein. Solche Anpassungen an Hitze machten Wölfe nie durch; im Wesentlichen regulieren Wölfe und Hunde ihre Körpertemperatur über die Atmung, sie hecheln, verdunsten über Zunge und Rachen, aber sie schwitzen nicht. Daher sind Wölfe auch Tiere des Nordens und schaffen es durch Anpassen des Verhaltens und durch geringe Körpergröße, welche die Wärmeabgabe begünstigt, gerade noch, in die Halbwüsten des Nahen Ostens vorzudringen. Die Tropen jedoch blieben ihnen verschlossen. Die Wölfe der subtropischen Zonen schaffen ihre Laufleistungen auch nicht untertags, sondern unter anderem aus thermischen Gründen in der Nacht. Überhitzung ist übrigens auch bei Schlittenhunden ein Problem, weswegen man heutzutage eher kleine Hunde vor Schlitten spannt und im Sommer keine Hundewagenrennen veranstalten kann.

Entsprechend angepasst sind auch die Sinnessysteme, beispielsweise der Gesichtssinn. Während wir Menschen über ein wohl entwickeltes Farbsehen verfügen, schlagen uns Wölfe und Hunde beim Dämmerungssehen und beim Bewegungssehen im Dunkeln um Längen. Das sei auch in Richtung jener Zeitgenossen bemerkt, die meinen, dass der Geruchssinn bei Hunden sogar bei der Fernorientierung überaus wichtig sei. Dem ist gewöhnlich nicht so. Wie bei Wölfen auch wird zur Fernorientierung bei Hunden vor allem das Sehen eingesetzt und die Nase nur in der Nahsuche, wenn sie mit den Augen nicht mehr weiterkommen. Natürlich können Wölfe Geruchsquellen auch über Distanz ausmachen, aber gewöhnlich unterstützt der Geruchs- eher den Gesichtssinn als umgekehrt. Je nach Verwendung differenzierten sich unterschiedliche Hundetypen auch im Einsatz ihrer Sinnessysteme. Während ursprüngliche Windhunde, etwa Salukis oder Afghanen, Wölfen gleich fast ausschließlich auf Sicht jagen, gibt es auch Hunderassen, etwa die Spürhunde, bei denen die Nase dominiert, und die bevorzugen, mit der Nase auf der Spur zu jagen; Wölfe tun dies gewöhnlich nicht oder nur zur kurzfristigen Orientierung.

Das Wunder der Entwicklung des *Homo sapiens* zum Laufspezialisten wäre wie erwähnt auf allen Vieren schon aus thermischen Gründen gar nicht möglich gewesen. Tatsächlich spielt die Lauffähigkeit bei manchen Ethnien im sozialen Bereich eine bedeutende Rolle. Die Massai etwa leben heute in jenem Gebiet, in dem vor mehr als einer Million Jahren der moderne Mensch entstand. Sie sind dort sekundär eingewandert, nicht die direkten Nachfahren jener Menschen, die sich von dort vor 100 000 Jahren bereit machten, aus Afrika auszuwandern. Als Abschluss ihrer Mannbarkeitsrituale führen junge Massai-Krieger in Gruppen lange Wanderungen über hunderte von Kilometern durch, und das nicht gemütlich marschierend in der Nacht, sondern im Dauerlauf und in der Hitze des Tages. Sie besuchen dabei andere Massai und mögen den einen oder anderen galanten Kontakt knüpfen. Daher scheint es nicht zu weit hergeholt, in dieser ritualisierten Gepflogenheit des Erlaufens eines weiten Gebietes eine Parallele zum Dispersal junger Wolfsrüden zu erkennen. Natürlich sind die langbeinigen, schlaksigen Massai ideal gebaute Läufer, auch im Vergleich zu anderen Menschen; sie und einige ähnliche Völker sind sozusagen die Windhunde unter den Menschen. Ihr Körper lässt dasselbe Bauprinzip erkennen, das auch Wölfe zu guten Läufern macht: Vom Hüftgelenk abwärts sind die Beine schlank, mit wenig Masse, die beim Lauf ja pendelnd bewegt werden muss. Die Muskeln sind auf Ausdauer getrimmt. Dieses Bauprinzip findet man bei äthiopischen und kenianischen Marathonläufern auf die Spitze getrieben, deren dünne, beinahe masselose Beine sie auf der Langstrecke unschlagbar machen.

Es gibt aber auch uns näher liegende Beispiele für sozial ritualisiertes Laufen als die Massai. So entwickelte sich die Leichtathletik bei den alten Griechen als ritualisierter, militärisch angehauchter Wettkampf zwischen jungen Männern. Bereits in diesen Anfängen des modernen Sports ging es um Lauftempo und Ausdauer auf Distanz. Die über Anpassung an ökologische Bedingungen entwickelte Lauffähigkeit der

Menschen rutschte in den sozialen Kontext des Wettkampfes. Im Stadion laufen Menschen, um andere zu schlagen, und nicht, um rasch von A nach B zu gelangen. Damit bereiten sie jenen Fan-Gruppen ein Gefühl der Überlegenheit, die sich mit ihnen identifizieren, gewöhnlich die Klans und Ethnien, denen sie entstammen. Sportler gewinnen für ihre Anhängerschaft und ihren Geldbeutel – in der Antike genau wie heute. Daher werden Sport und Sportler immer noch national vereinnahmt, was im Zeitalter der Globalisierung anachronistisch erscheint. Wölfe betreiben keinen Sport, sie vermeiden als ökonomische Wildtiere generell „sinnlose" Energieverschwendung durch Bewegung. Ob sie sich ähnlich wie Menschen durch ihr Engagement und ihre Laufleistung bei der Jagd soziales Prestige in ihren Rudeln erwerben, wird am WSC zu untersuchen sein. Selbst erwachsene Wölfe rasen gelegentlich im Spiel miteinander durch die Gegend, sie laufen also, wie wir Menschen auch, aus rein sozialen Motiven.

Wölfe „schufen" Pferde, Hirsche und andere Fluchttiere

Der Tagesbedarf eines kanadischen Grauwolfes liegt selbst im Winter bei wenig mehr als etwa einem Kilogramm Beutetier. Kälte steigert den Appetit, wie wir auch an unseren Wölfen immer wieder bemerken. Reines Muskelfleisch reicht dabei nicht als Nahrung. Hundeartige, so auch der Wolf, verspeisen im Gegensatz zu den Katzenartigen auch Teile des Magen-Darm-Trakts ihrer Pflanzenfresserbeute. Und auch später fressen Wölfe an ihren Rissen im Gegensatz etwa zu Luchsen nicht das reine Muskelfleisch, sondern auch Knochen, Haut und Fell des Beutetieres. Die anteilsmäßig ideale Zusammensetzung an Gedärm, Fleisch, Knochen und Fell weisen übrigens Kaninchen auf, nach deren rückstandslosem Verzehr – buchstäblich mit Haut und Haar – Wölfe wohlgeformten Kot absetzen. Die Menschenpartner unserer Wölfe am Forschungszentrum macht das glücklich, auch wenn das seltsam klingen mag. Ein Zuviel an Knochen in der Nahrung wird bei Haushunden rasch zum Problem, deren kleineres Gebiss und domestizierter Verdauungsapparat sich auf die Reste vom Tisch der Menschen eingestellt und an wölfischer Robustheit deutlich verloren hat. Offenbar benötigen Wölfe Knochen und Haare auch als Ballaststoffe, denn eine einseitige Mahlzeit von Muskelfleisch oder Rinderpansen oder auch ein Zuviel an von seinen Inhaltsstoffen her an sich idealem Trockenfutter wird schlecht vertragen.

Eine für Hunde nahezu ideale Ernährung (den eher ideologisch geführten Streit über die Rohfütterung von Hunden möchte ich hier nicht kommentieren) führt bei Wölfen zu Durchfällen. Eines der Unterscheidungsmerkmale zwischen Wolfs- und Hundelosung besteht übrigens darin, dass Erstere gewöhnlich auch erhebliche Anteile an Knochensplittern und Haaren der Beutetiere enthalten kann, aber nicht muss. Nur von der Optik her ist es daher meist nicht zuverlässig zu entscheiden, ob eine bestimmte Hinterlassenschaft von einem Wolf oder einem Hund stammt.

Der tägliche Nahrungsbedarf eines Timberwolf-Rudels von 15 Tieren liegt bei etwa 20 Kilo. Auch eine Wapiti-Hirschkuh hält also nicht länger als drei Tage vor. Wobei Wölfe nicht täglich ein Kilogramm Nahrung zu sich nehmen. Vielmehr sind große Wölfe in der Lage, ihren Magen mit bis zu zehn Kilogramm Nahrung vollzustopfen. Meist nehmen sie aber viel weniger auf, wohl um nicht für Stunden und Tage sehr unbeweglich zu werden, was besonders bei der latenten Bedrohung durch fremde Wölfe im Freiland ein Nachteil wäre. Bei reichem Nahrungsangebot funktioniert die Verdauung sehr flott und die Wölfe können wesentlich mehr als nur ein Kilogramm Nahrung pro Tag durchsetzen. Bei geringerer Versorgung scheinen sie langsamer und vollständiger zu verdauen, was noch genauer zu untersuchen wäre.

Der Magen von Wölfen und anderen Hundeartigen funktioniert übrigens nur teilweise als Verdauungsorgan. Von seiner Funktion her ist er auch internes Vorratslager und Transportbehälter, etwa um Nahrung oft über weite Distanz zurück zu den Welpen zu transportieren. Oder auch, um gelegentlich Teile der Beute für sich zur Seite zu schaffen. Schon wiederholt konnten wir beobachten, dass einer unserer Wölfe, der sich gerade an einem toten Tier voll gefressen hatte, in einen entlegenen Bereich des Geheges lief, dort eine Grube ausscharrte, die Nahrung aus dem Magen hervorwürgte und sein Versteck mit den typischen seitlichen Schnauzenbewegungen wieder mit Erde bedeckte. In Ansätzen legen also Wölfe, Raben gleich, Kurzzeit-Nahrungsdepots an. Nicht vollständig verzehrte Beutetiere werden meist vor Nahrungskonkurrenten wie Bären bewacht. Im Abdecken solcher Reste sind Wölfe eher nicht so gut wie beispielsweise Pumas. Bei größeren Rudeln stellt sich dieses Problem kaum. Sie nehmen gleich alles auf einmal auf und selbst von größeren Beutetieren bleiben nur ein paar Knochen zurück.

Der Nahrungsbedarf eines größeren Rudels ist also durchaus beachtlich und erklärt, warum diese Wölfe relativ oft gemeinsam auf Jagd nach großen Tieren gehen. Auf Basis von Kleinsäugern, Mäusen, Kaninchen etc. kann ein kleiner Wüstenwolf sein Leben fristen, für die großen nordischen Wölfe ist das bestenfalls Zubrot. Die Präsenz großer Wolfsrudel, etwa im Yellowstone-Nationalpark oder in der Sperrzone um das Atomkraftwerk von Tschernobyl, gibt immer einen untrüglichen Hinweis auf hohe Beutedichten, nicht aber darauf, dass die Wölfe gerade drauf und dran sind, die örtlichen Pflanzenfresser auszurotten. Die Nahrungsdichte kontrolliert die Dichte der Beutegreifer, nicht umgekehrt. In Österreich überhegt man Rehe und Hirsche, um eine hohe Jägerpopulation zu ermöglichen, die dann behaupten, sie wären das nötige Korrektiv, um die Wilddichten in Grenzen zu halten. De facto ist es genau umgekehrt. Und die menschlichen Jäger verhalten sich im Grunde in dieser Hinsicht und in ihrer territorialen Verteidigungshaltung nicht unähnlich wie Wölfe ... Durch ihre selektive Jagd auf schwache Individuen sorgen Wölfe zudem für eine erhebliche Selektion in Richtung gesunder und leistungsfähiger Beute. Denn die Spezialität von Wölfen besteht darin, Herden in Bewegung zu bringen, um unter hunderten Rentieren oder Wapitihirschen jenes Tier zu erkennen, welches im Laufen verrät, dass es einfacher zu erwischen sein wird als die anderen, etwa durch ein für menschliche Beobachter kaum merkliches Hinken. Auf dieses Tier konzentriert sich das Rudel alsbald, trennt es von der Herde ab und bringt es zu Fall, indem sich Wölfe an Genick, Hals und hintere Flanken des Beutetieres hängen. Die Situation der Wolfsbeute beschreibt jener Witz sehr treffend, bei dem zwei Wanderer einem hungrigen Grizzlybären zu nahe kommen. Worauf sich einer der beiden seelenruhig bückt, um seine Schuhbänder zu schnüren und seinem Kollegen erklärt, er müsse nicht schneller laufen können als der Bär, nur eben schneller als sein Partner.

So ist die Laufstärke von klassischen Wolfs-Beutetieren, etwa von Pferden und Hirschen, vor allem auf die jahrmillionenlange Auslese durch Wölfe und andere Beutegreifer zurückzuführen. Nur die Aufmerksamen, Sprintstarken und Ausdauernden überlebten bzw. hinterließen viele Nachkommen, die ihre erfolgreichen Gene weiter trugen. Etwas zugespitzt könnte man behaupten, dass der Wolf es war, der Pferd und Hirsch schuf. „Bruder Wolf“ gestaltet also schon sehr lange ganz ähnlich wie der Mensch seinen Lebensraum und lenkt die Evolution seiner Beutetiere und seine eigene; denn um mit immer besser fluchtfähigen Beutetieren auf Augenhöhe zu bleiben, mussten auch die Wölfe immer bessere Läufer und klügere Jäger werden. Dem Vernehmen nach nutzten mongolische Züchter von Kriegspferden den Wolf als Auslesefaktor bereits im ersten Jahrtausend unserer Zeitrechnung ganz bewusst, um ausdauernde und schnelle Tiere zu erzielen, auf denen ihre Heere dann fallweise bis nach Westeuropa vordrangen.

Möglicherweise fördert gerade die soziale Jagd manche Formen der sozialen Intelligenz. Wölfe und andere Beutegreifer genießen freilich allein von ihrer Ernährungsweise her gewisse Vorteile in diesem „evolutionären Rüstungswettlauf". So haben ihre Beutetiere, durchwegs Pflanzenfresser, mit dem Problem zu kämpfen, dass ihre Nahrung vergleichsweise wenig Energie enthält und schwierig aufzuschließen ist. Pflanzenfresser müssen daher in einen voluminösen Verdauungstrakt investieren, was natürlich hinderlich dabei ist, Fressfeinden davonzulaufen. Ein großer Magen etwa schränkt die Lauffähigkeit ein, weswegen es für den Magen-Darm-Trakt Volumengrenzen gibt. Das wiederum bedeutet, dass nicht allzu viel Pflanzennahrung auf einmal aufgenommen werden kann und diese Tiere gezwungen sind, viel Zeit mit Fressen zu verbringen und sich so wiederum ständig gegenüber ihren Fressfeinden exponieren müssen. Die Kompromisslösung für die Pflanzenfresser besteht darin, Sicherheit in der Gruppe zu suchen und die Fluchtfähigkeit zu optimieren. Der Druck durch Wölfe und andere Beutegreifer hielt Pferde und Hirsche fluchtbereit und zwingt diese Tiere auch, in Herden zu leben.

Es ist also nicht übertrieben zu meinen, dass vor allem der durch die modernen Wölfe und ihre Vorläuferarten über mindestens fünf Millionen Jahre ausgeübte Selektionsdruck die heutigen Großpflanzenfresser der nördlichen Halbkugel geformt hat. Auch Menschen jagen. Je weiter nördlich sie leben, desto stärker leben sie von den erjagten Tieren. Immer wieder gab es auch extreme Spezialisierungen unter diesen frühen Menschen, etwa die eiszeitlichen Mammut- und Nashornjäger, die ihre Lager vor 25 000 Jahren auch im niederösterreichischen Weinviertel aufschlugen, unweit des heutigen Wolfsforschungszentrums in Ernstbrunn. Diese steinzeitlichen Jäger erlegten ihre großen und wehrhaften Beutetiere vorwiegend mit Speeren. Ihre großen Knochen-Abfallhalden zeigen bis heute ihre Lager an. Dort wurden übrigens auch Schädel von Wölfen oder wolfsähnlichen Hunden gefunden, deren starke Brechscheren im Gebiss darauf hindeuten, dass sie sich auf das Zusammenleben mit diesen Jägern eingelassen und sich auf deren Knochenreste spezialisiert hatten. So übten Menschen, *Homo erectus* und *Homo sapiens* gemeinsam, etwa 500 000 Jahre lang Jagddruck auf Tiere vor allem in Eurasien aus, Wölfe jedoch schon zehnmal länger. Man kann nur darüber spekulieren, welche Effekte dieser Selektionsdruck durch menschliche Jäger auf ihre Beutetiere hatte. Möglicherweise erklärt sich daraus die Erfahrung von Tiergärtnern, dass bei Wölfen, Bibern, Ottern etc. die Tiere eurasischer Herkunft meist scheuere und nervösere Gehegebewohner abgeben als ihre nordamerikanischen Schwesterarten.

Der soziale Erfolgsfaktor?

Ebenfalls nur spekuliert kann darüber werden, ob Wölfe aufgrund ihrer kooperativen Rudelorganisation weniger sozialen Konkurrenten, etwa den Großkatzen, überlegen sind, mit denen sie ihren Lebensraum teilten und teilen. Das könnte mit ein Grund dafür sein, warum die großen Säbelzahnkatzen ausstarben und warum die zwischeneiszeitlich weit in den Norden vorstoßenden Löwen schon in vorgeschichtlicher Zeit auf den Süden beschränkt wurden, wo es, wenn überhaupt, nur relativ kleine und in Kleingruppen lebende Wölfe gibt. Oder warum in Nordamerika die kleineren, aber sozialen Grauwölfe den größeren Diruswolf verdrängten. Wie die Interaktionen zwischen den 50 Kilogramm schweren Timberwölfen und den etwa zehnmal schwereren Braunbären in Nordamerika zeigen, beherrschen die Wölfe die Bären in direkten Auseinandersetzungen, bei denen das ganze Rudel beteiligt ist, beinahe nach Belieben. Zudem sind sie eine Gefahr für Bärenkinder. Es ist also leicht vorstellbar, dass Löwen umso weniger konkurrenzfähig waren, je weiter nördlich sie mit Wölfen zusammenlebten und die Wölfe, je weiter südlich, wo es ihnen schlicht zu heiß wird und wo sie eher in Kleingruppen oder einzeln leben, wodurch sie den Gruppenvorteil verlieren.

Dazu kommt noch ein wesentlicher Unterschied im Sozialsystem: Gruppen von Löwinnen werden in der Regel alle paar Jahre von neuen Männchenallianzen übernommen, die dabei nicht nur die alten Paschas töten, sondern in kürzester Zeit auch alle abhängigen Jungen. Infantizid, also das Töten der noch abhängigen Jungen durch neu hinzugekommene Männchen, ist eine gängige, auch beim Menschen vorkommende Säugetiergepflogenheit, mit dem funktionellen Hintergrund, die Weibchen von der Versorgung der Jungen, die der Vorgänger zeugte, rasch wieder auf Empfängnisbereitschaft für eigenen Nachwuchs umzupolen. Evolutionär gesehen geht es darum, die eigenen Nachkommen großzuziehen, nicht die der anderen. Die Mutter ist bekanntlich sicher. Auf der Seite der Männchen dagegen entwickelten sich unterschiedliche Strategien zur Vaterschaftssicherung und Reproduktionsoptimierung, eine davon ist der Kindermord. Nicht nett, nicht moralisch und sicherlich nicht „zum Besten der Art", wie unsere Altvorderen noch meinten, dass Verhalten zu sein habe, aber wirksam im Sinne des Reproduktionserfolgs der männlichen Kindermörder.

Wolfsrudel sind in der Regel wesentlich stabiler als Löwenrudel. Niederrangige Wölfe werden gewöhnlich zum Verzicht auf eigene Vermehrung gezwungen bzw. verzichten mehr oder weniger freiwillig und helfen bei der Aufzucht der Nachkommen der Alphatiere mit, die ja üblicherweise ihre Eltern sind. Sie kümmern sich also um ihre Geschwister. Es kommt zwar vor, dass ein Wolfsrudel den Nachbarklan mit Putz und Stingl ausrottet (diese Sitte war ja auch bei ursprünglichen Menschen nicht ganz unüblich), aber innerhalb des eigenen Rudels ist man gewöhnlich freundlich zueinander und verhält sich hochkooperativ. Das ist ein grundlegender Unterschied zu den Löwen, der erklären könnte, warum sie auf die Dauer gegen die großen, hochsozialen Wölfe des Nordens nicht bestehen konnten.

Dass afrikanische Wildhunde eine ähnliche Rudelorganisation wie Wölfe zeigen, in Konkurrenz und in direkter Auseinandersetzung Löwen und Hyänen aber kaum standhalten können, liegt vor allem an ihrer geringen Körpergröße. Vielleicht auch daran, dass sie weniger darauf eingestellt sind als Wölfe, sich aggressiv gegen andere Wildhundrudel oder Konkurrenten zu verteidigen. In Gebieten mit vielen Hyänen kann es vorkommen, dass das Rudel bis zu achtmal täglich auf die Jagd gehen muss, um sich und seinen Nachwuchs zu versorgen, weil viele erlegte Beutestücke ihnen von den größeren Konkurrenten abgenommen werden, bevor sie sie selber fressen können. So kommen diese Wildhunde in Probleme, weil der energetische Aufwand der erzwungenen Jagd größer ist als der Energiegewinn durch verwertbare Nahrung, den er bringt. Zudem verlieren sie viel zu oft ihren Nachwuchs an Hyänen und Löwen. Dies sind Hauptursachen, warum afrikanische Wildhunde selbst in Schutzgebieten gefährdet sind.

Wölfe verhalten sich übrigens bei der Jagd nicht übermäßig tapfer. Wehrt sich ein Hirsch energisch, etwa durch Schlagen mit dem Geweih oder Kicken mit den Hufen, ist es nicht ungewöhnlich, dass die Wölfe aufgeben. Für eine einzige Mahlzeit lohnt es sich nicht, Überleben und zukünftige Jagdfähigkeit aufs Spiel zu setzen. Trotzdem sind verheilte Rippen- oder sogar Schädelbrüche bei älteren Wölfen nicht selten, wie die eingesammelten Wolfsskelette der Isle Royale und Befunde an anderen Wölfen aus dem Freiland zeigen. Obwohl Verletzungen dank eines robusten Immunsystems gewöhnlich rasch heilen, ist dennoch das Risiko groß. Eine schwere Verletzung bedeutet meist das Aus für den Wolf. Dies galt ja auch für unsere mammutjagenden Vorfahren. Daher rührt auch die Risikoscheu von Wölfen. Das äußert sich unter anderem im Muster der seltenen Übergriffe eurasischer Wölfe auf Menschen. Angriffe nicht-tollwütiger Wölfe trafen über die Jahrhunderte hinweg vor allem Kinder und Frauen, aber kaum Männer. Übertriebene Tapferkeit, die bei Menschenmännern immer mit Ausblenden von Gefahr und oft mit dem sozial erwünschten Heldentod einhergeht, ist Wölfen zumindest bei der Jagd fremd.

Wolfskulturen

„Traditionen“ oder „Kulturen“?

Neueste genetische Untersuchungen brachten nicht nur Licht in die Frage, wie aus Wölfen in Gesellschaft von Menschen Hunde wurden. Solche Ergebnisse können auch tiefe Einsichten in die Lebensweise von Wölfen eröffnen. Grauwölfe haben wahrscheinlich die weiteste geographische Verbreitung aller Säugetierarten, die jemals die Erde bevölkerten – natürlich mit Ausnahme der Menschen. Wölfe können in kürzester Zeit weite Strecken zurücklegen und selbst die üblichen geographischen Barrieren, welche die Ausbreitung anderer Arten verhindern, können sie nicht aufhalten. Wölfe auf Wanderschaft durchschwimmen Flüsse, laufen über zugefrorene Gewässer und überwinden Gebirgszüge. Eine der wichtigsten Vorraussetzungen für den Zerfall einer Art in genetisch unterschiedliche Populationen ist geographische Isolation. Die wirkt natürlich auch bei Wölfen. So wird sich ein sibirischer Wolf nicht so ohne weiteres mit Artgenossen auf der arabischen Halbinsel paaren und kanadische Timberwölfe sind von ihren europäischen Vettern ziemlich effektiv getrennt.

Aber selbst innerhalb zusammenhängender Gebiete kann es zur innerartlichen Differenzierung kommen. Im Norden der USA und in Kanada trifft man in verschiedenen Gebieten auf recht unterschiedlich aussehende Timberwölfe, kleinere und größere, feingliedrige und plumpere, dunkle und helle. Warum ist das so? Was hindert sie am freien Austausch ihrer Gene und so am Erhalt einer einheitlichen Population?

Prinzipiell leben Wölfe in relativ „geschlossenen Rudelgesellschaften“. Innerhalb dieser Rudel reproduzieren meist nur die Alphas, sie sind in vielen Fällen die Rudelgründer und Eltern der meisten Wölfe im jeweiligen Rudel. Für Wölfe und Wölfinnen ist es daher nicht üblich, schnell mal das Nachbarrudel zu besuchen, um Spaß zu haben, und um dann im Falle der Weibchen zwei Monate später gemischterbige Welpen zur Welt zu bringen. Im Vergleich zu anderen gruppenlebenden Tieren leben Wölfe eine nahezu paranoide Xenophobie. Diese Isolationstendenzen sollten es Wölfen auch erleichtern, Traditionen im Rudel zu entwickeln und zu halten. Theoretisch zumindest; die Datenlage für unterschiedliche Rudeltraditionen ist recht dürftig. Würde ich mich als Wissenschaftler mit der Affensippschaft einschließlich

Mensch beschäftigen, so würde ich jetzt euphemistisch von unterschiedlichen Rudel-„Kulturen“ schreiben. In der Folge werde ich das auch tun, weil es in meiner Zunft üblich geworden ist. Man sollte diesen Begriff in Bezug auf Schimpansen oder Wölfe jedoch nicht überbewerten. Denn ein im Kollegenkreis übliches Verfahren zur Steigerung der Bedeutung des eigenen Forschungsgebietes besteht darin, schillernde Begriffe mit Prestigebedeutung, etwa jenen der „Kultur“, so allgemein zu definieren, dass sie möglichst auch für jene Art zutreffen, mit der man gerade arbeitet. So versteht man im Zusammenhang mit Menschen unter „Kultur“ nicht nur das Tradieren von Fertigkeiten durch soziales Lernen, sondern auch das kreative Umdeuten und Gestalten der Überlieferung durch bestimmte Individuen bzw. auch das Vorhandensein von Spiritualität, Mythen und „Kulten“ - darum ja auch „Kult“ur. Den Kulturbegriff auf Schimpansen anzuwenden scheint daher zumindest unnötig. Der Begriff der „Tradition“ täte es im Falle nicht-menschlicher Tiere auch.

Kulturen schränken den Austausch der Gene ein

Dass Wölfe sich überwiegend innerhalb des Rudels vermehren, steht einer freien Durchmischung der Genpools im Wege. Auch scheint das besonders bei nordamerikanischen Grauwölfen nicht unübliche Eingliedern eines Zuwanderers in ein bestehendes Rudel aus mehreren Gründen relativ schwierig zu sein. Einer davon sind sicherlich unterschiedliche Rudeltraditionen. Auch wir Menschen finden Partner für die Vermehrung überwiegend innerhalb unserer Kulturen und Subkulturen, innerhalb unserer sozio-ökonomischen Schichten. Noch in den 1960er Jahren heiratete Krankenschwester oft Arzt. Selbst dieses Stereotyp, das für eine minimale Schichtdurchlässigkeit in der Partnerwahl steht, scheint passee. Heute heiratet Ärztin Arzt. Man hat aufgrund von Arbeitsüberlastung ohnehin kaum mehr Zeit für das Privatleben, weswegen die Scheidungsraten hoch liegen und Burnout grassiert. Selbst geringe sozio-ökonomische Barrieren, etwa zwischen Berufsständen, erweisen sich als relativ gen-dicht und Traditionsbildung kann diese kulturell bedingte reproduktive Isolation noch verstärken, man denke an das Kastenwesen in Indien oder die immer noch vorhandene Ständementalität in Österreich. Immer noch ist es hierzulande mehr als anderswo gängiger Elterntraum, dass das „Kind einen Akademiker“ heiratet.

Kulturelle Unterschiede können letztlich zur Aufspaltung von Arten führen, selbst bei überlappenden Lebensräumen. Ein spektakuläres Beispiel unterschiedlicher Lebensstile, die ich im Folgenden im Einklang mit dem gängigen Sprachgebrauch unter Biologen „Kulturen" nennen will, liefern etwa Schwertwale, deren ortsfeste, küstennahe Gruppen, die so genannten „residents", von Fischen leben und sich lautstark über Gott und die Welt unterhalten, was wir natürlich nur vermuten können. „Lautstark" und „lautreich" trifft zu, aber wovon ihre Unterhaltung handelt, wissen wir noch nicht. Im Gegensatz dazu jagen die küstenfernen Nomaden unter den Schwertwalen, die so genannten „transients", Wolfsrudeln gleich Meeressäuger bis zur Größe von Pottwalen. Dabei bleiben sie nahezu stumm; über ihr Leben weiß man noch weniger als über das ihrer küstennahen Artgenossen. Die Lebensstile der beiden „Kulturen" sind so unterschiedlich, dass sie sich, soweit bekannt, miteinander nicht einmal mehr fortpflanzen.

Sesshafte und nomadische Wölfe

Diese Differenzierung in zwei durch weitgehend unterschiedliche Lebensstile gekennzeichnete „Kulturen" wurde durch eine Kombination modernster telemetrischer, genetischer und statistischer Methoden auch an kanadischen Grauwölfen nachgewiesen. Marco Musiani und Mitarbeiter konnten zeigen, dass helle Tundrawölfe mit den großen Rentierherden jährlich zweimal etwa 2500 km Nord-Süd wandern, ihre Wurfhöhlen in den nördlichen Tundren anlegen und gemeinsam mit „ihren" Karibu-Rentieren südlich der Waldgrenze überwintern. Ihre Lebensweise entspricht daher ziemlich genau ursprünglichen menschlichen Rentierjägern und -hirten. Diese Nomadenwölfe kommen in den südlichen Überwinterungsgebieten den eher dunklen, wolfsgrauen bis schwarzen Wölfen der Taigawälder ins Gehege. Letztere wandern nicht, sondern verteidigen gemeinsam Rudelterritorien, in denen sie Jagd auf Hirsche, Elche und, wenn vorhanden, Bisons machen. Folglich bestimmen Nahrungsdichte und Rudelgröße die Ausdehnung der Territorien der Sesshaften. Diese drastische Aufspaltung in den Lebensweisen währt nun immerhin bereits ca. 10 000 Jahre, also etwa 3000 Wolfsgenerationen lang, seit dem Ende der letzten Eiszeit. Diese Differenzierung der Lebensweise der Wölfe in Nomaden und Sesshafte erinnert stark an die Gepflogenheiten früher Menschen, die sich ebenfalls in ihrem Lebensrhythmus entweder an den Wanderungen ihrer Beutetiere orientierten oder aber zumindest zeitweise sesshaft waren und eher von Standwild lebten.

Die Nomadenwölfe unterscheiden sich auch genetisch bereits klar von ihren sesshaften Verwandten. Man mag einander offenbar nicht und vermischt sich nur höchst selten. Wenn, dann decken selten, aber doch Nomadenrüden beim Durchziehen junge, niederrangige Weibchen der Sesshaften. Wölfinnen kommen im Spätwinter in Hitze, meist Februar/März, wenn die Nomadenwölfe in oder zwischen den Territorien der Standwölfe im Taigawald leben und mit der aggressiven Revierverteidigung der Sesshaften zurechtkommen müssen. Aus komplexen sozialen Gründen haben nur die sesshaften Weibchen, nicht aber die Nomadinnen eine marginale Chance, die Welpen eines Rüden aus dem jeweils anderen Kulturkreis aufzuziehen. Die Nomadenrudel mit ihren trächtigen Weibchen ziehen im Frühjahr wieder gen Norden, ihre Wurfbaue liegen etwa 1000 km nördlicher als jene der Sesshaften, während die Karibus noch nördlicher in der Tundra kalben. Wenn die Nomadenwölfchen dann im vierten bis fünften Lebensmonat mobil genug werden, um die Nähe ihres Geburtsortes verlassen zu können, ziehen gerade wieder die Karibus mit ihren Kälbern durch. Und die Nomadenrudel mit ihrem noch sehr jungen Nachwuchs schließen sich wieder an „ihre“ Herden an.

Trotz artspezifischen Sozialverhaltens und Rudelorganisation kommt es also sogar bei Wölfen desselben großen Lebensraums vor, dass sie erstaunlich unterschiedliche Traditionen und Lebensweisen ausbilden. Ob sich die nördlichen Nomaden von den südlichen sesshaften Wölfen außer in der Fellfarbe auch graduell in ihrem Verhalten unterscheiden, ist unerforscht, aber wahrscheinlich. Am WSC haben wir Wölfe aus beiderlei Kulturen, sozusagen eine wölfische „Multi-Kulti“-Gesellschaft. Wobei zu beobachten war, dass sich schwarze Wölfe unterschiedlicher Herkunft zusammentaten, während es manchen unserer hellen Wölfe Probleme bereitete, sich mit den Dunklen zu sozialisieren, obwohl sie gleichartig und in Kontakt mit den anderen aufgezogen wurden. Diese Beobachtung passt gut zu der Ansicht, dass Angehörige unterschiedlicher Kulturen unterschiedliche „Mentalitäten“ entwickeln sollten. Da unsere Erfahrungen jedoch nur auf wenigen Wölfen beruhen, kann es sich dabei auch um Zufälle handeln.

Zu Wesen und Verhalten von Wölfen

Eine weise und familienorientierte Kriegergesellschaft?

Es ist schon erstaunlich, wie ähnlich Wölfe den Menschen in ihrem Sozialverhalten sind und wahrscheinlich auch in Hinblick auf ihre soziale Intelligenz, auch auf geistig anspruchsvollem Terrain, etwa bei der beiden Arten innewohnenden Ambivalenz Artgenossen gegenüber. Einerseits leben Wölfe jene freundliche und fürsorgliche Kooperation innerhalb des Rudels, welche nordamerikanische Indianer dazu bewog, im Wolf das Vorbild für ein harmonisches Familienleben zu sehen. Andererseits gibt es aber auch eine kompromisslose Feindseligkeit Fremden gegenüber, die es für Wölfe lebensgefährlich macht, ihre Nachbarn zu unterschätzen oder die Territorien anderer Artgenossen zu durchqueren.

Rolf Peterson verfolgte über viele Jahre das Leben der Wölfe auf einer Insel im Lake Superior. Eindrucksvoll schildert er in seinem Klassiker *„The wolves of Isle Royale“* den „Krieg“ zweier Rudel über einen erheblichen Zeitraum mit wechselseitigen Überfällen, Toten und Verletzten. Er berichtet von Wölfen, die unvorsichtigerweise allein erwischt und in Kämpfen langsam getötet wurden. Man liest mit unvermeidlicher Anteilnahme, wie schließlich auch die Alphawölfin des einen Rudels, immerhin eine Schwester der zeitweiligen Alpha des anderen Rudels, in diesen Auseinandersetzungen ums Leben kam. Nahezu eine griechische Tragödie, auf Wölfisch eben.

Ganz ähnliche Ereignisse werden aus dem Gebiet des Yellowstone-Nationalparks geschildert, wo Wölfe bereits seit einigen Jahrzehnten bei hohen Wilddichten und von Menschen in Ruhe gelassen in einer Art Klimaxgesellschaft leben: Rudel wachsen, etablieren sich, brechen wieder zusammen, werden von Nachbarn angegriffen, vertrieben oder sogar eliminiert. Frei lebende Wölfe stehen also ständig „unter Strom“, müssen dafür sorgen, innerhalb ihres Rudels gute Beziehungen zu unterhalten, um ihre weiteren Lebens- und Reproduktionschancen zu wahren. Sie müssen sich etwa mittelfristig entscheiden, ob sie im Rudel bleiben und darauf warten sollen, dass die Alphas sterben oder von Nachbarn getötet werden, um selber an die Spitze aufzusteigen. Dies ist die einzige Position im Rudel, die verlässlich mit Fortpflanzungserfolg verbunden ist. Selten aber doch starten Wölfe eine Art Palastrevolution und setzen die Alphas ab, was freilich gefährlich bleibt.

Denn misslingt der Versuch, dann besteht Lebensgefahr. Dies ist in Gehegen relativ häufig zu beobachten, im Freiland dagegen sehr selten. In den meisten Fällen handelt es sich bei diesen Revolutionären um Zuwanderer, kaum um Nachkommen jener Alphas, die dabei abgesetzt werden.

Selbst wenn die Chance der Machtübernahme kaum gegeben scheint, etwa für manch rangniedere Wölfe im Rudel, mag es besser sein, im Rudel zu bleiben und den Eltern beim Aufziehen der eigenen Geschwister zu helfen, mit denen man ja einen erheblichen Anteil der Gene teilt, als auf das gefährliche Vorhaben zu setzen, das Rudel zu verlassen und anderswo sein Glück zu versuchen. Dennoch geschieht auch dies gar nicht so selten. Solche „Disperser" sollten über genügend körperliche Fitness und mentale Stärke sowie über eine Mischung aus Vorsicht und Entschlossenheit verfügen, um den Herausforderungen und Gefahren eines einsamen Lebens in unbekanntem, meist von feindlichen Wölfen besetztem Gebiet zu trotzen, bis ein geeigneter Partner oder eine geeignete Partnerin zur Gründung eines eigenen Rudels gefunden wird. Solch „einsame Wölfe" sind keine blutrünstigen Mörder, wie der Gebrauch dieses Begriffs in der Kriminalistik suggeriert, sondern zu ihrer eigenen Sicherheit darauf bedacht, möglichst unauffällig zu bleiben und wenig Spuren zu verursachen. Völlig unklar bleibt, ob solche mittel- und langfristigen Strategien von Wölfen mit wachem Bewusstsein bis zur Entscheidungsfindung durchgespielt werden oder ob ein momentaner körperlicher und mentaler Zustand im Zusammenhang mit der Einbettung ins Rudel und dem Druck der Feinde von außen zu einer bestimmten Stimmungslage führt, die spontane Entscheidungen begünstig.

Damit aber nicht genug. Auch ihr Alltag stellt Wölfe täglich vor beeindruckende Herausforderungen. Etwa wenn es darum geht, sich innerhalb des Rudels abzustimmen, wann man wohin zur Jagd aufbricht und ob man das als Kollektiv, als Untergruppe oder sogar allein macht. Dabei ist genau abzuwägen, wo sich die Nachbarrudel befinden und was sie gerade tun. Nachbarn, die gerade mit vollen Bäuchen ihren Riss vom Vortag verdauen, sind erheblich weniger gefährlich als solche, die vielleicht selber hungrig und jagdbereit sind. Und wenn es eng wird im Gebiet, wenn die Nachbarn Probleme machen, wenn sich Wilddichten verändern, ist die Entscheidung zu treffen, dies entweder passiv auszusitzen, unter der ständigen Gefahr, dass man von den zuerst handelnden Nachbarn überfallen wird. Oder aber man entschließt sich dazu, das Gebiet ganz heimlich und leise zu verlassen, womit freilich das Problem verbunden ist, dass in unbekannten Gefilden unbekannte Risiken lauern. Die dritte Option ist, proaktiv zu handeln: Man überfällt die Nachbarn, versucht möglichst viele von ihnen zu töten und den Rest zu vertreiben; allerdings empfiehlt sich dies nur, wenn man abschätzen kann, dass die Nachbarn zahlenmäßig und an Kampfstärke unterlegen sind und man sie zudem überraschen kann. Alle diese taktischen Varianten des Umgangs mit den Nachbarn, aber auch friedliche Treffen zwischen Rudel und sogar ein Vermischen derselben wurden aus dem Freiland berichtet.

Das tägliche Leben eines Wolfes im Freiland ist also geprägt von ständigen überlebenswichtigen Abwägungen und Entscheidungen. Das klingt ein bisschen wie die Geschichten aus Lederstrumpf oder den guten alten Karl-May-Büchern. Aber dort ging es nicht um Wölfe, sondern um Menschen. Noch völlig unklar ist übrigens, wie solche Entscheidungen innerhalb der Gruppe getroffen werden, und auch, wie viel Planung und bewusstes Entscheiden dahinter steckt. Eine wahrscheinliche Basis für das Synchronisieren von Gruppen stellt die so genannte „Stimmungsübertragung" dar. Wenn etwa Hunger aufkommt oder sich Rudelmitglieder auf einem bestimmten Platz nicht mehr wohl fühlen, so teilt sich dies über ihr Verhalten und über den Ausdruck von Emotionen den anderen mit. Nach und nach überträgt sich die Stimmung, etwa aufzubrechen, und sorgt so für synchrones Handeln. Wahrscheinlich sind Systeme von Spiegelneuronen im Gehirn dafür verantwortlich, die das an anderen wahrgenommene Ausdrucksverhalten in eigene affektive Gestimmtheit übersetzen. Und offenbar aktiviert gruppenkonformes Handeln bei allen sozialen Wirbeltieren ein Belohnungs- und Beruhigungssystem, während abweichendes Verhalten die Stresssysteme anspringen lässt.

So auch bei Wölfen und Menschen, die sich immer wieder in Situationen begeben, die ihnen erlauben, Gruppenerlebnisse zu genießen, man denke nur an Chorsingen oder an Fußballstadien. Was die „Ola" für die Fußballfans, mag das gemeinsame Spiel, die gemeinsame Jagd, ja sogar der gemeinsame Kriegszug für Wölfe sein: ein sehr belohnendes Gruppenerlebnis, welches den Rudelzusammenhalt stärkt. Dass solche Gemeinschaftserlebnisse Wölfen im Gehege gewöhnlich vorenthalten werden, mag zu deren im Vergleich zum Freiland erhöhter

Aggression im Rudel führen. Möglicherweise ist dies einer der Hauptunterschiede zwischen Arten, die sozial jagen und Artgenossen massakrieren wie Menschen, Schimpansen und Wölfe, und solchen, die dies nicht tun, etwa Pferde und Gänse. Ob etwa simulierte gemeinsame Jagderlebnisse den Gruppenzusammenhalt stärken, werden wir in den kommenden Jahren am Wolfsforschungszentrum in Ernstbrunn mit Hilfe des großen Laufbandes zu ergründen versuchen.

Führung in Wolfsrudeln

Man unterstellt den Alphawölfen im Rudel gewöhnlich, dass sie die Entscheidungen treffen, wann wohin aufgebrochen wird und was das Rudel generell tut. Dafür gibt es jedoch keine Belege. Vielmehr scheint es sich dabei um eine Projektion hierarchischen Denkens von Menschen auf Wölfe zu handeln. Nicht zuletzt wurde ja auch der angeblich wolfsähnlich aussehende Deutsche Schäferhund als Rasse zu Zeiten des deutschen Nationalismus und im Zeichen des Führerprinzips begründet. Nichts deutet nach Freilandbeobachtung jedoch darauf hin, dass Wolfsrudel befehlsorientiert und unter Strafsanktion funktionieren. Vielmehr scheint das synchrone Verhalten eines Rudels recht demokratisch organisiert zu sein. Mitgemacht wird, wenn man dazu in Stimmung ist und die Alphas haben gewöhnlich weder Mittel noch Lust, widerspenstige Rudelmitglieder durch Druck auf Linie zu bringen. Sanktionen und Druck könnten die Qualität der internen Beziehungen gefährden und damit den Zusammenhalt des Rudels. Im Gegensatz dazu sind beispielsweise Schimpansengruppen eher despotisch organisiert. Die nahezu egalitär-demokratische Rudelstruktur bei Wölfen bedeutet aber nicht, dass es keine erheblichen Unterschiede zwischen dem individuellen Erfahrungsschatz von Rudelmitgliedern gäbe. Erfahrung macht den erfolgreichen Jäger, den erfolgreichen Krieger und den sozial Kompetenten aus. Ältere Tiere verfügen natürlich über mehr Erfahrung darüber, welches Wild wie am besten zu erlegen ist, wo es wann auftritt und wie man leichte Beute von schwieriger unterscheidet. Und wahrscheinlich verfügen ältere Tiere aufgrund ihrer Streifzüge als Jungtiere über eine bessere Ortskenntnis auch abseits der bekannten Rudelterritorien.

Wie es aber Wölfe schaffen, den Erfahrungsschatz der Älteren zu heben, ist ebenso unklar wie so vieles andere in ihrer sozialen Organisation. Man kann annehmen, dass auch für Wölfe gilt, was über die

Grundzüge des sozialen Lernens bei Wirbeltieren bekannt ist: Die Jüngeren, bei denen es sich meist sogar um die Nachkommen der Alphas handelt, achten sehr darauf, was die Älteren und Ranghöheren tun und sind bereit, von ihnen zu lernen und sich an ihnen zu orientieren. Umgekehrt ist das eher weniger der Fall. Dies ist ja auch in menschlichen Gesellschaften der Fall, wenn es auch nicht in allen Gesellschaften üblich ist, auf die Erfahrungen der Älteren zurückzugreifen. Bei uns gilt dies gewöhnlich als retro und wird mit einer autoritären Gesinnung verwechselt. Negieren der Erfahrungen der Älteren zugunsten des eigenen Versuch-und-Irrtum-Lernens mag zu innovativen und kreativen Lösungen führen, ist aber natürlich auch mit erheblichen Kosten verbunden. Es funktioniert allenfalls in „geschützten" Gesellschaften, wo weder Nahrungsbeschaffung noch böse Nachbarn ein Problem darstellen. Besonders Gesellschaften unter Druck können auf die Erfahrungen der Älteren nicht verzichten. Wolfsrudel stehen in natürlichen Bedingungen unter erheblichem Druck, unter anderem durch äußere Feinde. Die Jüngeren können es sich daher einfach nicht leisten, die Erfahrungen der Älteren zu ignorieren. Ein ganz normaler Jungwolf muss also zu nichts gezwungen werden, er macht ganz freiwillig und bereitwillig mit, weil es seinen sozialen Bedürfnissen entspricht. Zudem zeigen Studien an Webervögeln, dass jene, die nicht wissen, wo sie Wasser oder Futter finden können, jenen nachfliegen, die das wissen. Woher die Unwissenden wissen, wer wissend ist, wissen wir nicht. Es liegt allerdings die begründete Vermutung nahe, dass es das entschlossene, zielgerichtete Verhalten der Wissenden ist, welches von den Unwissenden gelesen werden kann.

Bei den Wölfen bestimmt nicht nur die gerade erwähnte Jung-alt-Asymmetrie, wer wem folgt, sondern die Älteren/Hochrangigeren scheinen geradezu unter einem „Weisheitsvorurteil" zu stehen. Dazu kommt noch, dass Wölfe wie Hunde innerhalb ihrer Gruppen Absichten durch „Intentionsverhalten" signalisieren; etwa indem sie demonstrativ und unter ständigem Über-die-Schulter-Schauen in eine bestimmte Richtung aufbrechen und so die anderen zu überreden versuchen, zu folgen. Ein anderes Aufforderungsverhalten wäre der sehr betonte Blickwechsel zwischen einem Ziel oder einer Richtung und einem Partner, der mitmachen soll. In einer beinahe ruckartigen Anschaubewegung wird dem Partner dadurch deutlich vermittelt, worum es geht, bzw. er wird gefragt, ob er mitmachen will. Sogar uns im Vergleich zu Wölfen meist nicht sehr feinfühligen Menschen fällt das auf. So scheint es, dass das komplexe Verhalten von Wolfsrudeln im Freiland zwar auf sehr einfachen sozialen Mechanismen beruht, welche Wölfe mit den meisten gruppenlebenden Tieren teilen. Aber das kann nicht alles erklären. Wölfe verfügen sicherlich ähnlich wie Menschen über komplexe Repräsentationen, also Erinnerungen, die ihnen erlauben, abzurufen, was sie wo mit wem erlebt haben, wahrscheinlich auch wann, und wie erfreulich oder unangenehm sich dieses Erlebnis anfühlte. Dies nennt man „episodisches Gedächtnis", das natürlich in enger Verzahnung mit emotionalen Bewertungen steht. Niemals sind unsere Erinnerungen affektiv neutral, immer sind sie mit mehr oder weniger angenehmen Empfindungen verknüpft. Ganz schreckliche Erinnerungen pflegen wir sofort oder über längere Zeiträume zu verdrängen oder zu schönen. Ob dies für Wölfe auch zutrifft, wissen wir nicht.

Dass Wölfe über erhebliches Wissen verfügen und auch darauf zugreifen können, zeigt eine ganze Reihe von Episoden, die nicht ausschließlich durch einfache soziale Mechanismen zu erklären sind. So berichtet Rolf Peterson, dass es bei den Wölfen der Isle Royale über all die Jahre, in denen er und die anderen Kollegen um David Mech die Beziehung zwischen den Wölfen und den Elchen untersuchten, ganze zwei Mal vorkam, dass Wölfe die Niederlassung der Forscher besuchten. In beiden Fällen hatten die Forscher am Vortag die Überreste toter Rudelmitglieder geborgen und in die Hütte gebracht. Der Grund dafür könnte einfaches Zusammengehörigkeitsgefühl gewesen sein. Doch wie wussten die Wölfe, dass ihre toten Gefährten in der Hütte waren? Über große Distanzen ist es nicht wahrscheinlich, dass sie dies einfach gerochen hatten. Ganz offenbar hatten sie die Bergung oder den Transport der toten Wölfe beobachtet und kannten den Zusammenhang zwischen diesen Menschen und der Hütte, die wohl über viele Jahre in den Augen der Wölfe das Zentrum des Territoriums dieser menschlichen „Parallelwölfe" war, die sie ständig beobachteten (und umgekehrt), und mit denen es ein Abkommen zu geben schien, auf Distanz zu bleiben.

Mit Geschichten wie diesen könnte man mühelos ein ganzes Buch füllen. Vielleicht sei hier noch eine zweite berichtet, welche die eher abgründige Seite der Wölfe beleuchtet. So sticht unter den Berichten der Wolfsbeobachter im Yellowstone-Nationalpark zu den häufigen

Scharmützeln der dortigen Wölfe jene hervor, wie ein fremdes, zahlenmäßig überlegenes Rudel ausgerechnet zu einer Zeit das Territorium des zunächst 15-köpfigen „Slouh-Creek-Rudels" okkupierte, als deren drei trächtige Weibchen gerade dabei waren, ihre Wurfhöhlen zu beziehen. Ausführlich geschildert wurde das dramatische Geschehen von Elli Radinger in ihrem Buch *„Wölfisch für Hundehalter"*. Unter Bedingungen ständiger Auseinandersetzungen mit den Nachbarn erfordert der Bestand des Rudels genügend Kriegernachwuchs. Daher tolerieren die Alphas dann, dass auch rangniedere Weibchen Junge aufziehen. Damit stoßen wir auf eine weitere Parallele zwischen Hundeartigen und Menschen: In Zeiten hoher Verluste durch Kriegszustand wird die Reproduktion angeworfen.

Das fremde Rudel belagerte die Wurfhöhlen der Sloughs 13 (!) Tage lang; mehrere Kämpfe führten zum Tod von vier Sloughs. Die Sloughs-Weibchen überlebten, nicht aber ihre Welpen. Das trächtige Weibchen der Fremden warf in der Zeit der Belagerung in einer Slough-Höhle, verlor aber im Zuge der Auseinandersetzungen ebenfalls ihre Welpen. Es ist bemerkenswert, dass die angreifenden Wölfe es in diesem Fall offenbar darauf abgesehen hatten, die Vermehrung der anderen schon sehr früh zu unterbinden. Ob sie das bewusst taten, um möglicherweise gefährliche Gegner klein zu halten und sich so viel Ärger ein Jahr später zu ersparen, wird für immer ein Rätsel bleiben.

Solche Feindseligkeiten zwischen Wölfen vertragen sich nicht mit dem Bild vom „edlen Wolf". Nicht schön auch, dass Wölfe einander gerade dann verstärkt in die Wolle geraten, wenn sie von Menschen eher in Ruhe gelassen werden. Aber zurück zum fiesen Belagererrudel. Warum krochen sie nicht einfach in die Wurfhöhlen und bissen die Welpen tot? Vielleicht hätte sie der Anblick der hilflosen Welpen gehemmt, denn auch Wölfe unterliegen wie fast alle Säugetiere dem „Kindchenschema". In der richtigen hormonellen Stimmung neigen Säugetiere eher dazu, fremde, ja sogar artfremde Junge zu adoptieren, der Anblick von Welpen löst Pflegestimmung aus, gerade bei den kooperativ ihre Jungen aufziehenden Wölfen. Waren die Angreifer also nicht in der Lage, die Welpen der Nachbarn direkt zu töten? Wir wissen es nicht, aber mit einfachem Instinktverhalten lässt sich diese Episode jedenfalls nicht erklären.

Ähnlichkeiten zwischen Wölfen und Menschen

Eine der tief- und abgründigsten Ähnlichkeiten zwischen Menschen und Wölfen liegt wohl in der Fähigkeit und Neigung der beiden Arten, klar zwischen Freund und Feind unterscheiden zu können und das auch zu wollen. Beide Arten leben im Gegensatz etwa zu Gänsen oder Pferden in einem „Wir-und-die-anderen"-System. Wir sind nicht einfach unspezifisch aggressiv oder nett gegen alle. Wir sind ganz gezielt nett gegen bestimmte Individuen, an die wir gebunden sind, mit denen uns Zuneigung verbindet. Und wir sind neutral bis ablehnend anderen gegenüber. Wölfe können das wunderbar gleichzeitig, wie mir Kaspar, der Alpha unseres „schwarzen Rudels", eindrucksvoll zeigte. Im Frühjahr 2012 nahm ich ihn aus seinem Rudel und in das Arbeitsgehege des Wolfsforschungszentrums, um Besuchern zu ermöglichen, ihm direkt zu begegnen. Kaspar jedoch legte zunächst mehr Wert darauf, mit erhobenem Schwanz und gesträubten Haaren das „Nanuk-Rudel" durch zwei Zäune hinweg anzugreifen. Gelegentlich kam er zur Menschengruppe zurück, um nett zu den Besuchern zu sein, sich bei mir rückzuversichern und mich aufzufordern, beim nächsten Angriff mitzumachen, mit Vorauslaufen und Blickkontakt über die Schulter, wie Wölfe es typischerweise machen. Ich verweigerte den Kriegsdienst. Erstaunlich an dieser Episode war, wie gut Kaspar die aggressive Gestimmtheit gegen die Nachbarn und die freundliche Ruhe mir und den Besuchern gegenüber auseinander halten konnte.

Besonders einfach scheint es zu sein, die Mitglieder einer Gruppe gegen „die anderen" einzuschwören, sei es im Falle kriegerischer Auseinandersetzung oder im Fall der Fanklubs bei Fußballspielen. Individuen werden in der Regel nicht einfach von Liebe oder Hass beherrscht, sondern verbinden bestimmte Emotionen mit ganz bestimmten anderen Individuen, wie das Kaspar-Beispiel eindrucksvoll belegt. Dies erfordert eine strukturierte Emotionalität, gepaart mit einer erheblichen sozialen Intelligenz, auch auf einer Meta-Ebene. Soll heißen, dass es nicht nur Bindungen zu bestimmten Individuen gibt, sondern zu einer bestimmten Gruppe. Und Kaspar konnte offenbar ihm fremde Besucher als neutral einstufen und sie sogar freundlich begrüßen, obwohl er gleichzeitig auf das andere Rudel losging. Dies benötigt auch das erwähnte hoch entwickelte „episodische Gedächtnis", also die Fähigkeit zu wissen, was man mit wem wann und wo gemacht hat und wie sich das auf die Gegenwart auswirkt. Und man braucht dazu eine Menge Impulskontrolle, um etwa die wertvollen Langzeitbeziehungen zu den Gruppenmitgliedern nicht durch unnötige Auseinandersetzungen zu gefährden. So wurde Kaspar in diesen für ihn kritischen Momenten mir gegenüber nicht mürrisch.

Auch Pferde und Graugänse leben in relativ komplexen Sozialverbänden und können Partner, Klanmitglieder und Freunde von weniger nahe stehenden Zeitgenossen unterscheiden. Sie jagen jedoch nicht in Gruppen gefährliche Großtiere. Hengste und Ganter verprügeln einander gelegentlich, sehr selten auch bis zum Tod, wenn es um Weibchen geht. Aber sie führen keine Kriege, sie schließen sich nicht mit ihresgleichen zusammen, um gezielt Jagdbeute oder Artgenossen anzugreifen. Pferde und Graugänse benötigen daher nicht in demselben Ausmaß wie Wölfe oder Menschen die Fähigkeit, Einstellungen zu bilden, bis hin zu dumpfen Gefühlen und Vorurteilen über „das wir und die anderen", die man eben einfach nicht mag, und sei es nur, weil sie nicht zur eigenen Gruppe gehören.

Solche Einstellungen bestimmen eine differenzierte soziale Weltsicht, etwa, dass man zwischen „uns" und den „anderen" überhaupt unterscheidet, die Differenzen mit anderen Gruppenmitgliedern zurückstellt und zusammenrückt, wenn es gilt, einer Bedrohung von außen zu trotzen. Gemeinsam jagen und Krieg führen fördert ein mentales, hauptsächlich mit dem Stirnhirn assoziiertes funktionales Syndrom. Die so genannten „executive functions" sind Teil der sozialen Kompetenz; dazu gehören unter anderem Impulskontrolle, ein gutes soziales Gedächtnis und die Fähigkeit, die Konsequenzen von Handlungen abschätzen zu können. Zweifellos neigen Wölfe wie Menschen aufgrund ihrer fremdenskeptischen Voreinstellung dazu, „geschlossene" Gruppen zu bilden, also nicht einfach völlig frei zwischen Gruppen wechseln zu können und den anderen nicht unvoreingenommen zu begegnen. Das trifft auf Wölfe offenbar noch viel mehr zu als auf Menschen. Aber sowohl Menschen als auch Wölfe sind nicht zur Feindschaft zu „den anderen" verurteilt und auch benachbarte Wolfsrudel müssen einander nicht spinnefeind sein.

Das Ausmaß der Fremdenfeindlichkeit, der gezeigten Ablehnung der jeweils „anderen", hängt auch von den Umständen ab. Je größer der subjektiv empfundene Bedrohungsdruck, umso stärker wird Abwehr gezeigt werden. Und je offener und positiver die Beziehung zu anderen während des Heranwachsens gestaltet wird, umso geringer fällt später die Abwehrhaltung aus. Bei Menschen scheint die Sache klar: Solange wir noch Wölfen gleich in geringen Dichten und in Kleingruppen als Jäger und Sammler lebten, gab es andere Notwendigkeiten als in einer dicht von Menschen besiedelten Welt, die zu Zeiten von Globalisierung und Klimawandel eine einzige große Schicksalsgemeinschaft bildet. Dumpfe Fremdenfeindlichkeit ist heute daher schlicht anachronistisch. Die probaten Mittel, um sie hintanzuhalten und Offenheit zu fördern, sind im Wesentlichen bekannt: Integration und Bildung. Wölfe im Freiland stehen jedoch von außen unter Druck. Und Integrationstraining und Bildung sind nicht gerade Begriffe, die gewöhnlich mit ihnen in Verbindung gebracht werden. Gerade deswegen ist es erstaunlich, wie flexibel und offen auch Wölfe sein können, wenn sie unter geänderten Umständen aufwachsen. Etwa wenn sie von klein auf daran gewöhnt werden, neuen Menschen und auch Wölfen zu begegnen und zu erleben, dass wir, also ihre Zieheltern, immer nur freundlich mit anderen umgehen.

Wolfsverhalten: Zum Einsatz arteigenen Verhaltensinventars

Wenige Wochen alte Wolfswelpen jagen einander, wedeln mit dem Schwanz, fordern einander zum Spiel auf, indem sie die für Fleischfresser in dieser Situation so typische Verbeugung zeigen. Und sie knurren einander wie erwachsene Wölfe mit gerunzelten Lefzen, gebleckten Zähen und hoch erhobenem Schwanz an, wenn es etwa um den Besitz eines Knochens geht. Schon Welpen zeigen viel vom Verhaltensrepertoire erwachsener Wölfe. Denn Wölfe und Menschen verfügen wie alle anderen Tiere über ein artspezifisches Inventar von Verhaltensweisen, von Konrad Lorenz „Erbkoordinationen" oder „angeborene Verhaltensweisen" genannt, das auch als Instinktverhalten bezeichnet wird.

So drücken etwa Menschen aller Kulturen ihre Emotionen über eine ganz ähnliche Mimik und Körpersprache aus; auch taub-blind geborene Kinder tun das mit dem identischen Ausdrucksverhalten wie sehende und hörende Personen. Diese Verhaltensweisen und Posen können also nicht gelernt sein. Es handelt sich dabei um „Erbkoordinationen" im Lorenz'schen Sinn, „action patterns" auf gut Neudeutsch. Früher nannte man sie „angeborene Verhaltensweisen". Sie sind artspezifisch, daher evolutionäres und genetisches Erbe, werden bereits vorgeburtlich in den motorischen Nervenzellen des Rückenmarks angelegt und werden entweder reflexartig abgerufen, als Reaktion auf einen Außenreiz, oder stehen unter Kontrolle des Gehirns. Mit diesen sozusagen „evolutionär vorgefertigten“ Verhaltensweisen stehen Standardlösungen für die Anforderungen des Alltags zur Verfügung. So muss man als Wolf möglicherweise lernen, in welchem Zusammenhang es angebracht ist, einen anderen Wolf oder Menschen anzuwedeln oder anzuknurren, aber die passende Motorik zur Lösung dieser sozialen Kommunikation besteht bereits, sie muss nicht erst aufwändig gelernt werden.

Dies ist dann besonders wichtig, wenn es darum geht, Missverständnisse zu vermeiden. Wenn sich etwa ein junger Wolf unvorsichtig an einen Beutehirsch anschleicht, wird er erfahren, dass er damit die Jagd verdirbt. Und wenn er beim Niederbringen der Beute den Hufen des großen Beutetiers zu nahe kommt, wird er schmerzhaft lernen, das nächste Mal vorsichtiger zu sein. In diesem ökologischen Bereich sollte also viel Platz sein für Lernen, um das eigene Verhalten den Gegebenheiten anzupassen. Im sozialen Zusammenleben aber sollten der Beliebigkeit Grenzen gesetzt sein; denn Irrtümer in der Kommunikation können die gute Beziehung zu Partnern, Freunden und dem Rudel gefährden und letztlich Fortpflanzungserfolg und Leben kosten. Darum ist ein fixes Repertoire von Ausdrucks- und Verhaltensweisen in diesem Bereich unverzichtbar. Dies gilt ganz besonders auch für Sex, Geburt und Jungenfürsorge. Es ist immer wieder erstaunlich, wie instinktiv diese Bereiche sogar beim Menschen angelegt sind. Was nicht bedeutet, dass Instinktverhalten ausreichend für ein glückendes Sozialleben wäre. Soziale Kompetenz besteht in gefühls-, aber auch verstandesgesteuertem Eingehen auf andere. Dafür gibt es Lernbereitschaften, diese wichtigen Fähigkeiten sind bei sozialen Tieren aber nicht einfach „angeboren“, sondern werden während der Entwicklung erlernt. Die Instinkte arbeiten im Hintergrund. Soziale Kompetenz besteht ja vor allem auch darin, Instinktverhalten zu kontrollieren und wohldosiert einzusetzen.

Es genügt also bei Wolf, Hund oder Mensch nicht, auf Knopfdruck die Lefzen hochzuziehen und zu knurren. Immer geht es darum, soziales Ausdrucksverhalten nicht nur zu zeigen, sondern damit auch bestimmte Ziele zu erreichen und letztlich als komplexes Klanwesen die Stellung in der eigenen Gruppe zu sichern. Man reguliert Art und Intensität des Ausdrucksverhaltens abhängig vom Gegenüber. Noch wichtiger aber ist es, die feinen Abstufungen des Ausdrucksverhaltens des Anderen gut lesen zu können. Denn dies gilt als Kernkompetenz für Empathie, die Fähigkeit, sich in andere einzufühlen. Dadurch wird Gleichklang hergestellt, was es einfacher macht, die eigenen Ziele zu erreichen, etwa die anderen zu überreden, bei der Jagd mitzumachen oder die Beute zu teilen. Empathiefähigkeit gilt wiederum als Kern der sozialen Kompetenz, also der Fähigkeit, die eigenen Ziele sozial kompatibel umzusetzen, mit einem Minimum an Aggression etwa, um die wertvollen Langzeitbeziehungen nicht zu gefährden. Menschenfrauen sind übrigens im Schnitt geringfügig besser und auch interessierter als Menschenmänner, das Ausdrucksverhalten anderer genau zu registrieren und darauf entsprechend zu reagieren. Ob das bei Wölfen auch so ist, wissen wir nicht.

Hormone modulieren Verhalten

Lässt man Menschen beiderlei Geschlechts Oxytocin – das bereits erwähnte Liebes- und Bindungshormon aus dem Zwischenhirn – schnupfen (schlucken geht nicht, das Peptid würde verdaut), dann verstärken sich unter anderem ihr soziales Interesse, ihre Fähigkeiten, Emotionen zu lesen und das Bedürfnis, auf andere einzugehen. Oxytocin dämpft zudem Stress und beruhigt, erleichtert es also, sich sozial einzulassen. Andererseits führen schöne soziale Begegnungen, Streicheln, Massagen, guter Sex, anderen beizustehen und zu helfen etc. zu weiteren Ausschüttungen von Oxytocin. Bei Bedrohung kann dieses Hormon jedoch das Gegenteil bewirken und entschlossene, aggressive Verteidigung bis zur Selbstaufgabe unterstützen.

Mit einiger Sicherheit wirkt bei Wölfinnen und Wölfen wie bei allen anderen Säugetieren derselbe Mechanismus. Doch Wolfsrüden sind Menschenmännern gegenüber im Vorteil, was die Voraussetzungen betrifft, Empathie zu entwickeln. Denn Menschenmänner haben wie erwähnt ganzjährig hohe Geschlechtshormon-Spiegel, was sie dem Ausdrucksverhalten der anderen gegenüber ziemlich unsensibel, damit unsozial und konkurrenzorientiert machen kann, auch innerhalb ihrer eigenen Gruppen. Die in den Hoden produzierten Androgene sind gewissermaßen von ihren Funktionen her Gegenspieler des Oxytocin. Wolfsrüden dagegen schleppen große und viel Androgen produzierende Hoden nur während der Ranzzeit mit sich herum, etwa zwei Monate im Jahr. Im Gegensatz zu Menschenmännern leiden sie also nicht in belastendendem Übermaß an sozio-sexueller Aggression, sondern können die längste Zeit des Jahres ungehemmt nett sein im Rudel, zu ihrem Weibchen, können sich der Betreuung der Jungen widmen und mit möglichen rudelinternen Rivalen spielen. Und für territoriale Aggression, etwa zum Überfallen der Nachbarn oder zur aggressiven Verteidigung, benötigt man kein männliches Geschlechtshormon. Denn Testosteron macht nicht generell aggressiv, sondern vor allem in sozialem und sexuellem Zusammenhang, wenn es etwa darum geht, eine Geschlechtspartnerin gegen Konkurrenten zu verteidigen.

Das Ausdrucksverhalten der Wölfe unterscheidet sich nicht allzu sehr von dem der Hunde. Wer Letzteres lesen kann, verfügt auch über eine gute Basis, Wölfe zu verstehen. Wie Eric Zimen in seiner Dissertation an der Uni Kiel zum Verhalten von Wölfen, Pudeln und Wolf-Pudel-Hybriden bereits in den 1970er Jahren feststellte, zeigen Wölfe und Hunde im Grunde dasselbe Ausdrucksverhalten: aufgrund ihrer engen Verwandtschaft ein Repertoire homologer, also evolutionär herkunftsgleicher Verhaltensweisen. Die Unterschiede bestanden darin, dass bei Hunden im Vergleich zu den Wölfen offenbar Verhaltensweisen verloren gegangen sind bzw. weniger ausgeprägt oder differenziert gezeigt werden als bei Wölfen. Hunde sind in ihrem Kommunikationsverhalten also vergröberte Wölfe. Das ist nicht als „Degeneration“ zu werten, wie Konrad Lorenz es noch tat, sondern eher als Anpassung. Für Hunde wurde es wichtiger, das Verhalten ihrer Menschen zu verstehen, als mit anderen Hunden besonders fein abgestimmt zu kommunizieren. Hunde scheinen im „Lesen“ ihrer Menschen wirklich gut zu sein. Umgekehrt sind die meisten Menschen keine besonderen Experten im Erkennen der feinen Abstufungen des Hundeverhaltens.

Hunde sind im Zusammenleben mit Menschen entstanden, Wölfe nicht. Trotzdem gilt in beiden Fällen der Grundsatz, dass es nicht Ziel einer glückenden Kommunikation zwischen diesen Vierbeinern und Menschen ist, dass sich Hunde oder Wölfe „menschisch“ ausdrücken und Menschen wölfisch oder hündisch. Vielmehr verfügen Menschen, Wölfe und Hunde über die Fähigkeit, sich auf den jeweils Andersartigen einzustellen, wenn die soziale Motivation stimmt, also Interesse am anderen vorhanden ist. Ich muss mich als Mensch daher nicht auf allen Vieren im Rudel bewegen und die anderen anknurrend meinen Teil eines Beutetieres verteidigen, um von Wölfen verstanden und ernst genommen zu werden - bitte nicht lachen, es gibt Zeitgenossen, die das glauben. Nicht nur Menschen können lernen, wie Hunde oder Wölfe gerade drauf sind, das funktioniert offenbar auch umgekehrt. Eine gute Frühsozialisierung unterstützt enorm die zwischenartliche Verständigung. Wie es sein kann, dass aus dem wilden Beutegreifer Wolf Partner von uns Menschen werden, auf gleicher Augenhöhe und gerne bereit, mit uns zu arbeiten, davon soll im Folgenden berichtet werden.

Von Wölfen und Menschen – eine ewige Beziehungskiste

Biophilie und tiefes Interesse an Wölfen

Die Wölfe, mit denen sie ihren Lebensraum teilten, waren den Menschen niemals egal. Seit es Menschen auf der Nordhalbkugel gibt, interessieren sie sich für Wölfe, achten, fürchten, lieben und hassen sie, leben mit ihnen und verfolgen sie schließlich erbittert und oft genug mit grausamen Methoden bis zur lokalen Ausrottung. Die Einstellung der Menschen zu Wölfen und Hunden und ihr Wandel interessiert nicht nur kulturhistorisch, sondern bildet auch den Hintergrund für die Wiedereinwanderung von Wölfen nach Deutschland, Österreich und in andere Länder. Wölfe breiten sich derzeit langsam wieder aus, sie sickern nach Mitteleuropa zunehmend aus den nahezu menschenleeren Rändern in dichter von Menschen besiedelte Gebiete ein. Sie werden nach über hundertjähriger Absenz wieder zu unseren Mitbewohnern. Ob allerdings die beiden „sozialen Schwesterarten" Wolf und Mensch Wege finden werden, wieder nachhaltig zusammenzuleben, bleibe dahingestellt. Das hängt weniger von den ökologischen und biologischen Fakten ab, sondern maßgeblich davon, ob es gelingt, die unvermeidlichen Konflikte zu managen. Vor allem aber hängt es von der Wahrnehmung der Menschen und ihren Einstellungen zum Wolf ab. Trotz der Aktualität der Frage ist dazu für Österreich und auch international nur wenig bekannt. Das wäre jedoch dringend notwendig, denn wie für so viele andere Bereiche von Sozialleben und Gesellschaft gilt auch für die Wahrnehmung des Wolfs, dass die wirklich relevante Wahrheit in den Köpfen der Menschen sitzt und niemals nur „objektiv" ist.

Menschen sind „biophil". Diese Biophilie kann als ein mit unserem philosophischen und spirituellen Gehirn zusammenhängendes Alleinstellungsmerkmal des Menschen gelten, das uns vor allen anderen Arten auszeichnet. Der englische Evolutionsbiologe Edward Wilson definierte diese „Biophilie" 1984 in einem schmalen Büchlein als eine Summe von psychologischen Anlagen und Einstellungen, die in Menschen durch ihre lange Zeit in enger Interaktion mit der umgebenden Natur entstanden sei. Die biophile Ausrichtung des Menschen äußert sich unabhängig von der jeweiligen Kultur in einem intensiven und nahezu instinktiven Interesse an den Dingen der Natur, ganz besonders stark bei Säuglingen und Kindern, die an keinen anderen Objekten dieser Welt so viel Interesse zeigen wie an lebenden Tieren. Entsprechend der Haeckel'schen Regel widerspiegelt die Individualentwicklung bis zu einem gewissen Grad die Stammesgeschichte. Wenn Menschen als Babys am meisten an Tieren interessiert sind, kann dies also als starker Hinweis darauf gelten, dass dies die Frühgeschichte des Menschen widerspiegelt. Tatsächlich sind Menschen nur auf Basis des „Darwin'schen Kontinuums" kohärent zu erklären, also der Herkunft aus der Evolution und ihrer langen vorgeschichtlichen Vergangenheit als Jäger und Sammler in engem Kontakt mit Natur und Tieren. So spielen Tiere in den menschlichen Schöpfungsmythen, in Fabeln etc. eine große Rolle, waren immer schon Projektionsflächen menschlicher Vorstellungen und sind es auch heute noch.

Wie eine unlängst von der Sozialwissenschaftlerin und Mensch-Tier-Expertin Carola Otterstedt in München durchgeführte Umfrage ergab, sehen etwa 50 % der befragten unter 24-Jährigen Tiere als denkende und fühlende Wesen auf gleicher Augenhöhe mit Menschen an. Diese Grundeinstellung zu Tieren ist nicht neu, sie ist letztlich ein gemeinsames Merkmal ursprünglicher Menschen; denkmöglich also, dass es sich dabei um altes stammesgeschichtliches Erbe handelt. Dagegen kam selbst Hexenverfolgung oder zur Ideologie erhobenes Denken der Aufklärung nicht an. Letztlich könnte man davon auch ableiten, dass monotheistische Religionen einen ständigen Bildungs- und Kontrollaufwand leisten müssen, um gegen das ursprünglich animistische Denken, gegen die angelegten Wurzeln menschlicher Spiritualität, ihren Einfluss zu wahren. Das bedeutet Bildungsarbeit, letztlich gegen die menschliche Natur, ein ständiges Aufwiegeln des Denkens gegen Herz- und Bauchgefühl. Ein Nachlassen dieser Anstrengungen führt zu einem langsamen Zurückfallen in die alten (verdrängten?) menschlichen Denkmuster.

Begeisterung, Ablehnung und spirituelle Wurzeln der Wolf-Mensch-Beziehung

Niemals war die Beziehung der Menschen zum Wolf nur kühl rational-sachlich, sie war immer emotionaler als die Beziehungen zu den meisten anderen Wildtieren. Menschen reagieren auf Wölfe nahezu wie auf Personen aus dem eigenen Bekannten- und Verwandtenkreis, die man mehr oder weniger mag oder auch hasst, während man Fremden eher neutral, meist aber nicht stark emotional gegenübersteht. Auch den

Wölfen waren ganz offensichtlich die Menschen in ihren Streifgebieten und Rudelterritorien nicht egal, mit denen sie die Jagdbeute teilten, von denen sie sich später gelegentlich ihren Tribut in Form von Haustieren holten. Wölfe sind zwar scheu und vorsichtig, siedeln sich aber dennoch oft zwischen den Menschen an. Sie sind im Grunde kluge Kulturfolger. Offensichtlich sind Menschen für Wölfe sowohl potentielle Nahrungslieferanten als auch Konkurrenten und latente Bedrohung und somit im Auge zu behalten. Menschen sehen das ganz offensichtlich ähnlich. Scheint es zunächst rätselhaft, warum gerade zum Wolf eine derart intensive Beziehung bestand und immer noch besteht, so sind dafür rationale Gründe genauso ins Treffen zu führen wie spirituelle Überzeugungen und schlicht irrationale Vorurteile.

Menschen und Wölfe eroberten parallel zueinander dieselbe Vielfalt an Lebensräumen, von den Wüstensteppen im Süden bis in die hohe Arktis, weil sie eine ähnliche soziale und ökologische Orientierung zeigen. Dazu kommt, dass Menschen wie Wölfe nicht einfach in der Vergangenheit erworbene genetische Programme abspulen, um sich in vielfältiger Weise an ihre variablen Umwelten anzupassen, sondern diese Aufgabe mit ihrer hohen Denk- und Lernfähigkeit sehr flexibel meistern. Man sah einander wechselseitig wohl immer schon als wichtigen Faktor im ökologischen Umfeld. Und man konkurrierte miteinander um Beute, tötete und aß einander gelegentlich. Manchmal kooperierte man wohl auch: Das ist vor allem dann vorstellbar, wenn sich ein bestimmtes Wolfsrudel an einen bestimmten Menschenklan annäherte bzw. sich sogar bis zu einem gewissen Grad anschloss. Denn Kooperation wird durch Beziehung erleichtert. Mit Mensch und Wolf trafen offenbar zwei Arten aufeinander, die aufgrund ihrer geistigen Leistungen ihre Umwelt beherrschen. Die Beziehung zwischen uns und ihnen ist daher auch als Machtkampf um Lebensraum und Ressourcen zu sehen, den wir zu unterschiedlichen Zeiten und an unterschiedlichen Orten mit unterschiedlichen Mitteln austragen. Bündnis- und Kriegszustand wechseln einander über die Menschheits- und Wolfsgeschichte ab.

So wissen wir natürlich nicht im Detail, wie die Mammutjäger im niederösterreichischen Weinviertel vor gut 25 000 Jahren mit „ihren" Wölfen zusammenlebten. Was man in den von diesen Jägern produzierten Mammutknochenhaufen aber fand, waren Wolfsschädel mit sehr starken Backenzähnen. Daraus kann man schließen, dass sich eine Gruppe von Wölfen wohl über Generationen an diese Menschen anschloss und sich darauf spezialisierte, die Abfälle der Mammutjagd zu nutzen. Ob diese Mitesser noch „echte" Wölfe waren oder wolfsähnliche Hunde, wird nie mit Sicherheit zu klären sein. Was die Beziehungen zwischen diesen Menschen und ihren Begleitwölfen betrifft, so sind wir ausschließlich auf spekulative Szenarien angewiesen. Unwahrscheinlich, dass die Beziehung und die Einstellung der eiszeitlichen Jäger zu diesen Wölfen so war wie die der heutigen Menschen zu ihren genetisch modernen Hunden. Man blieb wohl auf Distanz, tötete einander gelegentlich. Es ist davon auszugehen, dass Menschen jene Begleitwölfe, die sich an ihnen und ihren Habseligkeiten vergriffen, nicht am Leben ließen und als willkommene Abwechslung und Ergänzung zur „Mammutkost" aßen. Besonders dann, wenn sich die wandernden Mammute gerade rar machten. Eine solche Funktion als Puffernahrung für Notzeiten erfüllten die Hunde bei vielen Stämmen der nordamerikanischen Great-Plains-Indianer noch im 19. Jahrhundert. Nicht unwahrscheinlich, dass im Zuge eines solchen Zusammenlebens über Generationen hinweg die Begleitwölfe der Mammutjäger in einer Weise genetisch ausgelesen wurden, die dazu führte, dass sie zunehmend diese Menschen, ihren Nachwuchs und ihre Habseligkeiten respektierten. Wir können also von einer Selektion auf Zahmheit in Menschennähe ausgehen. Heute sieht man diese Selektion als den zentralen Mechanismus der Hundwerdung an.

Denkbar ist, dass die solchen Wolfsrudeln zugehörigen Menschen rasch lernten, das Wuffen „ihrer" Wölfe zu beachten und sich dadurch warnen zu lassen, wenn sich andere Wölfe oder auch nicht zum Klan gehörige Menschen näherten. Vielleicht profitierten Menschen sogar von der Verteidigung des Rudelterritoriums gegen fremde Wölfe. Ob solche „Menschenwölfe" auch ihre Rolle bei der Mammutjagd hatten, wird nie auch nur annähernd zu klären sein. Nahezu mit Sicherheit kann man allerdings von einer spirituellen Verbindung dieser Mammutjäger zu „ihren" Wölfen ausgehen. Spannend sind in diesem Zusammenhang Wolfsknochen aus einer rund 20 000 Jahre alten Fundstätte in Langmannersdorf im Bezirk St. Pölten. Bei Grabungen im Jahr 1919 wurden zwei vollständige Skelette, ein Schädel und eine Unterkieferhälfte gefunden. Die Art der Anordnung dieser Wolfsknochen legt eine regelrechte „Wolfsbestattung" nahe. Menschen bestatten jedoch nur Wesen, zu denen sie persönlich und/oder spirituell in Beziehung stehen. Da das gesamte Leben der frühen Menschen spirituell geprägt war, sind die Wolfsgräber klar in diese Richtung zu deuten. Nähere Informationen dazu gibt es übrigens im Weinviertler Urgeschichtemuseum in Asparn an der Zaya.

Eine derartige Nähe zwischen Menschen und Wölfen bedingte mit einiger Sicherheit auch, dass die Menschen – vielleicht auch die Wölfe – ihre Wesensähnlichkeit in den Lebensstilen erkannten. Menschen und Wölfe ähneln einander nicht nur in ihrer Ökologie, sondern auch was ihr Sozialleben betrifft. Wir „ticken" relativ ähnlich. Es muss unseren steinzeitlichen Vorfahren als hervorragenden Tierbeobachtern aufgefallen sein, dass Wölfe nahezu nach Menschenart kooperativ innerhalb des Rudels zusammenarbeiten, indem sie gemeinsam jagen und bei der Versorgung und der Erziehung des Nachwuchses liebevoll zusammenarbeiten. Und es kann ihnen nicht verborgen geblieben sein, dass Wölfe in einer Kriegergesellschaft leben, ähnlich wie sie selber. So kommt wie erwähnt in Gebieten ohne menschlichen Jagddruck, etwa im Yellowstone-Nationalpark, ein hoher Prozentsatz von Wölfen durch andere Wölfe um, vor allem junge erwachsene Männchen, die offenbar als „Krieger" an den Territoriumsgrenzen patrouillieren, fremde Wölfe attackieren und oft genug töten. Das kann sogar dazu führen, dass mehr als nur ein Weibchen pro Rudel reproduziert, wenn es die Beutedichten erlauben, wohl um diese Verluste auszugleichen und das Rudel groß genug zu halten, um ein Aufreiben durch die Nachbarrudel zu verhindern. Dass Wölfe im sozialen Zusammenleben, d.h. in der freundlichen Kooperation innerhalb des Klans, nett zueinander sind, aber oft grausam in der Konkurrenz mit den Nachbarn, kann unseren Vorgängern nicht verborgen geblieben sein. Verständlich, dass Wölfe aus dieser Wesensnähe heraus auch in der Spiritualität der nördlichen Jäger- und Sammlervölker eine große Rolle spielten.

Wölfe und die Spiritualität der Menschen

Unsere steinzeitlichen Jäger- und Sammlervorfahren waren Animisten. In manchen Gebieten der Erde sind es die Menschen heute noch, manchmal eingesprengt in die modernen monotheistischen Religionskulturen und in sie vermischt. Dann hält sich ein wenig Geisterglaube, neben dem Bekenntnis zum einen und einzigen Gott. Inhaltliche Elemente des Animismus finden sich auch in den Buchreligionen. Das in Judentum und Islam immer noch gebräuchliche „Schächten" etwa, also das Ausbluten der Schlachttiere durch Kehlschnitt, um „koscheres“ oder „halal“ Fleisch für den menschlichen Verzehr zu bekommen, wurzelt in der alten animistischen Vorstellung, dass das Blut der Sitz der Seele sei.

Animisten stellen sich die gesamte Natur beseelt vor, ähnlich wie es viel später Aristoteles in seiner „Skala naturae“ systematisierte. Diese Beseeltheit steigerte sich von den Steinen über die Pflanzen zu den Tieren. Soweit bekannt, machten Jäger und Sammler keine diesbezüglichen Unterschiede zwischen Menschen und anderen Tieren. Sie waren der Vorstellung praktisch aller Jäger- und Sammlerkulturen zufolge denkende, fühlende, vor allem aber beseelte Wesen. So galten auch Wölfe als Wesen auf gleicher Augenhöhe, als „Brüder“. Über die gesamte nördliche Welt wurde Wölfen die Rolle von Weltgründern und Totemtieren zugedacht. Sie spielen Hauptrollen in der Vorstellungswelt der nordamerikanischen Indianer, in den Gründungsmythen der Römer, der Mongolen und der türkischen Nation. Wenig verwunderlich, dass sich besonders Kriegergesellschaften gerne vom Wolf herleiten.

Zum Begriff „Totem“ findet man in der deutschsprachigen Wikipedia Folgendes: „Das Wort Totem stammt aus der Algonkin-Sprache des südlichen Kanada und bedeutet *‚Verwandtschaft‘, ‚Familienabzeichen‘ oder auch ‚persönlicher Schutzgeist‘. Totem bezeichnet etwas Ähnliches wie heute der Nachname, schließt aber eine animistische Vorstellungswelt und eine besondere Form der Verwandtschaftsbeziehung mit ein.*“ Mit Totemtieren fühlt man sich also verwandt, leitet von ihnen die eigene Herkunft ab. Heute gilt die Mongolei als letzter animistischer Staat der Welt, noch immer mit dem Wolf als Haupt-Totemtier. Das bedeutet nicht, dass die spirituell geachteten Wölfe unter solchen Bedingungen auch besonders geschützt wären, im Gegenteil. In weiten Teilen der Mongolei sind sie bereits ausgerottet oder stehen knapp davor.

Das ist kein so großer Widerspruch, wie es zunächst scheinen mag. Der Wolf war nicht „immer schon“ das Totemtier der Mongolen, von dem sie ihre Herkunft ableiten, und das eine enge Verbindung zu ihrem „großen Geist“ schafft. Bis etwa 600 unserer Zeitrechnung fungierten als Haupt-Totemtiere der Mongolen Stier und Hirsch, wohl in Kontinuität mit den benachbarten ostasiatisch-indischen sowie westasiatisch-skythischen Kulturen. Erst mit der Entwicklung und Institutionalisierung des mongolischen Reiterkriegertums musste offenbar ein Totemtier her, das bezüglich der ihm zugeschriebenen

Klugheit, Tapferkeit und Grausamkeit, gepaart mit hohem Einsatz für die Gruppe, mehr hergab als die Gras fressenden Beutetiere Hirsch und Rind. Der Wolf war dafür wie geschaffen.

Ob dies ein in Ostasien parallel etwa zum Mittelmeerraum entstandenes Konzept war, oder ob sich der Wolfsmythos entlang der schon längst gut frequentierten West-Ost-Handelsrouten verbreitete, mögen Historiker beurteilen. Möglicherweise war auch der Wolf schon viel länger Totemtier der mongolischen Hirtennomaden und wurde erst später von der Oberschicht übernommen und instrumentalisiert. Darauf deutet unter anderem hin, dass das Thema der meist reversiblen Verwandlung in den Wolf eine bei allen indogermanischen Völkern verbreitete Vorstellung ist. Daher muss dieser Wolfsbezug sehr alt sein. Dazu passt, dass moderne Daten nahe legen, dass erste Wolfskontakte, die Spuren in heutigen Hunden hinterließen, vor bereits 60 000 Jahren stattfanden.

Gesichert ist, dass Dschingis sein Geschlecht auf einer Kreuzung von Halbgott und Wolf begründete, wie es damals auch anderswo üblich war. In der ursprünglichen mongolischen Reiterkultur spielten Wölfe auch bei der Zucht der Kriegspferde eine große Rolle. Es wurde nicht nur toleriert, sondern als Auslesefaktor auch geschätzt, dass ein erheblicher Teil der Fohlen eines Jahrgangs den Wölfen zum Opfer fiel. Ferner dienten die von den Mongolen wohl überinterpretierten Jagdstrategien der Wölfe zur Verbildlichung der Kriegstaktiken der mongolischen Reiterheere. Wölfe konnten in der mongolischen Vorstellungswelt auch direkt zu „Tengger" aufsteigen, einer Art mongolischem Manitu, und wurden in einigen Gebieten daher auch in den so genannten „Himmelsbegräbnissen" eingesetzt: Man legte die Toten aus und überließ den Wölfen den Transfer von Körper und Seele zum großen Geist.

Die Balance zwischen Wölfen und Menschen war in dieser Hirtenkultur jedoch immer labil und die Einstellung zum Wolf ambivalent. Denn einerseits sah man, dass Wölfe eine wichtige Aufgabe bei der Erhaltung des mongolischen Graslandes hatten, etwa indem sie die Antilopen und viele Nagetiere im Zaum hielten. Man gestand den Wölfen auch durchaus zu, dass sie sich gelegentlich am Weidevieh vergriffen. Aber sie sollten darin nicht zu weit gehen und „moralische" Grenzen einhalten. Da man die geistigen und anderen Fähigkeiten der Wölfe vermenschlichend idealisierte und übersteigerte, machte man sie für ihre Handlungen verantwortlich und führte nach gelegentlichen

Massakern von Wölfen an Weidetieren regelrecht Krieg gegen die Wölfe. All dies schildert der chinesische Bestsellerautor Jiang Rong eindrucksvoll in seinem Buch „*Wolfstotem*". Der Autor selbst lebte als junger Mann lange unter den mongolischen Viehhirten. Er kam als Student aus Peking während der Kulturrevolution in die Mongolei und erlebte hautnah die Zerstörung der angestammten Kultur und Ökologie durch die „modernen" Produktionsmethoden der neuen Herren. Die einwandernden Chinesen missachteten die mongolische Lebensweise, rotteten neben den meisten anderen Tieren auch die Wölfe aus und aßen sie sogar; ein durch Übernutzung buchstäblich verwüstetes Grasland war das Ergebnis. Jiang Rongs Buch schildert einfühlsam und eindrücklich den Zusammenstoß der Kulturen, welchem der Wolf und mit ihm eine Kultur und ein Ökosystem zum Opfer fielen, die beide eng mit ihm verbunden waren.

Wölfe und nordamerikanische Indianer

Den nordwestamerikanischen Indianern war der Wolf vor allem „Bruder" und teils sogar Weltenschöpfer, war mit Rabe, Schwertwal, Kojote und Bär wichtigstes Totemtier. Manche Stämme ehr(t)en den Wolf für seine Hingabe zur Familie und die meisten Stämme zogen Parallelen zu den Menschen, etwa wenn es um die aufopfernde Verteidigung von Familie und Klan gegen Fremde geht. Auch Fürsorglichkeit war ein Thema. So erzählen die Ojibwa von Wölfen, die Menschen mit Nahrungsmitteln und Häuten versorgten. Die weite Verbreitung dieser positiven Vorstellungen vom Wolf lassen den vorsichtigen Schluss zu, dass bereits die mit ihren Hunden über die Beringstraße vor etwa 25 000 Jahren aus Ostasien kommenden Ersteinwanderer nach Nordamerika ein ähnliches Bild vom Wolf mitbrachten.

Zwischen den verschiedenen indianischen Völkern variierten Stellenwert und spirituelle Bedeutung der Wölfe. In den Zeremonien der Navajo etwa, die neue Kraft geben und Frieden stiften sollen, spielt der Wolf eine bedeutende Rolle. Das Wort für Wolf in der Sprache der Navajo bedeutet in etwa „Hexe" und meint damit auch eine Person, die sich in einen Wolf verwandeln kann. Dieses Verwandlungsmotiv, eine Parallele zum indogermanischen Werwolfthema, ist häufig zu finden, auch in den Erzählungen der Inuit von einer einsamen alten Frau, die sich in einen Wolf verwandeln konnte. Zweifellos standen spirituelle Vorstellungen im Zentrum der indianischen Wolfsbeziehung, die in

Folge auch etwas auf den Hund abfärbte. Die Cherokee etwa töteten keine Wölfe, da sie glaubten, dass deren Geschwister Rache an ihnen üben würden. Die Nootka schlossen spirituelle Bünde mit dem Wolf und trugen in ihren Zeremonien Wolfsfelle, etwa um Stammesmitglieder spirituell wieder zum Leben zu erwecken. Die Hopis verwenden noch heute die bekannten Wolf-Katchinas (Kostümtänzer), welche die Kraft des Universums repräsentierten.

Die spirituellen Vorstellungen der nordamerikanischen Indigenen sind immer wieder vermengt mit ökologischen Einsichten. So meinten die Inuit, dass der Wolf zwar das Karibu frisst, dieses aber auch stark hält. Dasselbe Motiv findet sich bei den alten Mongolen, die ein gewisses Maß an räuberischem Druck auf die Zuchtherden für ihre Kriegspferde tolerierten, weil sie wussten, dass dies eine Selektion auf starke Tiere bedeutete. Vor allem aber gab es eine klare Verbindung zur Jagd. Die Crow etwa zogen sich Wolfsfelle über, womit sie Büffel tatsächlich zu täuschen vermochten. Angeblich rieben die Cheyenne Pfeilspitzen an einem Wolfsfell, um so zu einem besseren Jagderfolg zu kommen. Kaum gewürdigt wird in der allgemeinen Vorstellung, dass besonders die Great-Plains-Indianer wohl „Hundekulturen" waren. Hunde, oft auch Wolfshybriden, stellten neben ihrem Gebrauchswert oft auch die Verbindung zu den Wölfen dar. Die Sioux etwa nennen den Wolf „Tier, das aussieht wie ein Hund, nur mit einem stärkeren Geist". Das wäre auch eine prägnante Kurzfassung für die Unterschiede zwischen Wölfen und Hunden, wie wir sie aus unserer Arbeit am WSC kennen.

Die Wurzeln der Spiritualität im Animismus

Wölfe waren nicht nur potente Mittler zur Welt der Geister. Für die animistischen Jäger und Sammler war die Beseeltheit der Natur real, auch die der Wölfe. Ebenso real war ihre Vorstellung, dass beim Sterben der Geist eines Menschen oder Tieres frei würde. Diese Menschen lebten in einem spirituellen Rahmen, der ihr Denken und jede ihrer Handlungen von der Geburt bis über den Tod hinaus bestimmte. Spiritualität und Religion – also der Glaube an formalisierte Inhalte samt zugehöriger Riten – war noch lange nicht Privatsache.

Dieser spirituelle Rahmen war mit Wissen um die Welt gesättigt. Die Menschen lebten sozusagen in einer spirituellen Naturgeschichte. Natur und Tiere waren der Rahmen nicht nur der Entwicklung der menschlichen Spiritualität, sondern auch des Philosophierens über diese Welt, über das Woher und Wohin. Das Leben in diesem spirituellen Rahmen war von zahlreichen Tabus durchsetzt, die zu beachten waren, um die „Geister", also die Seelen der toten Tiere und der menschlichen Ahnen, nicht zu vergrämen. Man war in diesen Gesellschaften letztlich immer selber schuld, wenn man krank wurde oder wenn einem ein Unglück zustieß, denn das konnte nur auf eine Tabuverletzung, auf einen rachsüchtigen Geist zurückzuführen sein. Ob manch konservativen Vertretern des Christentums oder Islams bewusst ist, dass sie alte animistische Positionen vertreten, wenn sie meinen, dass Aids eine Geißel Gottes sei?

Ganz besonders wichtig war die spirituelle Verbindung zum Jagdwild, das nach animistischen Vorstellungen mit dem guten Jäger sogar kooperiert. Jagd war auch deswegen ein spirituelles Unterfangen, weil es ja um ein Töten von beseelten Wesen ging. Das schuf Schuld und erforderte Entsühnungsrituale, um die Geister der getöteten Tiere zu besänftigen. Die Durchführung dieser Rituale und die Kontaktnahme zur Welt der Geister oblag den spirituellen Handwerkern der animistischen Kulturen, den Schamanen. Dies waren besonders sensible oder geeignete, etwa trancefähige Personen, welche ihr Wissen von Generation zu Generation weitergaben. Viel später glaubte man, dass Menschen als Ebenbild Gottes geschaffen wären und damit das Recht hätten, die Erde, unter anderem die Tiere, weise (!) zu nutzen, wie es aus genauer Lektüre des Alten Testaments hervorgeht. Folgerichtig war mit dem Töten von Tieren keine Schuld mehr verbunden und es waren keine Entsühnungsrituale mehr erforderlich. So ist nicht von der Hand zu weisen, dass die menschliche Spiritualität und Religiosität in der ursprünglichen Mensch-Tier-Beziehung wurzelt sowie in Vorstellungen zu den Beziehungen der Geschlechter und zur Fruchtbarkeit. Dieser Hintergrund und der sich verdichtende Eindruck, dass Spiritualität die Basis für beinahe alle Domestikationen bildet, lässt plausibel erscheinen, dass es vor allem spirituelle, auf jeden Fall aber kulturelle Gründe waren, welche die Menschen dazu bewogen, Wölfe nachhaltig in ihr Leben einzubeziehen, was letztlich in die Hundwerdung mündete.

Um nicht in Verdacht zu geraten, dieser Fokus auf Spiritualität sei eine Schrulle eines alternden (im Übrigen agnostischen) Biologen, sei hier die auf Forschungsergebnissen basierende Meinung manch moderner Paläo-Botaniker zur Domestikation von Getreide wiedergegeben. Man nahm lange an, dass Getreide domestiziert wurde, um die Ernährung einer immer dichteren Bevölkerung zu sichern. Heute geht man jedoch eher davon aus, dass das Hauptmotiv dafür die Erzeugung von Alkohol war. Damals betrank man sich nicht einfach zur Belustigung, Alkohol kann vielmehr als das älteste spirituelle Schmiermittel der Menschheit gelten, er wurde wohl vorwiegend in Ritualen gebraucht. Mahlsteine wurden übrigens primär auch nicht zur Aufbereitung von Getreide erfunden, sondern waren schon tausende Jahre vor der Domestizierung von Getreide gebräuchlich, nämlich zur Herstellung von Pigment zur Körperbemalung, die in diesen Gesellschaften nie nur als Schmuck diente, sondern immer auch in einem spirituellen Kontext zu sehen ist.

Modernsten genetischen Erkenntnissen zufolge entstand die Typenvielfalt an Hunden vor etwa 16 000 Jahren zunächst in einem Gebiet im heutigen Südostasien im Zuge des sozio-ökonomischen Wandels zum Sesshaftwerden der dortigen Menschen und des Beginns der Domestikation von Reis. Diese Änderung im Lebensstil und in der ökonomischen Basis veränderte sicherlich auch die Einstellung der Menschen zu Natur und Tieren parallel zu Veränderungen in ihrer religiösen Einstellung. Alle Jäger und Sammler und viele Hirtenvölker sind zwar im Wesentlichen Animisten, aber viele glaubten bereits an eine Art „großen Geist“ (Manitu, Tengger etc.), wohl in Entsprechung des psychologischen Grundbedürfnisses von Menschen nach Zweierbeziehung, nach einem Du, einem Ansprechpartner, was die vielen verschiedenen Geister der Objekte der Natur nicht leisten können. Bei den nordamerikanischen Rentierjägern war dies etwa das „große Ren“, eine Idealisierung des Herdenprinzips. Daneben existierte natürlich die Welt der Geister mit den Seelen der toten Tiere, die mit dem „großen Geist“ in bestimmter Beziehung standen, in ihm aufgingen etc. Der Beginn einer gewissen Hierarchisierung der Geistervorstellungen ist erkennbar.

Von gleicher Augenhöhe in die Abhängigkeit: Von Tieridolen zu Menschengöttern

Aus diesen animistischen Denksystemen entstanden im Zuge des Sesshaftwerdens die ersten Hochkulturen. Auch das relativ einfache Glaubenssystem der Jäger und Hirten entwickelte sich mit dieser Kulturentwicklung weiter. Dies stand sicherlich auch im Zusammenhang mit der Domestikation von Tieren oder auch der Kunst der Zähmung von Wildtieren wie im alten Ägypten. Im Zusammenhang mit Hirten- und Stadtkulturen bildeten sich zunehmend komplizierte Glaubenssysteme mit konkreten Vorstellungen zum Weiterleben nach dem Tod. Es entstanden Olympe mit Halb- und Tiergöttern und mit einem Ansteigen der weltlichen Machtfülle der Herrschereliten auch die Überzeugung, direkt durch Götterabstammung legitimiert zu sein und damit auch über gottähnliche Macht zu verfügen.

Frühe Kulturentwicklung bedeutete immer auch „empowerment" der Herrschenden über die Sterblichen durch spirituelle Kompetenz. Im alten Ägypten wurden nicht nur domestizierte Tiere gehalten wie Hunde, Schafe, Rinder etc., sondern auch viele Arten von gezähmten Wildtieren. Tatsächlich hielten über die Geschichte bis in die Neuzeit fast alle Höfe der Könige und des Adels Wildtiere in Menagerien, wohl aus einer gewissen Biophilie der Herrschenden heraus, aber sicherlich auch, um damit Macht zu demonstrieren. So ging beispielsweise der Schönbrunner Tiergarten direkt aus der Menagerie der Habsburger hervor. Zunächst bedeutete Macht besonders über zahme Wildtiere auch spirituelle Macht. Man baute sowohl im alten Ägypten als auch in den Buchreligionen intellektuell komplexe Glaubenssysteme unter Einbeziehung animistischer Elemente auf. So balsamierte man im alten Ägypten viele Tiere ein, was ohne Glauben an deren Beseeltheit sinnfrei gewesen wäre.

Hochkulturen generieren Religionen, die sich dem gemeinen Volk ohne Vermittlung einer kundigen und daher mächtigen Priesterkaste kaum erschließen. Man baut also eine entsprechende soziale und intellektuelle Distanz zum Volk auf, die immer auch der Machtsicherung dient. Waren Schamanen noch relativ egalitär in ihre Klans eingebettet, wenn auch mit Kompetenzen und Fähigkeiten, die sie über andere hervorhoben, entstehen nun mächtige und volksferne Priesterkasten, die selbst für die weltlichen Herrscher nur schwierig unter Kontrolle zu halten waren und oft genug die Fäden der Macht zogen.

Macht über Tiere auszuüben stärkte einerseits die Mächtigen, ließ die Tiere aber auch als beseelte, denkende und fühlende Wesen an Bedeutung verlieren; sie standen damit nicht mehr auf Augenhöhe. Sie wurden als domestizierte Tiere zunehmend abhängig und als Wildtiere zunehmend nutzbar, ohne dass die Menschen damit Schuld auf sich luden, wie es im ursprünglichen Animismus noch der Fall war. Das

Wort aus dem Alten Testament des „macht Euch die Erde untertan" ist nicht nur als Gebot zu verstehen, sondern auch als Bestandsaufnahme der Beziehung der Menschen zu Tieren und Natur vor und um die Zeit des Niederschreibens der Bücher des Alten Testaments (ab 700 vor Christus).

Parallel zum spirituellen Bedeutungsverlust der Tiere verloren die Tiergötter ihre Herrschaft über Wald und Flur und wurden durch Götter in Menschengestalt ersetzt. Götterolympe entstanden in Ägypten und Griechenland, später bei den Germanen, gefüllt mit zunehmend menschenähnlichen Wesen mit zuweilen allzu menschlichen Marotten und Bedürfnissen. Menschliche Ebenbilder wie Nymphen und Faune eroberten die Vorstellung von Natur. Freilich gab es auch noch lange Mensch-Tier-Hybriden, etwa die Zentauren und eine Fülle anderer Wesen, die als halb Mensch, halb Tier angesehen wurden. Im alten Griechenland tauchte auch das Thema des Werwolfs wieder aus dem alten indogermanischen Mythenerbe auf. Der Glaube an die Beseeltheit und Individualität der Tiere war damit aber nicht völlig verloren gegangen. So findet man im Alten Testament etwa laut dem katholischen Theologen und Experten im Bereich Mensch-Tier-Beziehung Michael Rosenberger noch genügend Referenzen auf einen schonenden und freundlichen Umgang mit den Tieren. Im Neuen Testament dagegen spielen Tiere eher nur noch Nebenrollen. Der gottgleiche Mensch und ein menschenähnlicher Gott beherrschen die Szene. Wie beinahe alle Religionsgründer der Neuzeit waren auch Jesus Christus und seine Jünger so auf Menschen fixiert, dass sie kaum Tiere in ihre Systeme einbezogen und wenn, dann in Gleichnissen, in denen wie auch später in den Fabeln das menschengemachte Bild des Tieres dominierte, das Tier um seiner selbst willen aber praktisch nicht mehr vorkam.

Offenbar durften Tiere in einer Art „Emanzipation" vom alten Animismus keine Rolle mehr spielen, zumal sich die Menschen ja auch ihren einzigen Gott nach Menschenbild schufen. Alter animistischer Götzendienst, etwa der Tanz ums Goldene Kalb, wurde nun schwer geahndet. Der Kampf gegen die „alten Vorstellungen" dauert de facto bis heute an, ist aber durch die auf Verstand beruhenden Hochreligionen niemals zu gewinnen. Der alte Glaube an eine unsterbliche Seele von Tieren verblasste zunehmend, was sich in den Schriften der Buchreligionen freilich nicht explizit niederschlug. Es steht nirgends geschrieben, dass Tiere keine Seele hätten. So kenne ich auch moderne katholische Theologen, die davon überzeugt sind, ihre Kumpantiere im Jenseits wiederzutreffen. Zweifellos verloren Tiere im Eingottglauben und besonders in den schriftlichen Überlieferungen der Buchreligionen als beseelte und daher gleichwertige Mitgeschöpfe vor allem an spiritueller Bedeutung. Dazu trug auch die ausdrückliche Nutzungserlaubnis durch Gott bei, die im Denken der Aufklärung, etwa bei René Descartes, in die radikale Verdinglichung der Tiere mündete. Er geht davon aus, Tiere hätten kein Bewusstsein und keine Sprache, daher auch keine Gefühle und kein Schmerzempfinden; Seele sowieso nicht. Man konnte mit ihnen also nach Belieben verfahren und tat es auch. Versuchstiere sind in der Forschung schon länger in Gebrauch, als es Anästhesie gibt.

Tiere verloren damit für die Menschen viel an Würde, sie hatten als „Du-Evidenz", also als gleichwertiger Beziehungspartner im weiteren Sinne, ausgedient. Ironischerweise wurden gerade im Gefolge der Aufklärung Tiere nicht nur verdinglicht, sondern auch hemmungslos zu intellektuellen Gefühlswesen vermenschlicht, wie etwa die Lektüre des vielbändigen und noch in manchen Wohnzimmern vorhandenen *„Brehms Tierleben"* eindrucksvoll belegt.

Doch wenn der Mensch als Ebenbild Gottes geschaffen wurde, so kann das nicht gleicherweise für Tiere wie Wolf oder Hund gelten, oder? Ob die Inhalte der komplexen Religionssysteme der Hochkulturen immer bis zum gemeinen Volk durchschlugen, darf bezweifelt werden. Dafür waren sie wahrscheinlich gar nicht gemacht; Religion zu *verstehen*, war und ist Privileg einer dünnen intellektuellen Oberschicht. Dem Volk oblag es, zu glauben und fromm zu sein. Und „das Volk" erhielt sich bis heute Elemente des Geisterglaubens. Diese Reste des alten Animismus bekämpften die Kirchen, wohl, weil er auch ihren Herrschaftsanspruch gefährdete. Festhalten am „heidnischen Glauben", an Geistern, an der Beseeltheit von Naturelementen, an Ritualen zum Bannen des Bösen, mag zudem auch ein Widerstandselement gegen die Mächtigen darstellen. So ein „Neben- oder Aberglaube" verringert ja auch zumindest die innere Abhängigkeit von den Oberen, von Priesterkaste und Herrschaft.

Tatsächlich hält sich der an alten animistischen Elementen reiche „Volksglaube" hartnäckig und wirkmächtig. Der Wolf als offizielle Verkörperung des Bösen, des Heidnischen, des Teufels war für die bis heute im Alpenraum praktizierenden „Heiler und Hexen“ immer wieder auch heimliche Identifikationsfigur. Nur wenige der modernen Praktizierenden scheinen sich dessen bewusst zu sein, dass sie damit die alte animistisch-schamanistische Tradition fortsetzen. Letztlich werden diese Menschen bis heute nicht nur als „Scharlatane“ geächtet, sonder vor allem auch deswegen, weil sie sich gegen die Machtstrukturen des herrschenden Systems stellen. Gleichzeitig ist es heute schick geworden, esoterisch angehaucht zu sein und sich aus historischen Versatzstücken seine eigene Religion zusammenzustellen – auch ein Weg zurück zu unseren animistischen Wurzeln.

Kulturen von „Machern“ schwangen sich immer auch zur Herrschaft über Tiere auf, so geschehen im alten Ägypten. Der Umgang mit Tieren widerspiegelte immer auch die gesellschaftlichen Verhältnisse. Auch die alten Römer fingen Wölfe lebend und verbrauchten sie in Arenen in Tierkämpfen bzw. in Kämpfen zwischen Menschen und Tieren. Im Mittelalter wurden Wölfe und Bären zuweilen in Gräben um Burgen gehalten. Wölfe wurden geschossen, mit Lanzen erstochen, in Gruben oder mittels in Fleischstücken versteckter Eisenhaken, der erwähnten „Wolfsangeln“, gefangen. Und so manch unglücklicher Wolf wurde für seine Missetaten auch verurteilt und lebte vorher ein paar Stunden oder Tage in einem Verließ oder an der Kette. Dass Tiere im Mittelalter für ihre Taten zur Rechenschaft gezogen und oft mit dem Tode bestraft wurden, mutet heute sehr seltsam an. Über Mittelalter und Neuzeit ging wohl auch im Zusammenhang mit der gelegentlichen wölfischen Vorliebe für Haustiere die Achtung vor den Wölfen verloren, zumindest im gesellschaftlichen Mainstream. Verständlicherweise wurden sie zum Feindbild nicht nur von Kleinbauern, die durch den Verlust ihrer wenigen Ziegen in ihrer Existenz gefährdet waren. Für den Adel dagegen waren Wolfsjagden eine Macho-Beschäftigung. Folgerichtig wurden Wölfe gejagt, bekämpft, aber nicht ausgerottet. Dazu kam es erst nach dem Niedergang der Allmacht des Adels im 19. Jahrhundert.

Der „böse“ Wolf

Wölfe wurden in trauter Einigkeit mit der kirchlichen Obrigkeit zur Verkörperung des Bösen schlechthin und zum Symbol des Teufels gestempelt, wie manche andere Tiere auch, beispielsweise Katzen. Denn einerseits versuchte man kirchlicherseits den alten Animismus zu bannen, andererseits glaubte man ganz offenbar an seine Inhalte. Durch diese Rollenzuschreibungen wurde letztlich die spirituelle Macht und Geistnatur der Wölfe, Katzen und anderer Tiere anerkannt und damit im Grunde auch der Kern des Animismus. Es ist nicht von der Hand zu weisen, dass dies auch im Zuge der Verfolgungen und Verbrennungen von Hexen eine Rolle spielte. Dabei dürfte es im Sinne des Christentums Hexen gar nicht geben, also Menschen, die Macht über andere ausüben, indem sie in Beziehungen zu Geistwesen stehen. Damit bekannte die kirchliche Obrigkeit recht direkt, dass sie nicht nur einen Kampf gegen „heidnisches" (also animistisches) Glaubensgut führte, sondern dass sie die schamanische Macht der Hexer und Hexen auch ernst nahm. Oder zumindest als Vorwand, sollen doch auch das Bei-der-Stange-Halten des Volkes und das Einziehen des Vermögens der als Hexer Verurteilten ein Motiv gewesen sein.

Dieser Kampf gegen den alten Animismus währt letztlich seit dem Wechsel zum Eingottglauben bis heute. Als wichtigstes Werk der europäischen Hexenverfolgung erschien 1498 der *„Hexenhammer"*, der sich als Anleitung versteht, Hexen und Werwölfe zu erkennen. Über die Jahrhunderte des Mittelalters bis in die Neuzeit starben viele Menschen einen grausamen Tod als vermeintliche Werwölfe. Hexenprozesse und Wolfsvernichtung sind gekoppelte Phänomene. Sie sind nicht nur Ausdruck eines heute erschreckend seltsam anmutenden Aberglaubens, sondern auch als Kampf gegen die animistische Konkurrenz in den spirituellen Gehirnen der Menschen zu deuten. Dies nicht zuletzt, da sich die christliche Amtskirche immer gegen scheinbar oder tatsächlich konkurrierende Systeme zur Erklärung der Welt wehrte, und das teils drastisch. Man denke nur an den Kampf gegen naturwissenschaftliches Denken, von Giordano Bruno, Johannes Keppler und Galileo Galilei bis zu Darwin.

Neuere Ergebnisse zu den Einstellungen junger Leute zu Tieren lassen am nachhaltigen Erfolg der Hoch- und Buchreligionen bei der Abwehr der alten animistischen Vorstellungen zweifeln. Man denke in diesem Zusammenhang an die oben angesprochenen Forschungsergebnisse Carola Otterstedts, die belegen, dass viele junge Menschen Tieren Denken und Fühlen zusprechen. Parallel zur Entspannung der ökonomischen Situation und zum Verlust des Einflusses institutionalisierter Religionen zumindest in manchen Teilen der westlichen Welt kommen damit die uralten Vorstellungen und Grundeinstellungen zu Tieren wieder zu Tage. Vielleicht überforderte die gesellschaftliche

Marginalisierung der Tiere, die vor dem Hintergrund der Buchreligionen stattfand und durch Christentum, Aufklärung und modernen Materialismus gefördert wurde, unser an sich biophiles Gehirn, führte bei den Menschen zu innerem Widerstand und bereitete den Boden dafür, Tieren wieder um ihrer selbst, um ihrer Würde willen mehr Raum zu geben, im Denken wie auch in Natur und Gesellschaft.

Wölfe als Projektionsfläche blühender und schrecklicher Phantasien

Wölfe waren lange ein höchst relevanter Teil der die Menschen umgebenden, mythisch und spirituell aufgeladenen Natur. Dass Wolfsgeschichten und -Mythen immer auch starke Projektionsflächen für die Vorstellungswelten und Verfasstheiten von Gesellschaften darstellen, belegt beispielhaft die Geschichte vom Fenriswolf aus der germanischen Edda. Diese bluttriefende Erzählung verrät uns hoffentlich weniger über das Wesen der Wölfe als über die Gewalt- und Machokultur germanischer Stämme. Besonders Kinder sind immer fasziniert davon, wenn wir sie etwa im Zuge einer „Howl night" am Wolfsforschungszentrum in Ernstbrunn zum Besten geben.

Als Sohn eines Halbgottes und einer Wölfin kann Fenriswolf von den diversen Göttern und Halbgöttern des germanischen Olymps kaum in Zaum gehalten und in die Schranken gewiesen werden. Er wächst ständig an Stärke und Macht und wird daher zunehmend zur Bedrohung für die Götter. Nur mühsam wird er mittels eines Zaubers unter Kontrolle gebracht, beißt dabei aber dem Kriegsgott die rechte Hand ab. Mit der Götterdämmerung, also mit dem Ende der Macht der germanischen Götter, verliert auch dieser Zauber seine Wirkung. Der Fenriswolf kommt frei und tötet prompt Chefgott Wotan. Wie es sich in der germanischen Blutrachegesellschaft gehört, wird das Monster dann vom Sohn des Chefs getötet. Aber auch das bedeutet noch kein (zugegeben drastisches) Happyend dieser Raubersgschicht'. Denn noch heute verfolgen nach der Edda-Saga zwei Abkömmlinge des Fenriswolfs Sonne und Mond, werden sie eines Tages einholen und verschlingen und so auch der Welt ein Ende bereiten. Wölfe stehen daher nicht nur am Beginn des Kult- und Kulturwesens Mensch, sie sind in der Vorstellung von Menschen nicht nur an der Begründung von Geschlechtern oder der Erde beteiligt, sie werden uns zumindest nach den Vorstellungen der alten Germanen auch in unseren endgültigen Untergang führen.

Man kann die Geschichte vom Fenriswolf natürlich nicht nur als Abbild der germanischen Gesellschaft lesen, sondern auch als Bild für die Bemühungen der Germanen, den einfachen alten Animismus zurückzudrängen und ihren eigenen Olymp menschenähnlicher Götter zu entwickeln. Aber so ganz schien der Autor der Edda wohl nicht dran zu glauben, sonst hätte er die Götter nicht scheitern und den Wolf schließlich siegen lassen, noch dazu ausgestattet mit einem Mandat, irgendwann auch einmal Welt und Gestirne zu Ende zu bringen. Bereits bei den Germanen verkörperte der Wolf offenbar auch „das Böse", welches man zwar zeitweilig beherrschen, niemals aber ganz besiegen kann. In dieser Geschichte steckt natürlich ein gewaltiger Respekt vor dem Wesen Wolf und auch eine typisch menschliche Überhöhung. Denn der Weltenvernichter gleicht ja in seiner Machtfülle dem Weltenschöpfer. Hier findet sich ein uraltes Motiv des Gegensatzes zwischen Gut und Böse, zwischen Gott und Teufel, zwischen Ying und Yang.

Auch heute werden geistige Leistungen von Wölfen gern übertrieben und überhöht, wie es etwa der chinesische Bestsellerautor Jiang Rong in seinem oben erwähnten Roman „*Wolfstotem*" macht. Das ist im Lichte der Kulturreflexion, die in diesem Werk stattfindet, zu akzeptieren. Doch solche Wolfsüberhöhungen findet man auch in als „Sachbücher" gekennzeichneten Machwerken. „Objektiv faktenlose" Sachbücher wären ja noch harmlos. Solche etwa, die von Menschen mit kritischem Hausverstand als Glaubensbekenntnisse erkennbar sind. Ratgeber z.B., aus denen wir erfahren, dass Hunde, die mit Trockenfutter gefüttert werden, sofort tot umfallen oder dass es einen Unterschied macht, Wasser geschüttelt oder gerührt zu verwenden. Die hinterhältigsten Sachbücher sind im Gegensatz dazu jene, die uns als Fakten getarnte Halbmärchen vermitteln, mit denen sich sogar der kritische Verstand schwer tut, weil man dazu Fachwissen benötigt. Lügenbücher also. Ein besonders unerfreulicher Vertreter dieser Gattung ist „*Der Wolf*" von Shaun Ellis. Auch weil er mit den wohl besten Wolfsfotos aller Zeiten von Monty Sloan bebildert wurde, fand dieser Band weite Verbreitung. Bei den Besucherführungen am Wolfsforschungszentrum in Ernstbrunn merken wir, dass viele, auch hochgebildete Menschen ihre Wolfsweisheiten aus diesem Buch beziehen. Ein paar Kostproben gefällig?

Alphawölfe könne man, so Ellis, an ihrer Fellfarbe erkennen und sie sicherten sich bestimmte Teile der Beutetiere, wodurch sie anders röchen als andere Wölfe, was wiederum bei der Territorialmarkierung wichtig sei. Alphaweibchen trainierten Jungtiere gezielt auf Jagd, kündigten durch Vorzeigen von Beuteteilen an, welche Beute zu jagen sei, inszenierten Probejagden, brächten den Jungwölfen Verteidigungsstrategien bei – etwa indem sie einen abgenagten Hirschlauf schüttelten, damit die Jungspunde lernten, den Tritten von Büffel oder Hirsch auszuweichen – und würden schließlich mit ihrem Schwanz die Richtung anzeigen, in welcher gejagt werden sollte. Man erfährt ferner, dass die Alphaweibchen auch die „Babysitter" aussuchten, welche die Welpen erziehen, dass tiefes Heulen mit hohem Rang verbunden sei, dass die Omegas die Rudelclowns seien, die für ihre Erheiterungsleistungen mit gutem Fleisch belohnt würden, dass Wölfe den Herzschlag (!) von Beutetieren durch 90 cm Schnee hörten, dass sie beim Anschleichen an die Beute im Winter Schnee ins Maul nähmen, um ihren Atem zu tarnen etc.

All diese Aussagen sind durch nichts belegt. Sie entspringen ausschließlich der Phantasie des Autors. Als Fiction wäre das in Ordnung, als klar erkennbar vermenschlichendes Wolfsgeschichtenbuch auch. Definitiv nicht in Ordnung ist jedoch, wenn solch ein Machwerk als Sachbuch durchgeht, das vorgibt, kompetent über Biologie und Sozialleben der Wölfe zu informieren. Die breite Akzeptanz solcher Fehlinformation auch durch gebildete Menschen lässt den Verdacht aufkommen, es bestünde in unserer Gesellschaft noch immer ein Bedürfnis nach Überhöhung von Wölfen und anderen Tieren. So haben etwa Delfine große, gefurchte Gehirne und „lächeln" verständig; daher müssen sie auch außerordentlich intelligent sein, wollen viele Zeitgenossen glauben. Vielleicht ist das so, aber wir wissen immer noch erstaunlich wenig darüber. Heute scheinen Wölfe unter anderem auch als Symboltiere für eine zunehmende Sehnsucht nach unbezähmter Wildnis herhalten zu müssen, einer Sehnsucht, die offenbar mit dem weitgehenden Verschwinden einer solchen Wildnis einhergeht. Vielleicht haben wir es hier mit dem Ausdruck einer okkulten Sehnsucht nach einer geheimnisvollen Natur zu tun, wie die vielen esoterisch angehauchten Wolfs-T-Shirts und auch Wolfsbilder in Wohnzimmern vermuten lassen, meist mit Mond im Hintergrund und geschmückt mit indianisch anmutenden Federdekorationen.

Man könnte den Eindruck gewinnen, dass solche Wolfs- und Naturdarstellungen den in ländlichen Gegenden bis vor wenigen Jahrzehnten noch üblichen Heiligen-, Marien- und Herz-Christi-Bilderkitsch abgelöst haben. Wahrscheinlich aber steht die Überhöhung der Wölfe und anderer intelligenter Tiere für die immer stärkere Sehnsucht nach einer nicht vollständig vom Menschen beherrschten Erde. Tatsächlich eignen sich Wölfe recht gut für die phantastische Überhöhung zum kognitiv gleichwertigen Gegenstück des dominierenden Menschen. Sie sind geheimnisvoll, gescheit und sehen uns mit einem „stechenden Blick" an. Hier wird deutlich, dass gesicherte Daten zur Einstellung der Menschen in Mitteleuropa zu Wolf und Hund wichtig wären, um mehr über die Verfasstheit unserer gegenwärtigen Gesellschaft zu erfahren. Derartige Daten gibt es jedoch leider kaum. Vor allem bleibt im Dunkeln, wie sich im Zusammenhang der Veränderung der Gesellschaft die Einstellungen zu Tieren und insbesondere zum Wolf verändern.

Von den Einstellungen zum Wolf

„Einstellungen" sind mehr oder weniger bewusste Repräsentationen der Außenwelt im Gehirn, die sich im Spannungsfeld zwischen evolutionär geprägten Anlagen und individuellen Erfahrungen im Verlauf des Lebens bilden und unsere Sicht der Dinge und unseren Zugang zu ihnen beeinflussen. Aus diesen Einstellungen entspringen Vorurteile, Sympathie und Antipathie etc. Sie äußern sich affektiv, kognitiv und im Verhalten. Einstellungen bereiten eine Person in einer bestimmten Situation für bestimmte Handlungsweisen vor und beeinflussen unsere Handlungsbereitschaft. Darum ist es wichtig, sie zu kennen. So wird es maßgeblich von den Einstellungen der Menschen abhängen und davon, wie man mit diesen umgeht, ob Wölfe wieder eine Chance haben werden mit uns nachhaltig den Lebensraum zu teilen.

Menschliche Einstellungen sind nicht in Stein gemeißelt, sondern dynamisch veränderbar. Updates geschehen über ein komplexes Netzwerk im Gehirn alle 0,2 Sekunden. Daher ist es möglich, durch Aufklärung über Wölfe kognitive Einstellungen zu verändern. Allerdings ist die Wirksamkeit „objektiver Information" auf die mächtige affektive Kontrolle unserer Einstellungen begrenzt. Schwach ausgeprägte („neutrale") kognitive Einstellungen (also solche ohne starken affektiven Hintergrund) sind durch emotionale Presseberichterstattung nachhaltig beeinflussbar. Will man Einstellungen positiv mittels Aufklärungsarbeit verändern, ist es daher erforderlich, dass dies in einer emotional positiven Atmosphäre geschieht. In jedem Fall gilt als

Voraussetzung für effektive Aufklärungsarbeit, die vorhandenen Einstellungen zu kennen. Deshalb haben wir ein Forschungsprojekt gestartet, um die Einstellungen Wölfen gegenüber in bestimmten Gruppen der Bevölkerung Ostösterreichs zu erheben.

Wolfsfreunde oder Wolfsfeinde gab es wohl zu allen Zeiten; aber offensichtlich verändern sich die Mainstream-Einstellungen zum Wolf mit der sozio-ökonomischen Entwicklungsstufe und auch mit kulturell-ideologischen und religiösen Einflussfaktoren. Verständlich, dass das respektvolle Verhältnis zum Wolf beim Sesshaftwerden kippte, dass die ständige Bedrohung durch Wölfe Angst erzeugte, wenn man auf wenige Haustiere zum Überleben angewiesen war und wenn – selten aber doch – auch Menschen den Wölfen zum Opfer fielen. Diese Angst vor dem Wolf wurde zusätzlich durch den Kampf des Christentums gegen den Wolf in seiner Bedeutung als heidnisches Totemtier verstärkt. So wurden Wölfe zur Verkörperung des Bösen, zur Wiedergeburt des Teufels. In den letzten beiden Jahrzehnten ist eine zunehmende und anhaltende Bedeutungssteigerung von Hunden als Sozialpartnern von Menschen zu bemerken. Es scheint, dass etwa in diesem Zeitraum auch die Einstellung zu Wölfen, besonders von Seiten der urbanen Bevölkerung, positiver wurde. So stellte man in Deutschland knapp vor der Jahrtausendwende mittels einer einfachen Fragebogenstudie an Jägern und Stadtbewohnern sowie einer Medienanalyse eine langsame Neutralisierung und Verbesserung der Einstellung zu Wölfen fest, die damals gerade dabei waren, sich im Osten des Bundesgebietes wieder anzusiedeln. Dieser Prozess wurde durch sachliche Aufklärung, durch eine entschlossene Haltung der Behörden Gesetze zu vollziehen, durch das Engagement von NGOs wie der Gesellschaft zum Schutz der Wölfe sowie durch effizientes Konfliktmanagement begleitet. Beispielsweise werden Schäfer in Wolfsgebieten in ihren Abwehrmaßnahmen unterstützt und im Schadensfall entschädigt, wenn sie kooperieren.

Auch zu den Einstellungen von Menschen zu Wölfen in anderen Ländern ist wenig bekannt. Ein paar Schlaglichter gibt es zur Situation in Skandinavien und den USA (s. Literatur auf www.lcie.org/). Eine einzige Studie vor 15 Jahren untersuchte mit bescheidenen Mitteln die Einstellung mancher Österreicher zu Wölfen. Was wir am Wolfsforschungszentrum im Umgang mit unseren Besuchern an Äußerungen und Einzelmeinungen zu hören bekommen, ist vielfältig, aber vor allem positiv, wie ja von Wolfsinteressierten zu erwarten. Aktuelle

Information zum Einstellungsspektrum der Bevölkerung zu Wölfen fehlen für Deutschland und Österreich. Wir wissen wahrscheinlich mehr zu den Einstellungen steinzeitlicher Jäger zum Wolf als über die unserer Zeitgenossen.

Einstellungen zum Wolf in Deutschland und Österreich

Hubert Zeiler und Mitarbeiter erhoben 1999 die Einstellungen von österreichischen Jägern und Wiener Stadtbewohnern Bär und Luchs gegenüber. Wenig überraschend sahen die Städter diese großen Beutegreifern positiver als die Jäger, zeigten sich aber bezüglich deren möglicher Wiederansiedlung deutlich weniger begeistert als etwa von Wiederansiedlungen gefährdeter Greifvögel. Bei den Jägern blieben die negativen Einstellungen seit 1948 in etwa stabil, aber die Zahl der Jäger mit eher neutraler Einstellung nahm gegen 2000 etwas zu. Es ist anzunehmen, dass der Wolf noch mehr polarisiert hätte, er war jedoch nicht Teil dieser Untersuchung. Wölfe standen hingegen im Zentrum einer umfangreichen, mittels Fragebögen und Medienanalyse 2007 in Deutschland von Petra Kaczensky durchgeführten Studie. Sie fand heraus, dass die Einstellung zum Wolf insgesamt überraschend positiv war, auch in Wolfsgebieten. Dass Wölfe Schäden an Nutztieren anrichten können, wurde durchaus wahrgenommen, man war aber generell wenig persönlich betroffen, abgesehen von der Sorge um die Sicherheit von Haustieren und Kindern. Wissen und Wissensdurst zum Wolf waren relativ hoch und die Mehrheit der Befragten wünschte sich mehr Wölfe in Deutschland. Kompensationszahlungen an Landwirte wurden interessanterweise befürwortet, wenn deren Tiere durch Wölfe zu Schaden kämen, nicht aber an Jäger, falls sich der Wolf an Wild vergreifen sollte, was man offenbar als seine Aufgabe akzeptiert. Insgesamt hielten sich negative, neutrale und positive Assoziationen zum Wolf in etwa die Waage. Im internationalen Vergleich, etwa zu Skandinavien oder den USA, sind die Deutschen eine der wolfsfreundlichsten Nationen. Auffällig war das hohe Interesse vor allem an Fernsehberichterstattung zum Wolf.

In einer schwedischen Studie kam man zum Schluss, dass die Einstellungen zum Wolf noch nicht sehr gefestigt sind, was einerseits dazu führen kann, dass Presseberichterstattung sehr rasch zu einem Kippen der öffentlichen Meinung ins Negative führt. Andererseits aber vermag gezielte und offene Pressearbeit zum Wolf die Einstellungen positiv zu beeinflussen. Man empfahl, den Wolf nicht als Symbol der Wildnis, sondern als ein anpassungsfähiges Wildtier darzustellen, das in unserer Kulturlandschaft gut leben kann, zumal er sich wenig an Haustieren vergreift, wenn sich die Beziehung einmal eingespielt hat. Weltweit haben allerdings Jäger und Schafzüchter andere Berührungspunkte mit Wölfen als die breite Bevölkerung. Öffentlichkeitsarbeit für diese Interessensgruppen muss daher speziell an deren Bedürfnissen ausgerichtet sein, meinte man unter anderem in den Schlussfolgerungen dieser Medienanalyse.

Auch wild lebende Wölfe sind von Menschen abhängig, jene in Gehegen sowieso

Heute kommt kaum ein Tiergarten, kaum ein Zoo oder Wildpark ohne Wolfshaltung aus. Dabei lösen erst seit wenigen Jahrzehnten großzügige Freigehege die teils recht engen Gitterverließe der historischen Zoos und Menagerien ab. Die Gehegegrößen liegen meist zwischen 1000 m^2 und mehreren Hektar. Auch dieser Wandel in der Haltung von Wölfen zeigt, dass solche Wolfshalter ihre Wölfe nicht mehr als Bestien und Schautiere präsentieren wollen, wie es in früheren Jahrhunderten üblich war, sondern als scheue Wildtiere. Gehegegröße ist zwar nicht der einzige wichtige Parameter in der Wolfshaltung, aber sie hilft gegen allzu großen Stress durch Gehegehaltung, besonders im Fall von nicht-menschensozialisiert aufgezogenen Wölfen. Auch in größeren Gehegen benötigen Wölfe Ruhezonen, in die sie sich zurückziehen können und erst recht natürlich in kleineren Gehegen. Daher sollten Wolfsgehege auch nicht von allen Seiten durch Besucher begeh- und einsehbar sein. Dies gilt vor allem für kleine Gehege, wie sie in manchen unter Platzmangel leidenden Zoos immer noch anzutreffen sind. Wohl in Anerkennung der oft sehr beschränkten räumlichen Möglichkeiten der Zoos schreibt das österreichische Tierschutzgesetz lächerliche 600 m^2 Mindestfläche für ein Paar Wölfe vor, plus Zuschläge für weitere Tiere. Vor allem wenn europäische Wölfe auf solch kleinen Flächen gehalten werden sollen, ist es anzuraten, die Tiere per Hand aufzuziehen, um sie durch die nahen Besucher nicht allzu sehr zu stressen.

Die Zahl der in Zoos und Wildparks gehaltenen Wölfe kann nur grob geschätzt werden. Für Deutschland, Österreich und die Schweiz werden etwa 1000 zooähnliche Tierhaltungen angegeben, darunter allerdings auch Schmetterlingshäuser und dergleichen. Wenn nur 200 dieser Institutionen Wölfe halten, bedeutet dies ca. 1000 Gehegewölfe. In Eurasien und Nordamerika sind es sicherlich tausende Wölfe, die gehalten werden, um von Menschen betrachtet zu werden. Da mit Ausnahme weniger Unterarten Wölfe nicht wirklich in ihrem Bestand gefährdet sind, dient die Gehegehaltung von Wölfen der Vermittlung von Wissen und dem Abbau von Vorurteilen und Missverständnissen, zumindest in guten Zoos und Wildparks.

Kaum grob abzuschätzen ist, wie viele mehr oder weniger zahme Wölfe von Privatpersonen gehalten werden. Dies scheint besonders in Osteuropa gar nicht so selten zu sein. In Deutschland sind Wolf-Hund-Mischlinge bis in die vierte Generation melde- und genehmigungspflichtig, was jedoch oft umgangen zu werden scheint. Besonders populär ist die Haltung von Wolf-Hund-Hybriden in den USA, wo es offiziellen Schätzungen zufolge zur letzten Jahrtausendwende bis zu 500 000 (!) solcher Tiere gab. Vor allem werden Deutsche Schäferhunde, Huskys und Alaska Malamute mit Wölfen gekreuzt. Es ist wohl der Wunsch nach einem exotischen Haustier bzw. nach der Nähe zum Wolf, der so viele Menschen motiviert, mit solchen Hybriden zu leben. Allerdings fristen viele in Verschlägen und Hinterhöfen ein unwürdiges Dasein, wenn der Besitzer nicht mit ihnen zurechtkommt oder ihrer überdrüssig wird. Und nicht zuletzt verursachen zahme Wölfe und Wolfshybriden mehr Unfälle als Hunde.

Dies bedeutet, dass etwa 100 000 oder mehr Zuchtwölfe privat in den USA gehalten werden, um den boomende Markt für Wolfshybriden am Laufen zu halten. Im Gegensatz dazu schätzt man die Zahl der in Nordamerika frei lebenden Wölfe auf etwa 65 000. Es gibt in den USA also vermutlich mehr Wölfe in Privathaltung als in freier Wildbahn. Freilich nehmen sich diese Zahlen bescheiden aus, verglichen mit der Zahl der domestizierten Wölfe, die wir Hunde nennen. So lebten um 2012 etwa sieben Millionen davon in Deutschland, der Schweiz und Österreich. In der Alpenrepublik allein sind es ca. 700 000 Hunde in Gesellschaft von 1,5 Millionen Menschen. Für die Vereinigten Staaten von Amerika wurden für 2007 unglaubliche 72 Millionen Hunde angegeben. Grob gerechnet gibt es daher 7000-mal mehr Hunde in den USA oder anderswo auf der Welt als frei lebende Wölfe.

Indirekt hängt heute natürlich die Existenz jedes einzelnen frei lebenden Wolfes von Bedingungen ab, die von Menschen bestimmt werden, und wenn es nur Wilddichten und Klima sind. Auch heute noch leben Wölfe von menschlichen Abfällen und frequentieren offene Mülldeponien oder suchen ihre Nahrung nächtens inmitten menschlicher Ansiedlungen, so in Italien oder Rumänien und vermutlich in einer Reihe anderer Länder. Das ist keine schöne Vorstellung und zudem potentiell gefährlich, da auf diese Weise Wölfe nahe an Menschen herangeführt werden und ihre Scheu verlieren können.

Verdrängung und Wiederausbreitung der Wölfe

Gegenwärtig leben in Europa etwa 20 000 Grauwölfe, in Russland 40 000 und auf dem nordamerikanischen Kontinent etwa 65 000, über 50 000 davon in Kanada. Heute expandieren die meisten Wolfspopulationen in Europa und den USA. Das war nicht immer so. Noch bis 1960 sah es für die Wölfe düster aus. Dabei bestimmt stets – direkt oder indirekt – die „Schwesterart" Mensch, ob Wölfe zurückgehen, ganz verschwinden oder aber ihre Verbreitung wieder ausdehnen. Die ursprüngliche Balance zwischen Menschen und Wölfen kippte im Verlauf der letzten Jahrtausende und Jahrhunderte zunehmend zu Ungunsten der Wölfe, zumindest in Europa. Die seit der Völkerwanderungszeit rasch anwachsende Bevölkerungsdichte, die Sesshaftigkeit und Haustierhaltung sowie das Christentum als Ko-Faktor machten dem Wolf zu schaffen. Eher wolfsfördernd wirkten sich hingegen die für das Vieh der Menschen geschaffenen zusätzlichen Weideflächen aus, die auch von Wild genutzt werden und so die Lebensgrundlage für Wölfe verbesserten.

In der griechisch-römischen Antike hatte man noch eine vorwiegend positive Einstellung zu Wölfen. So wurde Rom etwa 750 vor Christus dem Mythos zufolge von Romulus und Remus gegründet, den beiden von einer Wölfin gesäugten Findelkindern. Allerdings war die Beziehung ambivalent; die meisten der damals aus unterschiedlichen Gründen ausgesetzten Säuglinge wurden wohl von Wölfen beseitigt. Dass die Menschen Wölfen gegenüber immer auch Respekt hatten, hinderte sie nicht daran, Wölfe aus Eigeninteresse zu nutzen oder zu bekämpfen. Schon die Römer entvölkerten auch die Wälder nördlich der Donau in ihrem unersättlichen Bedarf an Tieren für die Manege. Jedes Provinznest, jedes größere Militärlager hatte seine Arena, jede Stadt ihr Kolosseum. Tierkämpfe waren beliebt und der Bedarf an wilden Tieren enorm. So wurden manche Bärenpopulationen an den

Rand des Aussterbens gedrängt und Wolfspopulationen ausgedünnt. Allerdings kompensieren Wölfe aufgrund ihrer hohen Vermehrungsrate und ihrer Beweglichkeit solche Verluste in kurzer Zeit. Und Wölfe waren wohl aufgrund ihrer Scheuheit auch keine idealen Kampftiere für die römische Arena.

In Europa waren über Mittelalter und Neuzeit die kurzen Perioden des Friedens immer auch Zeiten der Verfolgung von Wölfen. Bis vor 70 Jahren führte man in Europa ständig Kriege, beispielsweise den „Hundertjährigen Krieg" 1337 bis 1453, im Zuge dessen vor allem in Frankreich viele Menschen starben. Den Wölfen ging es gut bei dieser reichen Nahrungsversorgung, aus denselben Gründen, die während des Vietnamkrieges zu hohen Dichten der dortigen Tigerpopulationen führten. Freunde macht man sich als Wildtier nicht, wenn man sich an menschlichen Leichen vergreift. Auch, wenn man nichts dafür kann, dass diese Menschen zu Tode kamen. So erwarben sich die schwarzen Raben und Krähen im Mittelalter ihren schlechten Ruf, als man es für angebracht hielt, Exekutierte zur Abschreckung noch eine Zeit lang hängen zu lassen. Diese „Galgenvögel" teilten sich einträchtig die Toten und Schwerverwundeten der Schlachtfelder, die zu versorgen oder zu begraben man noch bis ins 19. Jahrhundert nicht für nötig hielt. So kamen wohl auch die Wölfe in den schlechten Ruf, Menschenfresser zu sein. Im Wesentlichen verliefen die „Kriege" zwischen Menschen und Wölfen um Gebiete und Ressourcen recht einseitig; nahezu immer zogen die Wölfe den Kürzeren. Unklar bleibt, ob durch den hohen Jagddruck auf Wölfe in Europa und durch die intensiven Beziehungen zu den Menschen über mehr als zwei Jahrtausende auch eine wesentlich stärkere Auslese auf Scheuheit stattfand, als dies bei den Wölfen auf dem nordamerikanischen Kontinent der Fall war. Wirkliche Vergleichsdaten gibt es dazu allerdings nicht. Alternativ dazu könnte es natürlich auch sein, dass auf dem nordamerikanischen Kontinent im Schnitt größere Beute als in Europa zur Verfügung stand, etwa in Form von Bisons und Wapitihirschen, was die Zusammenarbeit bei der Jagd förderte und damit auch eine relativ hohe Toleranz und Friedfertigkeit innerhalb der Rudel.

Gerade in Europa ist der Wolf der wohl charismatischste Beutegreifer und daher im Denken und in den Mythen der Menschen sehr präsent. Vielleicht hängt damit auch zusammen, dass die Wölfe in Europa, abhängig von lokalen und vor Ort gewachsenen Kulturen und Traditionen, immer noch mehr respektiert wurden als die nordamerikanischen Timberwölfe zusammen mit den menschlichen Ureinwohnern von den aus allen Weltgegenden einwandernden Neubesiedlern der USA und Kanadas. Aber besonders einfach war das Leben für Wölfe auch in Europa nicht. Bereits im 16. Jahrhundert wurden Wölfe in England ausgerottet, bis etwa Mitte des 19. Jahrhunderts auch in Zentraleuropa. Auch in den damals viel dichter als heute besiedelten Alpen gab es kein Entrinnen. Als Art war der Wolf in Europa allerdings niemals gefährdet. Er überlebte in den Randzonen und in weniger dicht besiedelten Gebieten wie den Abruzzen oder in den Bergen im Nordwesten der iberischen Halbinsel. In den 1960er Jahren erreichten die europäischen Populationen ihren Tiefststand, was die Individuenzahlen und auch was die Zersplitterung betraf. Die größten Wolfsbestände lebten mit mehreren tausend Tieren noch in Rumänien, Bulgarien und den früheren Sowjet-Republiken. Direkte Verfolgung und geringe Beutetierdichten waren wohl die Hauptfaktoren für das Schwächeln der Wölfe in Europa. Anpassungsfähig, wie sie auch aufgrund ihrer geistigen Fähigkeiten sind, wichen sie auf Abfall und landwirtschaftliche Nutztiere aus und überlebten etwa in Rumänien oder in den italienischen Abruzzen.

Seitdem nehmen in Europa und auch in den USA die Wolfsbestände wieder zu und erobern Teile ihres angestammten Lebensraums zurück, was zu manchen Konflikten mit den dort lebenden Menschen führt. Denn die Bedürfnisse von Wölfen und Menschen sind einander zu ähnlich, als dass ein konfliktfreies Zusammenleben denkbar wäre. Wölfe als Mitbewohner gibt es nicht zum „Nulltarif". Manche Bevölkerungsgruppen am Land sind stärker durch Wölfe betroffen als die gewöhnlich ebenso wolfsfreundlichen wie wolfsfernen Städter. Daher ist heute vor allem ein gutes Konfliktmanagement unumgänglich, um ein nachhaltiges Zusammenleben zwischen Menschen und Wölfen zumindest im labilen Gleichgewicht zu ermöglichen.

Der italienische Wolfsexperte Luigi Boitani nennt drei Hauptfaktoren für die Rückkehr der Wölfe in Europa: Erstens verlassen seit Beginn des 20. Jahrhunderts die Menschen ihre angestammten ländlichen Gebiete, was sich seit dem Zweiten Weltkrieg noch beschleunigt hat. Sie siedeln sich in den Städten an. Diese „Landflucht" schafft erneut Raum für die großen Beutegreifer Wolf, Bär und Luchs, zumal auch das Wild im Europa der letzten 50 Jahre höhere Dichten erreichte als all die Jahrhunderte zuvor. Der sozio-ökonomische Wandel der

Menschen schuf also wieder Lebensraum und Nahrung für den Wolf. Zweitens veränderte sich parallel dazu, vor allem getragen von der städtischen Bevölkerung, die Einstellung zu Ökologie, zu Natur- und Artenschutz. Es wurde zum allgemeinen Anliegen, Natur und Tiere nicht nur im fernen Afrika zu erhalten, sondern auch dort, wo man selber lebt. Letztlich führten diese Veränderungen in den Köpfen der Menschen dazu, dass Artenschutzkampagnen von Behörden und NGOs sowie eine entsprechende Gesetzgebung auf nationaler und EU-Ebene den Wölfen wieder mehr Luft verschafften.

Trotz aller illegaler Abschüsse und Vergiftungsaktionen, trotz anhaltender Widerstände von Seiten der Jäger und Schafzüchter breiten sich Wölfe derzeit wieder über weite Teile Europas aus. Sie tun dies nicht unbedingt unter Nutzung von Schutzgebieten und in menschenleeren Korridoren, sie werden vielmehr zunehmend zu Kulturfolgern. So etwa lebten um 1980 angesichts der Wiedereinwanderung der ersten Wölfe nach Schweden vor allem die Menschen in Stockholm in einem Zustand freudiger Erwartung. Die Stimmung kühlte allerdings rasch ab, als klar wurde, dass sich die Wölfe keineswegs im menschenleeren Nordschweden, sondern im landwirtschaftlich genutzten Süden ansiedelten, inmitten von Wochenendhäusern, Bauern und Schafzüchtern. Und als die ersten Bilder von durch Wölfe getöteten und halb verspeisten Jagdhunden durch die Zeitungen gingen, natürlich mit entsprechend reißerischem Text unterlegt, war es mit der Wolfsliebe der Schweden nicht mehr sehr weit her. Denn auch viele Städter sind dort Jäger und betrachten ihre Hunde als Familienmitglieder.

So wurde aus dem Wolf als Symbol der wiederkehrenden, geachteten, wilden Natur rasch der „böse" Wolf. Die Population erreichte über 200 Individuen und erst unlängst wurde begonnen sie wieder mittels Abschuss zu dezimieren, mit der Begründung, dass es unter diesen Wölfen verstärkt zu Inzucht käme. Wie in den USA auch, werden in Skandinavien genetische Argumente heute vielfach gegen den Schutz von Wölfen instrumentalisiert. „Wolfskontrolle" durch Abschuss verschärft im Übrigen eher diese Problematik, als sie zu mildern. Die Wölfe in Europa können eigentlich als einzige große Meta-Population, also als eine Einheit miteinander letztlich genetisch kommunizierender Populationen, betrachtet werden. Besonders junge Tiere verbreiten sich über weite Wanderungen und sorgen so zumindest theoretisch für den Austausch von Genen über große Gebiete.

Man unterscheidet in Europa acht größere und zwei kleinere Unterpopulationen. Eine dieser Populationen mit Unterart-Status bildet mit etwa 3000 Individuen der schlanke, relativ kleine und recht farbkräftige iberische Wolf, der sich generell auf dem Vormarsch befindet. Allerdings gelten zwei seiner kleineren Unterpopulationen, eine in Spanien, eine in Portugal, als gefährdet. Eine besondere Erfolgsgeschichte können die italienischen Wölfe erzählen. Mit unter 100 Tieren um 1960, von Wilderern teils mit Gift verfolgt, waren sie am Aussterben und zudem durch Vermischung mit Haushunden gefährdet. Doch auch diese Wölfe hielt ihre kulturelle Andersartigkeit gegenüber wildlebenden Haushunden einigermaßen reinerbig. Rasch breiteten sich seit den 1960er Jahren die relativ kleinen italienischen Wölfe nach Norden aus und besiedeln heute die Westalpen in Frankreich und der Schweiz, Südostfrankreich, den östlichen Pyrenäen und Katalonien. Aus der Schweiz wandern diese Wölfe auch gelegentlich nach Österreich ein. Heute leben wieder etwa 800 Wölfe in den Apenninen, maximal etwa 200 in den Westalpen.

Eine besonders große Population von etwa 5000 mittelgroßen Wölfen besiedelt den Balkan durchgehend von Griechenland und Bulgarien über Albanien, Bosnien und Serbien nach Kroatien und Slowenien. Weitere etwa 5500 relativ große Wölfe bilden die über Rumänien, Ungarn, die Ukraine, Polen, Tschechien und die Slowakei verteilte Karpatenpopulation. Sowohl Balkan- als auch Karpatenwölfe wandern gelegentlich nach Österreich ein. Etwa 23 000 baltische Wölfe leben hauptsächlich in Russland, aber auch in Polen, den baltischen Staaten, Weißrussland und der Ukraine. Aus dieser Population wanderten Wölfe von Osten her nach Deutschland ein. Weiters bevölkern etwa 1000 karelische Wölfe Finnland und das karelischen Russland. Nur etwas weniger als 300 skandinavische Wölfe leben in Schweden und auch in Norwegen, wo sie allerdings mittels starker Bejagung auf etwa 30 Tieren stabil gehalten werden, was mögliche Probleme mit Nutztieren eher verschärft als behebt und unweigerlich zu jenen genetischen Engpässen führen wird, die man dann trefflich nutzen kann, um solchermaßen ingezüchtete Wölfe ganz loszuwerden.

Schutz, Konflikte und Erfolgsgeschichten

Heute sind Wölfe über weite Teile Europas durch die am 19. September 1979 verabschiedete „Berner Konvention" geschützt sowie durch die Europäische Habitatinitiative vom 21. Mai 1992. Theoretisch ist damit der Wolf in ganz Europa vollständig geschützt. Aber nicht in allen Ländern erfüllt man alle Bestimmungen der mittlerweile von der Europäischen Kommission als Standard akzeptierten Berner Konvention. So werden vielerorts Wölfe gejagt, etwa in sechs Gemeinden Nordspaniens, wo die jährliche Abschussquote 19 % des Bestandes beträgt, von der Wilderei ganz zu schweigen. Obwohl Kompensationszahlungen an Landwirte und Schafzüchter nicht unumstritten sind, helfen sie mit, dass die Betroffenen akzeptieren, mit Wölfen zu leben. Solche Kompensationszahlungen werden in Italien, Frankreich, Schweden, Finnland, Portugal, Slowenien, Kroatien und Spanien geleistet. Die jährlich in allen diesen Ländern zusammen aufzuwendende Summe beträgt weniger als 20 000 Euro. Nicht gerade eine Summe, die im reichen Europa eine Hürde für den Wolfsschutz darstellen sollte ... Verständlicherweise leisten die durch Wölfe direkt betroffenen Menschen gegen ihre Ausbreitung Widerstand. Das sind vor allem Jäger und Schafzüchter, wenn auch aus unterschiedlichen Gründen. Über diese beiden Gruppen hinweg wird der Wolfsschutz nirgends zu verwirklichen sein. Es bleibt nun mal ein Grundprinzip der Demokratie, dass die demokratische Mehrheit, also in diesem Fall die Menschen in einem Land, die dem Schutz der Wölfe positiv gegenüberstehen, mit den Interessen von Minderheiten, in diesem Fall der Jäger und Schafhalter, sensibel umzugehen haben.

Andererseits ist es natürlich auch nicht akzeptabel, dass sich eine Gruppe wie die Jägerschaft durch großflächige Vernetzung mit Wirtschaft und Politik in undemokratischem Maß Einfluss und Aktionsfreiheit auch dem Wolf gegenüber verschafft. Ist es überhaupt möglich, die Interessen der Jäger und Nutztierhalter mit der Berner Konvention in Einklang zu bringen, also dem recht strengen ganzjährigen Schutz der Wölfe in Europa? In der ostdeutschen Lausitz zeigt man, wie das gehen kann. Dort begleiteten NGOs wie die Gesellschaft zum Schutz der Wölfe bereits die ersten Einwanderungen von Wölfen in den 1990er Jahren mit Monitoring und zumindest dem Versuch, lokal und deutschlandweit Aufklärungsarbeit zu leisten. Und natürlich mit Geld, was es wesentlich erleichterte, diese Aktivitäten auch in Kooperation mit den Behörden zu fördern.

In der Praxis wird in so genannten „Wolfsgebieten“, in denen sich bereits Rudel ansiedelten (zumindest ein Paar mit seinen Jungen),

Schafzüchtern Unterstützung angeboten, beispielsweise Elektrozaunanlagen und sogar Herdenschutzhunde, die man im Falle einer akuten Wolfsgefährdung kostenlos anfordern kann. Nimmt ein Schafzüchter diese Unterstützung an und es kommt dennoch zu Verlusten, so werden diese ersetzt. Weigert sich ein Landwirt jedoch zu kooperieren, entfällt die Kompensation im Ernstfall. Jäger erhalten keine Kompensation – dazu gäbe es auch wenig Grund. Denn Untersuchungen zeigen, dass die Wölfe der Lausitz die Dichten ihrer Hauptbeute, etwa der Rehe, nicht sonderlich beeinflussen, aber für gesunde und vitale Wildbestände sorgen. Diese Erfahrungen überzeugen immer mehr Jäger, vor allem jüngere. Trotzdem freuen sich auch in der Lausitz die Jäger und Schafzüchter nicht sonderlich über die wieder heimisch gewordenen Wölfe. Und immer noch gibt es illegale Abschüsse. Doch man hat zumindest ein labiles Gleichgewicht erreicht. Die Elemente dieser Einigung waren tatkräftige NGOs sowie Behörden mit Rückgrat. Daher war vor allem ein effizientes Konfliktmanagement entscheidend, man arbeitet mit den Betroffenen und setzte sich nicht über sie hinweg. Diese Vorgansweise könnte als Modell für ganz Europa dienen, vor allem auch für Österreich.

Auch anderswo läuft es vielversprechend für die Wölfe, etwa in den italienisch-französischen Westalpen. Dort lebten 2012 wieder 33 Wolfsrudel von je vier bis fünf Tieren zwischen Ligurien und dem Mont Blanc, gleich viele etwa auf italienischem und französischem Staatsgebiet. Noch vor 30 Jahren galt der Wolf in den Alpen als ausgerottet. In Mittel- und Süditalien, in den unwegsamen Bereichen der Apenninen, schafften es allerdings einige Rudel zu überleben. Von dort aus gingen in den 1980er Jahren wieder die ersten Wölfe auf Wanderschaft gen Nordwesten. Sie trafen offenbar auf gute Lebensbedingungen und im Winter 1993/94 fanden Wissenschafter im Schutzgebiet Parco Naturale delle Alpi Marittime erstmals wieder die Spuren eines Wolfsrudels. Dies bedeutet allerdings, dass nun die Alpen von den relativ kleinen Wölfen aus dem Süden besiedelt werden, während für die Vergangenheit eher eine Kontinuität der Alpenwölfe mit dem Balkan und den Karpaten anzunehmen ist.

Einige Jäger, Hirten und Bergbauern betrachten Wölfe als Schädlinge. Wölfe werden illegal erschossen oder mittels Giftköder getötet. Doch auch in den Südwestalpen sind die Konflikte zwischen Mensch und Wolf grundsätzlich lösbar. So greift im Piemont ein umfassendes

Maßnahmenpaket, einschließlich Entschädigungszahlungen, um Viehherden vor Wölfen zu schützen. Mehr als 70 Maremmano-Herdenschutzhunde sind bereits im Einsatz und es werden Elektrozäune, akustische Schrecksignale und Blitzlichter zum Abhalten und Abschrecken der Wölfe eingesetzt. Alle diese Vorsorgemaßnahmen sind übrigens kostenlos für die Betroffenen. Zudem gibt es finanzielle Anreize für Viehhalter in Wolfsgebieten, ihre Almen gegen Wolfsübergriffe abzusichern.

So stagniert trotz wachsender Wolfspopulation im Piemont seit der Jahrtausendwende die Anzahl der Angriffe auf Weidetiere. Pro Rudel gerechnet nimmt die Häufigkeit sogar ab, von mehr als 14 im Jahr 2000 auf derzeit etwa zehn jährlich, Tendenz sinkend. Die Entwicklung gleicht also jener in der Lausitz. Sicherlich tragen dazu nicht nur die Schutzmaßnahmen für Viehherden bei. Wie auch in der Lausitz bevorzugen etablierte Rudel, die man in Ruhe lässt, Wildtiere als Beute. Die Eroberung des Alpenraums wird jedoch ihre Zeit brauchen, denn die Sterblichkeit der Wölfe ist hoch: Etwa 76 % des Wolfsnachwuchses in den Westalpen kommen im Moment vorzeitig ums Leben, mehr als ein Drittel durch Straßenverkehr, knapp die Hälfte durch Wilderer. Dennoch gelingt es den Tieren, sich weiter auszubreiten.

Einfach wird der Schutz der einwandernden Wölfe nie und nirgends sein. Es wäre ein Irrtum, zu glauben, dass es irgendwann ein für allemal „geschafft“ sein könnte. Denn die Interessen von Menschen entwickeln sich dynamisch und wenn Mensch gegen Wolf steht, geht die Sache meist für den Menschen aus, wie die lange Geschichte dieser Beziehung zeigt. Der einzige Schutz der Wölfe gegen Menschen sind andere Menschen. Das Management dieser Beziehung ist zwar selbst in Demokratien schwierig, aber es ist langfristig die einzige Basis für ein nachhaltiges Zusammenleben zwischen Mensch und Wolf. Nichts in diesem Zusammenhang ist endgültig; auch der strenge Schutz der Wölfe in Europa ist nicht in Stein gemeißelt. Es kann sich der Schutzstatus der Wölfe auch wieder verschlechtern, wie jüngst in einigen Bundesstaaten der USA geschehen, was prompt einen erhöhten Jagddruck auf Wölfe außerhalb der Schutzgebiete nach sich zieht.

So wird es auch in Europa beständiger Anstrengungen bedürfen, wenn man mit Wölfen leben und sie schützen will. Die Voraussetzungen dazu sind allerdings nicht schlecht. Zu diesem Ergebnis könnte man kommen, wenn man eine von Luigi Boitani gelistete Reihe von

Faktoren, die generell dem Wolfsschutz entgegenstehen können, auf Europa bezieht: Beispielsweise sind kleine Ausgangspopulationen und die damit verbundenen genetischen Engpässe in Europa wegen des möglichen Genflusses innerhalb der Metapopulation nicht sonderlich bedrohlich. Eher schon trifft es zu, dass sich Wölfe mit der Wiederbesiedlung von Lebensräumen schwer tun, weil diese bereits vom Menschen genutzt werden.

Generell ist allerdings die Eignung und Verfügbarkeit von Habitaten im dicht menschenbesiedelten Europa recht günstig für die Wölfe. Die Landflucht und die Strukturierung der Natur- und Kulturlandschaft sowie die wölfische Anpassungsfähigkeit machen dies möglich. Dass Wölfe zu Kulturfolgern werden können, erhöht natürlich auch das Konfliktpotential mit Menschen. Das betrifft etwa die Konflikte mit landwirtschaftlichen Nutztierhaltern, die meist zu Recht befürchten, durch Wölfe Einbußen zu erleiden, zumindest anfangs, wenn die Wölfe neu einwandern. Herdenschutzmaßnahmen sind oft relativ kostenintensiv und können die ohnehin geringen Gewinnspannen der Schafzucht in Europa kosten. Daher ist es sicherlich angebracht, dieser Gruppe Unterstützung und Kompensation anzubieten.

Ein großes Plus für Europa stellt seine aufgeklärte, gut gebildete und ökologiebewusste Öffentlichkeit dar, mit im Wesentlichen wolfsfreundlicher Einstellung. Man weiß einigermaßen über die Bedürfnisse von Wölfen Bescheid und ist bereit, sich für ihren Schutz ideell und materiell zu engagieren, wobei nicht nur die städtische Bevölkerung an einem Schutz der Wölfe interessiert ist. Die oben erwähnte Studie von Petra Kaczensky zur Einstellung der Deutschen zeigte, dass diesbezüglich wenig Unterschiede zwischen Menschen bestehen, die innerhalb oder außerhalb von Wolfsgebieten leben. Der bedrohlichste Faktor für den Wolfsschutz ist wohl die Zersplitterung der Gesetzgebung in den vielen, oft geographisch kleinen europäischen Staaten. Streifgebiete von Wölfen können groß sein und Einzeltiere können als „disperser" in kürzester Zeit hunderte Kilometer und damit auch Landesgrenzen überwinden. In verschiedenen Ländern gibt es oft große Unterschiede bezüglich Bejagung, Wilderei, Einstellung von Menschen und generell der spezifischen Schutzmaßnahmen und Lebensbedingungen, die Wölfe vorfinden.

So etwa schätzte man die Wolfspopulation in Slowenien 2011 auf etwas weniger als 100 Tiere, zwölf davon wurden zum Abschuss freigegeben. Dies ist nicht nur mit der Berner Konvention unvereinbar, solch hohe Abschussquoten, wie sie auch in Nordspanien oder Norwegen üblich sind, schaden auch den Interessen der dort lebenden Menschen, denen es um die Minimierung der Wolfsschäden und der Konflikte geht. Denn erstens tendieren Wölfe wie andere Hundeartige dazu, Verluste durch starke Vermehrung mehr als nur zu kompensieren, Abschuss provoziert also eine Populationsexplosion. Und zweitens behindert eine Bejagung der Wölfe die Stabilisierung der Rudelstruktur. Nun weiß man beispielsweise durch Untersuchungen und Erfahrungen aus der Lausitz, dass sich vor allem einwandernde Wölfe mit noch instabilen Rudelstrukturen an Schafen vergreifen, während etablierte Rudel vorwiegend von lokalen Wildbeständen leben, die sie dadurch auch gesund halten.

Diese Erfahrung wurde 2012 durch eine groß angelegte Studie von Carina Wagner und Mitarbeitern über die Ernährungsgewohnheiten von Wölfen in Deutschland klar bestätigt. Jahrelang haben die Wissenschaftler Unmengen von Wolfslosung durchwühlt und analysiert. Das Ergebnis dieser ungustiösen, aber wichtigen Arbeit war, dass wilde Huftiere 96 % der Beute ausmachen, 3 % der Wolfsnahrung waren Hasen, der Rest andere Kleintiere. Rehe machten mehr als 55 % ihrer Beute aus, Rothirsche 21 % und Wildschweine 18 %. Schafe und andere Nutztiere spielen in der Ernährung der deutschen Wölfe faktisch keine Rolle mehr. Lokale Dichten von Rehen und Hirschen werden übrigens durch Wölfe kaum beeinflusst, mit Ausnahme von Mufflons, die allerdings kein einheimisches Wild sind. Mufflons waren im wolfsfreien Sardinien entstanden und wurden zur Bereicherung der Jagd vielerorts in Europa eingesetzt. Sie verschwanden in der Lausitz nach Einwandern der Wölfe. Saisonal variiert die Nahrungswahl geringfügig und von Wildschweinen werden vorwiegend Jungtiere genommen. So passten sich die Wölfe in nur zwei Generationen an die Bedingungen der Kulturlandschaft an und lernten, Nutztiere zu meiden.

Sind die Rudel in einem bestimmten Gebiet etabliert, steigt dort auch die Zahl der Wölfe nicht mehr an, da sie selber sehr effizient ihre Dichte regulieren. Es spielen sich lokal angepasste Gepflogenheiten ein, Nutztiere werden dann bei genügend Wildangebot gewöhnlich gemieden. Auf Basis der Beobachtungen im wolfsgesättigten Yellowstone-Nationalpark schätzt man, dass mindestens ca. 60 % der erwachsenen Wölfe durch andere Wölfe ums Leben kommen. Wölfe leben im

Grunde in einer „Kriegergesellschaft". Ihre Territoriums- und Rudelgrößen sind durch die Nahrungsdichte und die kriegerischen Aktivitäten ihrer Nachbarrudel bestimmt. Wilddichten hingegen werden nicht in nennenswertem Ausmaß von Wölfen verringert, sofern man sie lokal nicht bejagt.

Wölfe abzuschießen gehört daher zum Dümmsten, was man tun kann, wenn man in einem Gebiet Wolfsdichten und die damit verbundenen Konflikte gering halten und Nutztiere wie Wildbestände schützen will. All das erledigen Wölfe ohne Zutun des Menschen recht effizient selber. So freut der Wolfsabschuss in Slowenien und anderswo vielleicht die Wolfsjäger, dient aber sicherlich nicht dem nachhaltigen, konfliktarmen Zusammenleben.

Wölfe in Österreich

Das kleine Österreich liegt im Schnittpunkt dreier großer europäischer Wolfspopulationen, der italienischen, der dinarischen und der Karpatenwölfe. Noch im 19. Jahrhundert dominierte in Österreich bis weit ins Hochgebirge hinauf eine intensiv bewirtschaftete Kulturlandschaft. Selbst in den Alpen war damals der Waldanteil viel geringer als heute. Mit der Industrialisierung wanderte das ländliche Prekariat massiv in die Städte ab. Diese Landflucht hält im Wesentlichen bis heute an. Daher nahm die Waldbedeckung bis heute wieder auf etwa vier Millionen Hektar zu, das sind etwa 50 % der Gesamtfläche Österreichs. Jährlich kommen immer noch mehr als 1 % dazu, vorwiegend durch Aufforstung ehemaliger Almen und anderer landwirtschaftlicher Nutzflächen. Damit liegt Österreich hinter Finnland und Schweden an dritter Stelle der waldreichsten Länder Europas. Im Zusammenhang mit den sehr hohen Wilddichten ergibt dies nahezu ideale Lebensbedingungen für den Wolf. Allerdings nimmt auch die Zerstückelung der Waldflächen zu, etwa durch Verkehrsadern und den Wildwuchs der Häuslbauerei im ländlichen Raum. Letzteres beeindruckt Wölfe jedoch wenig. Neueste GIS-basierte Einschätzungen der Habitateignung, etwa durch das Forschungsinstitut für Wildtierkunde (FIWI), weisen Österreich als best geeignetes Siedlungsgebiet für Wölfe in Mitteleuropa aus. Man schätzt, dass es Platz für etwa 400 Rudel gibt, etwa gleich viel wie im zehnmal größeren Deutschland.

Paradoxerweise gelang es Wölfen dennoch noch nicht, in Österreich Fuß zu fassen. Seit Jahren wandern wie erwähnt Wölfe aus den umliegenden Populationen ein, es kam aber bislang noch nicht zur Rudelbildung, sei es weil sie weiterwanderten, von Autos überfahren oder illegal abgeschossen wurden. Ein im Frühjahr 2012 im niederösterreichischen Schneeberggebiet festgestelltes Wolfspaar könnte sich bereits 2013 vermehren und so ein erstes Rudel bilden – wenn sie bis dahin überleben. Unabhängig davon ist damit zu rechnen, dass es eines nicht allzu fernen Tages zur Bildung des ersten Rudels kommen wird. Es bleibt zu hoffen, dass für diesen Fall Management- und Konfliktbewältigungspläne in den Schubladen der zuständigen Behörden, Institute und NGOs liegen und man nicht aus purer Überraschung und Konzeptlosigkeit illegalerweise die Flinte bemühen muss – was angesichts der Erfolge in der Lausitz und im Piemont eine Schande wäre. Jene einfachen Maßnahmen, die dort zum Erfolg führten, sollten auch in Österreich machbar sein. Manche Jäger sehen Wölfe als Konkurrenten um „ihr" Wild und Gefahr für ihre Hunde an. Aber auch die Wolfsbefürworter verfügen über Sachargumente und sind nicht bloß spirituelle Träumer. Viele wissen, dass Wölfe als Top-Räuber vor allem wichtige Elemente im ökologischen Gefüge darstellen und zur Gesunderhaltung der Wildbestände beitragen. Und natürlich zählt auch das Ethik-Argument, dass Bär, Wolf und Luchs in Mitteleuropa Lebensrecht einzuräumen ist, wenn anderen Ländern ganz selbstverständlich große Opfer zum Schutz bedrohter Wildtiere abverlangt werden.

Wölfe essen gelegentlich Menschen, sind aber keine Menschenfresser

Unlängst lag ich entspannt im Gehege nahe an unserem damals dreijährigen Aragorn, einem schwarzen, großen Wolfsrüden. Die Nr. 2 in seinem Rudel begann neben mir am Oberschenkelknochen eines Rindes zu kauen, der alsbald splitterte, als wär's ein Salzstangerl. Aragorn hatte kein Problem mit meiner Anwesenheit. Vom Welpenalter weg machen wir unseren Wölfen ihr Futter nie streitig, weswegen sie uns offenbar nicht als Konkurrenten betrachten. Der Gedanke, dass dieser Wolf mich selber als Nahrung betrachten könnte, kam mir nicht, denn eine der wichtigsten sozialen Regeln sowohl bei Mensch als auch bei Wolf lautet offenbar: Freunde isst man nicht. Zumindest theoretisch wäre das natürlich möglich, zumal Wölfe ständig hungrig sind. Und sozusagen als Retourkutsche; denn dem Vernehmen nach aßen nicht nur die Chinesen in der Mongolei gelegentlich Wölfe. Aber das weiß Aragorn natürlich nicht. Menschen zu essen ist tatsächlich kein wirkliches Tabu für Wölfe. Sie gruben über die letzten Jahrtausende regelmäßig schlampig bestattete Tote aus und in den letzten Jahrhunderten fiel zumindest in Europa der eine oder andere Mensch hungrigen Wölfen als Jagdbeute zum Opfer. Allerdings unglaublich selten, wenn man bedenkt, welch einfache Beute Menschen eigentlich wären. Und das vor allem zu einer Zeit, als die Wilddichten in Europa gering waren und man, statt elektrische Weidezäune zu nutzen, das Vieh fernab der Dörfer noch von kleinen, barfüßigen Kindern beaufsichtigen ließ.

Wildlebende Wölfe scheinen sich für uns Menschen und unsere Aktivitäten zu interessieren, halten aber gewöhnlich Abstand und betrachten uns in der Regel nicht als jagd- und essbar. Im Verhältnis zu den Möglichkeiten, die Wölfe an sich hätten, passiert Menschen durch diese exzellenten Beutegreifer nahezu nichts. Mit Betonung auf „nahezu“. Wölfe sind keine notorischen Menschenfresser, gelegentlich aber kommt es zu Übergriffen. Im österreichischen WWF-Informationsblatt über Wölfe ist zu lesen: *„In Europa gibt es keinen bewiesenen Fall, dass ein gesunder wildlebender Wolf einen Menschen absichtlich angegriffen, getötet und gefressen hätte! Geschichten gibt es viele, aber sie sind das Produkt von Mythos, Phantasie und Übertreibung. Die Gefahr, von Hunden angegriffen zu werden, ist hingegen wesentlich größer.*“ Letzteres ist leider richtig, Ersteres bedauerlicherweise nicht.

Tausende Menschen fallen pro Jahr weltweit hungrigen Tigern, Löwen, Leoparden, Pumas und diversen Bären zum Opfer. Im Vergleich dazu sind Wölfe eher harmlos. Aber auch sie verletzen und töten gelegentlich Menschen. Dokumentiert wurde dies wohl bislang am objektivsten in einem vom NINA (Norsk Institutt for Naturforskning) publizierten umfangreichen Report der Large Carnivore Initiative for Europe durch ein Kollektiv von 18 ausgewiesenen europäischen Wolfsexperten. In dieser Studie werden unter dem Titel *„The fear of wolves: a review of wolf attacks on humans*“ nüchtern, sachlich und quantitativ die halbwegs dokumentierbaren Fälle von Wolfsopfern in Europa und anderswo über die letzten Jahrhunderte präsentiert. Wer hingegen literarisch bemerkenswerte Berichte zu Menschenblut im Schnee nordischer Wälder lesen möchte, welches mutmaßlich von Wölfen vergossen wurde, der greife zu *„Hunter and hunted*“. Dies ist eine sehr empfehlenswerte Grusellektüre mit erheblichem Realitätsbezug; ideal für lange Winterabende am Kamin, wunderbar nüchtern zu Papier gebracht von Hans Kruuk, einem Schüler und Biografen Niko Tinbergens, dem im Alter ein leichter Hang zum Dramatisieren nicht abzusprechen ist.

Tollwut und hungrige Wölfe: Wie Menschen durch Wölfe zu Schaden kommen können

Dabei braucht es gar keine Übertreibung, damit Gruseln aufkommt. Menschen kamen über die Jahrhunderte in größerer Anzahl insbesondere durch tollwütige Wölfe zu Schaden, aber auch als Beute und durch die Selbstverteidigung bedrängter Wölfe. Am gefährlichsten waren und sind tollwütige Wölfe, die über wenige Tage während des Höhepunkts ihrer Infektion die Scheu vor Menschen verlieren und diese zu suchen und ganz besonders rabiat anzugreifen scheinen. Nicht selten bissen solche Wölfe mehr als 30 Menschen in kürzester Zeit, meist in einem oder wenigen benachbarten Dörfern. Nicht selten führten solche Bissverletzungen, bei Kindern etwa in den Kopf, direkt zum Tod. Aber auch ein Kratzer bedeutete vor der Entwicklung der aktiven Tollwutschutzimpfung durch Louis Pasteur um 1890 eine beinahe sichere Verurteilung zu einem langsamen und qualvollen Tod in Wahnsinn und Atemlähmung. Tatsächlich kamen über die letzten Jahrhunderte in Europa und Asien tausende Menschen durch tollwütige Wölfe ums Leben.

Der früheste uns erhaltene Bericht über den Angriff eines tollwütigen Wolfes stammt aus dem Deutschland des Jahres 1557, der letzte derartige Angriff wurde 2001 in Lettland dokumentiert. Tollwutbedingte Angriffe sind durch die Respektlosigkeit des meist einzeln agierenden Wolfs vor Menschen sowie durch die Zufälligkeit der Opfer – Erwachsene und Kinder beiderlei Geschlechts – auch in historischen Berichten sicher zu erkennen. Mit dem Rückgang der Tollwut in der Wildpopulation sank diese Wolfsbedrohung zumindest in Europa drastisch. In Asien besteht sie immer noch massiv; allerdings wird Tollwut im tropischen und subtropischen Eurasien vorwiegend durch Straßenhunde, kaum aber durch Wölfe auf Menschen übertragen. Dass tollwütige Wölfe besonders menschenorientiert agieren, stützt übrigens den Eindruck des rätselhaften Interesses von Wölfen an uns und unserem Tun. Gut, dass im Gegensatz zu Menschen Wölfe in der Regel Alkohol verabscheuen und daher uns Menschen gegenüber nur selten enthemmt auftreten …

So bedrohlich und von der Zahl der Opfer bedeutend die Angriffe durch tollwütige Wölfe auch sein mögen, man neigt eher dazu, ihnen diese Attacken zu „verzeihen“, können sie doch in diesen Fällen nichts für ihr gefährliches Verhalten. Unheimlicher schon sind uns jene Angriffe auf Menschen, die ganz offensichtlich von gesunden und hungrigen Wölfen ausgeführt wurden. Sie sind vergleichsweise selten, tragen aber enorm zum schlechten Ruf der Tiere bei. Im Folgenden möchte ich mich daher um den „wahren Kern“ des Märchens vom Rotkäppchen kümmern, um schließlich auf den Fakten beruhend dennoch eine Lanze für den Wolf zu brechen.

Der oben erwähnte NINA-Report kann als seriöseste Quelle für beutemotivierte Angriffe auf Menschen gelten. Fündig wurden die Autoren in ihrer breiten Suche nach verlässlichen schriftlichen Aufzeichnungen vielerorts. In Europa fanden sich bedeutende historische Quellen vor allem in Frankreich, Estland und Norditalien, wohl weil dort Historiker systematisch gesucht hatten. Die bekannteste Serie von Ereignissen wurde aus der Gegend von Gevaudan in Frankreich berichtet, wo zwischen 1764 und 1767 mehr als 100 Menschen ums Leben kamen. Allerdings bleibt in diesem Fall unklar, ob Wölfe oder aber riesige Wolf-Hütehund-Hybriden die Übeltäter waren. Aus den drei erwähnten Ländern liegen glaubwürdige Aufzeichnungen vor über viele Episoden und mehrere 100 Wolfsopfer im Zeitraum zwischen 1750 und 1900. Weitere Berichte kommen aus Skandinavien.

In Norwegen etwa wurde 1900 ein sechsjähriges Mädchen von Wölfen getötet, in Schweden waren es vier Kinder zwischen 1727 und 1763 und elf Kinder sowie eine Frau um 1820; dieses so genannte „Gysinge Ereignis“ wurde allerdings von einer einzigen, menschennahe aufgezogenen und entlaufenen Wölfin verursacht. Auch in Finnland und Karelien häuften sich im 19. Jahrhundert Vorkommnisse, die meisten davon in fünf Clustern: 1831 in Kaukola, wo acht Kinder und eine Frau ums Leben kamen, 1836 in Kemio mit drei toten Kindern, 1839 bis 1859 in Kivennapa, mit 20 Kindern und einem Erwachsenen als Opfer. In Tammerfors kamen 1877 neun Kinder ums Leben und 1870 bis 1882 waren es in Abo bis zu 35 Kinder.

Der NINA-Report bleibt allerdings unvollständig. So berichtet der Historiker Gerrit Geraerdts von mindestens 12 Kindern, die um 1810 in Südostholland von Wölfen getötet wurden, nebst einigen weiteren, die verletzt wurden. Alle Angriffe geschahen bei Tag, die meisten im Spätsommer. Diese Berichte fehlen im NINA-Report. Im 20. Jahrhundert nahmen beutemotivierte Angriffe auf Menschen ab; so wurden 1937 fünf Kinder in Polen und 1957 bis 1974 vier in Spanien getötet sowie möglicherweise 36 Kinder um 1950 in der russischen Kirov-Region. Darüber wurde detailreich erzählt, wobei das letztgenannte Ereignis nicht formal über schriftliche Protokolle bestätigt werden konnte.

Tatsächlich scheint der Tod durch Wölfe auch heute noch nicht lückenlos aufgezeichnet zu werden. So etwa listet Hans Kruuk eine ganze Reihe von Vorfällen noch aus den späten 1980er Jahren auf, bei denen Kinder und Erwachsene auf ihrem Weg durch winterliche Wälder ganz offenbar von Wölfen erbeutet wurden. Dazu gehört beispielsweise die Geschichte des 60-jährigen Michael Amosov aus einer entlegenen Gegend Weißrusslands nahe an der russischen Grenze, nahe Gorodok. Am 21. Februar 1996 ging er von Zadrach zurück in seinen Weiler Bolonitza, etwa drei Kilometer über einen Karrenweg durch den Wald. Doch er kam nie an. Am nächsten Tag fand man auf halbem Weg Kampfspuren und Blut im Schnee sowie viele Wolfsspuren. Von Michael Amosov fand man nichts mehr.

Dieser Fall ist keine Ausnahme. Meist bleibt vom Opfer hungriger Wölfe nicht viel übrig, was eine wirklich zweifelsfreie Dokumentation als Wolfsvorfall erschwert. In derselben Gegend fiel zwei Monate früher ein 55-jähriger Holzfäller Wölfen zum Opfer, was durch die ganz wenigen Überreste zu belegen war. Und nochmals zwei Wochen früher erwischte es ein neunjähriges Mädchen, das ihr Lehrer bis nach Einbruch der Dunkelheit in der Schule behalten hatte. Den Lehrer erschoss der Vater, vom Kind blieb nur der Kopf. Offenbar gehen diese Vorfälle auf das Konto eines lokalen Rudels, welches die Zurückhaltung Menschen gegenüber verloren hatte. Gegen diesen Horror hilft offenbar ein Schluck Wodka allemal mehr als das Aufschreiben, um die Kunde der Nachwelt zu erhalten. Für die Bewohner solcher Gegenden besteht kein Zweifel, dass Wölfe gefährlich sein können. Das ist schrecklich, aber eben ein bekanntes Risiko, wozu sollte man es noch besonders dokumentieren? Kein Wunder, dass in Russland teilweise immer noch Abschussprämien für Wölfe bezahlt werden.

Keine Fälle tödlicher Attacken durch Wölfe auf Menschen sind für Nordamerika belegt, auch wenn von Pionieren haarsträubende Dinge erzählt wurden. Sie hielten Überprüfungen jedoch nicht stand. Allerdings gab es in den letzten 20 Jahren etwa zehn verletzte Menschen durch Wolfsattacken, vorwiegend in Schutzgebieten. Die dort lebenden Wölfe sind an Menschen gewöhnt und diese Gewöhnung stellt gerade in den USA und Kanada ein immer größeres Problem dar. Es kommt zunehmend in Mode, dass Menschen sich mit Wolfsrudeln „sozialisieren", was de facto meist nur eine Habituierung der Wölfe an die menschliche Anwesenheit bedeutet. Diese stehen in keiner sozialen Beziehung zu ihren Wolfsfreunden, sie dulden sie einfach um sich, sind an sie gewöhnt. Gelegentlich kommt es dann aus der Distanzlosigkeit heraus zu Angriffen auf diese Menschen, vor allem anscheinend durch junge Rüden. Die Menschen überleben das gewöhnlich, die Wölfe nicht immer, da es die verständliche Politik der Parks ist, solche „Problemwölfe" aus Sicherheitsgründen zu beseitigen. Dass die Menschen solche Attacken gewöhnlich überleben, bezeugt den Testcharakter dieser Angriffe. Denn ein Timberwolf, der ernsthaft vorhat, einen Menschen zu töten, schafft das in kürzester Zeit. Diese Wölfe wollten also die von ihnen angegriffenen Menschen offenbar nicht töten, sondern einmal überprüfen, ob man die lästigen Belagerer nicht vertreiben könne bzw. welche Kampfstärke sie hätten. Da an Menschen habituierte Wölfe auch unbeteiligte Menschen und nicht zuletzt sich selber gefährden, ist es schlicht unethisch und unverantwortlich, dem romantischen Impuls nachzugeben, sich mit wilden Wölfen zu „sozialisieren", wie es in manchen Büchern propagiert wird.

Auch veränderte Lebensbedingungen können dazu beitragen, dass Wölfe für den Menschen gefährlich werden. In Rumänien und in Italien gingen zumindest in der Vergangenheit manche Wölfe bei geringer natürlicher Beutedichte dazu über, sich an städtischen Mülldeponien zu versorgen, was sie immer wieder in viel zu engen Kontakt mit Menschen brachte und zu gefährlichen Situationen führte. Unter diesen Umständen können übrigens auch Kojoten gefährlich werden. In nicht wenigen Fällen attackierten diese kleineren Vettern der Wölfe in Nordamerika Menschen, wenn sie zuerst aus falsch verstandener Tierliebe vor allem in Picknick-Gebieten gefüttert wurden. Solchermaßen habituierte Tiere machen einen netten und zahmen Eindruck, es entsteht der Wunsch, sie zu streicheln, womit Unfälle geradezu provoziert werden. In US-Nationalparks kommt es nicht selten vor, dass Menschen durch ach so zahme Bisons verletzt werden oder sogar ums Leben kommen, wenn sie die großen Wildrinder partout zwischen den Hörnern kraulen wollen. In die Enge getriebene, nicht-menschenhabituierte Wölfe beißen selten zu, aber auch das ist schon passiert. Meist wurden Schäfer verletzt, die in Verteidigung ihrer Tiere den angreifenden Wolf mit einem Stock attackierten. Allerdings wurde kein einziger Todesfall durch eine solche Abwehraggression eines Wolfes bekannt.

Im Gegensatz dazu kann man den meisten von Wölfen verspeisten Menschen nicht nachsagen, sie hätten Wölfe nicht respektiert bzw. sich nicht vor ihnen gefürchtet. Auch aus Indien liegen zu diesem Thema seit dem 19. Jahrhundert verlässliche Aufzeichnungen vor. In den vergangenen 20 Jahren wurden in den Provinzen Uttar Pradesh, in Bihar und in Andhra Pradesh eine Reihe von Vorfällen untersucht, denen mindesten 273 Kinder zum Opfer gefallen sein sollen. Die belegten Wolfsattacken ergeben ein klares Bild: Beutemotivierte Angriffe erfolgen in Eurasien zu etwa 90 % auf Kinder vor der Pubertät. Die restlichen zehn Prozent machen hauptsächlich Frauen aus. Erwachsene Männer werden dagegen selten angegriffen. In einigen Fällen rissen übrigens die Serien ab, als eine bestimmte Wölfin erlegt wurde. Dies unterstreicht die Möglichkeit, dass Wölfinnen eher dazu neigen, ihr Beutespektrum auf Menschen auszudehnen, während Attacken durch Rüden vorwiegend verteidigungsmotiviert zu sein scheinen.

In ihrer Bevorzugung von Kindern als menschliche Beute zeigen sich im Übrigen die natürliche Vorsicht von Wölfen und ihre generelle Vorliebe für schwache und ungefährliche Beute. Durch diese Verhaltensneigung ihrer Hauptbeute gegenüber werden sie ja auch zur Gesundheitspolizei, welche die Wildbestände wesentlich besser in Schuss hält, als dies selbst die sorgfältigsten menschlichen Jäger vermögen. Der Fokus auf Kinder macht Wölfe nicht gerade sympathischer. Dadurch sind solche beutemotivierten Angriffe von jenen durch tollwütige Wölfe zu unterscheiden, die alle Menschen attackieren, die ihnen, nachdem sie sich in Menschennähe begaben, zufällig begegnen. Zudem erreichen solche Angriffe durch tollwütige Wölfe ihren Höhepunkt im Winter und im Frühling, die beutemotivierten Angriffe dagegen im Spätsommer, wenn einerseits die Rudel bereits recht große Welpen versorgen müssen und andererseits kleine Kinder mit dem Vieh zum Weiden geschickt wurden.

Sicher leben mit immer mehr Wölfen

Als Schlussfolgerung könnte man eine schlechte und eine gute Nachricht ableiten. Die schlechte zuerst: Wenn in die NINA-Dokumentation der Wolfsopfer nur die sehr gut dokumentierten Fälle Eingang fanden, muss die Dunkelziffer erheblich sein, insbesondere aus Gegenden, in denen Wölfe mit relativ armen Menschen zusammenlebten, für die die Dokumentation von Unfälle mit Wölfen keinen hohen Wert hatte. Die gute Nachricht dagegen lautet, dass es neuerdings trotz zunehmender Wolfszahlen und -dichten zumindest in Europa kaum noch Wolfsopfer gibt. Heute leben wieder bis zu 20 000 Wölfe in Europa, 40 000 in Russland. Dennoch wurden offenbar in den letzten 50 Jahren lediglich vier Menschen in Europa und ebenfalls vier in Russland Opfer nicht-tollwütiger Wölfe und vier weitere Menschen kamen in diesem Zeitraum durch tollwütige Wölfe ums Leben. Das sind immer noch zuviel. Dennoch ist zu bedenken, dass das Risiko für Städter damit gleich null ist und für Landbewohner nahezu gegen null geht. Wesentlich mehr Menschen kommen jährlich durch Hunde zu Schaden und sogar ums Leben, durch den Straßenverkehr sowieso. Das Risiko durch Wölfe zu Schaden zu kommen ist somit deutlich geringer als durch den sprichwörtlichen Dachziegel; und viel, viel geringer als jenes, durch einen Blitz erschlagen zu werden.

Nachdem sich das Wesen der Wölfe über die letzten paar 100 Jahre nicht sonderlich verändert haben kann, muss diese erhöhte Sicherheit trotz sich erholender Wolfspopulationen auf menschengemachte Umstände im Lebensraum der Wölfe zurückzuführen sein. Insbesondere darauf, dass wesentlich weniger Menschen als noch im 19. Jahrhundert auf dem flachen Land leben und dass kleine Kinder nicht unbeaufsichtigt weit weg von Erwachsenen in der Natur unterwegs sind. Vor allem aber mildern die neuerdings sehr hohen Wilddichten nicht nur den Prädationsdruck durch Wölfe auf landwirtschaftliche Nutztiere, sondern auch den Druck auf die Wölfe, sich an Menschen zu vergreifen. In diesem Sinne listet der NINA-Report vier Punkte auf, die dazu beitragen, das Risiko durch Wölfe trotz steigender Wolfsdichten für mit ihnen im selben Gebiet lebende Menschen zu minimieren:

1. Haltet wildlebende Wölfe wild. Es gefährdet Menschen und Wölfe, diese etwa durch Anfüttern oder durch beständige Aufdringlichkeit an Menschen zu gewöhnen, auch wenn es den verständlichen Wunsch geben mag, Wölfe zu Gesicht zu bekommen. Dafür gibt es gute Wolfshaltungen in Wildparks.

2. Es ist durch gutes Wildmanagement dafür zu sorgen, dass den Wölfen genügend natürliche Beute zur Verfügung steht, was heute in

Europa durchwegs der Fall ist. Dies verringert auch den Wolfsdruck auf Nutztiere.

3. Reaktions- und Notfallpläne sind auszuarbeiten, was man tut, wenn sich Wölfe zu sehr an Menschen annähern. Solche Tiere werden relativ rasch zu entfernen sein, um nicht den Erfolg des Gesamtprojekts, also die in der Bevölkerung langsam ansteigende Toleranz gegenüber Wölfen, zu gefährden. Dies bedeutet gewöhnlich Abschuss; wenn es sein muss eines ganzen Rudels, da Wölfe ihr Verhalten auch stark über soziale Traditionen weitergeben.

4. Am wichtigsten ist wohl, die Tollwut unter Kontrolle zu halten. Große Teile West- und Zentraleuropas sind gegenwärtig frei von Tollwut. Wo dies gegen Nordosten noch nicht der Fall ist, müssen gezielte Impfkampagnen begonnen werden. Wildtiere kann man per Schluckimpfung schützen. Bei uns etwa wurden mit nachhaltigem Erfolg vor einiger Zeit großflächig Impfköder aus der Luft abgeworfen, was vor allem Füchse, Dachse und Marder immunisierte. Eine weitere wichtige Maßnahme wäre das Durchimpfen aller Hunde, auch jener auf der Straße. Das kostet etwas, aber verglichen mit der Gefahr, die ein tollwütiger Wolf oder Hund für Menschen und Wölfe darstellt, lohnt sich der Einsatz.

Natürlich könnte man auch der Meinung sein, dass es nicht nötig sei, auch nur das geringste Risiko durch Wölfe für Menschen zu tolerieren, indem man nicht duldet, dass Wölfe den Lebensraum von Menschen besiedeln. Damit wäre jedoch das Schicksal des Wolfes in einer dicht von Menschen besiedelten Welt endgültig besiegelt. Die Bedeutung des Risikos durch Wölfe für Menschen ist eine Frage des klugen Managements von Wölfen und ihres Lebensraums, wie es gegenwärtig beispielsweise in der Lausitz und im Piemont praktiziert wird. Und es ist letztlich eine ethische Abwägung des Risikos, das Menschen tragen müssen, gegen den Wert des Schutzes der Wölfe. Wir muten den Afrikanern selbstverständlich zu, mit Elefanten und Löwen ihren Lebensraum zu teilen und diese für die gesamte Menschheit zu erhalten, obwohl regelmäßig gar nicht wenige Menschen durch diese wunderbaren Tiere getötet werden. Gleichzeitig fürchten sich die aufgeklärten und gebildeten, leider aber auch sehr selbstbezogenen und egoistischen Europäer vor dem „bösen Wolf". Der ist zwar viel ungefährlicher, verbreitet aber sehr viel mehr Angst als Elefanten. Das passt schlicht nicht zusammen.

Vom gefährlichen Beutegreifer zum Partner in der Forschung

Wölfe im Freiland

Als die schwarzgraue Alphawölfin mit ihrem Rüden kopulierte, lag noch viel Schnee. Für die Menschen war es gerade Ende Februar. Die Strahlen der Sonne wärmten schon wieder, Frühlingsahnen lag in der Luft. Bereits Tage vorher hatte sie zu bluten begonnen. In diesem so genannten Prae-Östrus stieg die Aufregung im Rudel. Der Duft bevorstehender Fruchtbarkeit ließ das Rudel zusammenrücken. Es wurde viel gespielt, die Männchen standen bereit, sogar ihre Söhne der letzten Jahre; die Inzestbarriere ist bei Wölfen nicht sehr ausgeprägt, bei Hunden übrigens noch weniger. Schon Tage vorher hatte sie es toleriert, dass ihr Alpha halbherzig aufstieg, aber erst nach dem Eisprung forderte sie ihn mit erotischem Spiel zu mehr auf. Über ein paar Tage kopulierten sie alle paar Stunden, Tag und Nacht. Natürlich interessierten sich auch die anderen Rüden des Rudels, ihre Söhne. Aber weder war sie ihnen sonderlich gnädig, noch hätte das ihr Männchen geduldet. Tatsächlich gab es immer wieder kurze Auseinandersetzungen, wenn ihr ein anderer zu nahe kam. Da kein von außen zugewanderter Rüde zum Rudel zählte, hielten sich diese kurzen Keppeleien in Grenzen. In anderen Rudeln mag das anders sein, aber dieses Paar lebte eine makellose Monogamie. Dabei verlor der Alpharüde in diesen zwei aufregenden Wochen einiges an Gewicht.

Anfang Mai, genau 62 Tage später, brachte sie vier Welpen zur Welt. Alle waren gut entwickelt, eine Waage hätte zwischen 350 und 400 Gramm gezeigt. Schon Stunden vorher hatte sie sich unruhig in ihre Wurfhöhle zurückgezogen. Immer wieder krampfte ihr Unterbauch und als sich, ohne ihr Zutun eigentlich, zum ersten Mal kurz all ihre dafür nötige Muskulatur zusammenzog – „pressen“ würden die Menschen sagen – gebar sie den ersten Welpen, noch wie in Plastik eingeschweißt, verpackt in seiner Fruchtblase. Sofort schälte sie ihn heraus, nabelte ihn mit einem Biss ihrer Vorderzähne ab, sodass noch ein wenig Nabelschnur am Welpen blieb, verschluckte die Placenta und alles was nicht Welpe war. Sie begann ihn zu lecken, während er bereits suchend nach der Zitze robbte, als schon Welpe Nummer zwei erschien. Nach zwei Stunden war alles vorbei, die Wölfin lag entspannt auf der Seite, mit allen vier Welpen angedockt nuckelnd. Perfekte mütterliche Instinkte, niemand hatte ihr das beigebracht, sie musste nicht nachdenken, alles passte. Auch die instinktive Perfektion auf Seiten der Welpen. Erst etwa zwölf Tage nach der Geburt öffneten sich ihre Augen, die Gehörgänge noch etwas später. Aber sofort nach der Geburt robbten sie geruchsgeleitet zur mütterlichen Milchquelle wie perfekte kleine Zitzensuchmaschinen.

Die ersten paar Tage entfernt sich die Mutter wenig von ihren Welpen, die Zeit verfliegt mit Säugen und Lecken der Ano-Genitalregion, damit die Welpen Harn und Kot absetzen können, die sofort von der Mutter aufgenommen werden. Und es wird viel geschlafen. Doch schon ab dem dritten Tag verlässt die Mutter nach den Pflegeverrichtungen immer mehr die Wurfhöhle, wird von den Rudelmitgliedern freundlich begrüßt und eingehend berochen. Der Welpenduft versetzt das Rudel in sanfte Fürsorglichkeit. Sie ruht nahe an der Höhle, durchstreift die Umgebung gemeinsam mit den anderen Rudelmitgliedern und beginnt bald auch wieder zu jagen, entschlossen und zielstrebig, wie eine Mutterwölfin eben. Meist bleibt dann ein Jährling nahe am Höhleneingang. Das gesamte Rudel weiß, dass es Welpen gibt, man ist entsprechend aufmerksam, manche mehr als andere. Sind sie „Babysitter"? Wir wissen nicht, wie bewusst die Rudelmitglieder mit diesem Verhalten vorgegebene Rollen erfüllen, oder ob es einfach Wölfe gibt, die interessierter an Welpen sind als andere.

Bei starker Beunruhigung, etwa durch Menschen oder ein feindliches Rudel, könnte sich die Wölfin entschließen, die Wurfhöhle zu wechseln, die Welpen über Kilometer in einen anderen Bau zu übersiedeln, der ebenfalls schon lange von Wölfen benutzt wird, im Moment aber leer steht. Die Welpen, die bei der Geburt nahezu schwarz sind, färben innerhalb weniger Tage auf ein dunkles Braun um, schlafen eng zusammengekuschelt im Knäuel, wenn die Mutter nicht da ist, und wenn sie zurückkommt, beginnt das große Gerobbe, bis jeder von ihnen wieder eine Zitze ergattert hat - keine große Kunst, da es mehr Zitzen als Welpen gibt.

Schon mit etwa zwei Wochen nähern sich die Welpen auf noch wackeligen Beinen und mit kaum geöffneten Augen dem Höhleneingang, sie beginnen ihre Welt zu erforschen. Eine Woche später sausen sie bereits einander nachjagend um den Höhleneingang, werden von anderen Rudelmitgliedern mit fiepsenden Lauten gelockt und zu ersten Spielen eingeladen. Dabei sind sie ständig auf der Hut. Ein einziges leises Warnwuffen lässt sie Hals über Kopf in der Wurfhöhle verschwinden; säumige Zeitgenossen trägt Mutter zurück. Wölfe haben zwar nicht viele Feinde, aber Welpen sind verwundbar, auch weil sie noch an einen Ort gebunden sind. Besonders gefährlich sind Wölfe aus anderen Rudeln, Bären und Menschen, auch ein Berglöwe könnte im Vorbeigehen einen Welpen mitgehen lassen.

Im Laufe der Wochen erweitern sich die Ausflüge der Welpen zur Erkundung der unmittelbaren Umgebung. Es wird viel gespielt, untereinander und vor allem mit den jüngeren Rudelmitgliedern, die ja ihre Geschwister vom Vorjahr sind. Bald fällt den geborenen Jägern die eine oder andere Maus zum Opfer, aber erst im Alter von mindestens sechs Monaten begleiten sie das Rudel erstmals auf Jagdausflüge; dann ist das Skelettwachstum nahezu beendet, aber gute Jäger sind sie deswegen noch lange nicht. Eifrig sind sie, aber mit noch wenig Impulskontrolle ausgestattet, ihr Stirnhirn wird erst mit etwa zwei Jahren ausgereift sein. Sie verprellen so manche Beute, weil sie noch nicht den besten Moment zum Angriff abwarten können und müssen aus so manch misslicher Lage gerettet werden.

Gelegentlich gibt es Begegnungen mit gefährlichen entfernten Verwandten, Braunbären etwa, denen das Rudel gern einmal zeigt, wer im Gebiet das Sagen hat. Bei dieser Gelegenheit lernen die Jungen so nebenbei, wie man mit Bären umgeht, ohne selbst allzu sehr in Gefahr zu geraten. Bären sind zwar erstaunlich reaktionsschnell, aber antrittsstärker sind allein schon aufgrund ihres geringeren Körpergewichts die Wölfe. So wagt man es schon mal, einen Bären ins Hinterteil zu beißen. Gewöhnlich jagt man einander eine Zeit lang im Kreis rum, wonach man sich meist unverletzt wieder trennt. Der Spaßfaktor liegt dabei eindeutig auf Seite der Wölfe und besonders wenn eine Bärin Junge führt, kann es für sie ziemlich stressig werden. Der eigentliche Sinn des Spiels scheint darin zu bestehen, das gruppeninterne Band zu festigen, vor allem aber den viel größeren Braunbären mal so richtig vorzuführen. Temporäre Tanzbärenhaltung auf Wölfisch ...

Etwa ab der dritten Lebenswoche beginnen die Welpen feste Nahrung aufzunehmen. Sie kauen an alten Knochen und verteidigen diese gegeneinander mit martialischem Geknurre. „King-of-the-castle-Spiel" nennt man das. Sie begrüßen von der Jagd zurückgekehrte Rudelmitglieder durch Hochspringen, Gefiepse und intensives Lecken der Mundwinkel. Was bei Letzteren wiederum einen Instinktschalter betätigt und sie zum Vorwürgen halbverdauten Nahrungsbreies veranlasst – die ideale Ernährung für Jungwölfe. Das funktioniert gut, bis die Kleinen etwa sechs Monate alt sind. Dann werden die älteren Geschwister immer zurückhaltender mit Nahrungsspenden und erhöhen so den Druck auf die Jungen, selber zu jagen. Ganze Tiere zu fressen ist auch vorher schon möglich, wird doch etwa bis zum fünften Monat das Milchgebiss durch das Erwachsenengebiss ersetzt.

Erst mit nahezu zwei Jahren werden Jungwölfe geschlechtsreif. Bis dahin wird viel gelernt: Wie man gemeinsam Großwild jagt, wie man freundlich, aber bestimmt mit anderen umgeht und sich bei den wichtigen Leuten im Rudel beliebt macht, und wie man es vermeidet, in Schwierigkeiten zu geraten. Das Rudel bietet eine geschützte Umgebung für diese intensive Lernphase, mit einer Ausnahme allerdings: Besonders die männlichen zweijährigen Wölfe zeigen als junge Krieger mehr Mut als Verstand. Sie werden daher besonders häufig in Scharmützeln zwischen Rudeln getötet. Sie lernen aber während dieser Zeit auch, dass nicht alle Nachbarwölfe Feinde sind, dass man anderen Rudeln auch neutral begegnen kann, aber bei solchen Gelegenheiten doppelt aufpassen muss.

Jungwölfe werden von den Alphas weder zur Jagd noch in den Krieg gezwungen. Sie machen freiwillig mit, beobachten die erfahrenen älteren Tiere und lernen so nicht nur aus eigener Erfahrung, sondern auch von den „weisen Alten". Daher sehen Wolfsbeobachter wie Günther Bloch so gut wie keine Aggressionen in frei lebenden Rudeln. Wölfe leben unter natürlichen Bedingungen in einer Achtungs- und Anerkennungsgesellschaft. Frei lebende Rudel stehen unter permanenter Bedrohung durch andere Rudel; dieses Leben unter Kriegsdruck führt offenbar auch zum Zusammenrücken und zur freundlichen Hilfsbereitschaft innerhalb der Rudel. Reibungsverluste durch interne Auseinandersetzungen, Eigensinn und ein Zuviel an Individualismus kann sich eine solche Gesellschaft schlicht nicht leisten.

Wölfe können sich unter diesen Bedingungen auch keine despotische Rudelorganisation leisten, bei der einer alle anderen aggressiv dominiert. Denn dann würden die Jungen das Rudel verlassen und es dadurch sehr anfällig für die Angriffe von Nachbarn machen. Die Alphas im Freiland sind also zu einem freundlichen Führungsstil gezwungen und die Jungspunde zu freundlicher Aufmerksamkeit und Kooperation. Nicht so in Gehegen, wo Wölfe ohne Feinddruck und ohne Anreiz zu gemeinsamen Aktivitäten leben. Wir denken, dass es auch diese Bedingungen in Gefangenschaft sind, welche aggressive Auseinandersetzungen in Zoos und Parks fördern. Am WSC versuchen wir dies hintanzuhalten, indem wir unsre Wölfe täglich beschäftigen. Bald werden wir auch wissen, ob etwa das Erlebnis gemeinsamer Jagdausflüge, die wir auf unserem großen Laufband simulieren, das friedliche Zusammenleben von Wölfen auch im Gehege fördern kann.

Wie bereits erwähnt verlassen manchmal Jungwölfe beiderlei Geschlechts, vor allem aber junge Männchen, ihr Rudel. Auswandern ist eine riskante Strategie, man kann dabei leicht ums Leben kommen. Wie bei Menschen auch sind es offenbar eher Individuen mit einer forschen Persönlichkeit, die ihr Heil in der Ferne suchen. Sie sind weniger furchtsam als jene, die zu Hause bleiben; aber auch dazu prädestiniert, in Schwierigkeiten zu geraten. Andererseits ist Auswandern eine gute Möglichkeit, ein eigenes Rudel zu begründen. Die meisten Jungwölfe jedoch bleiben zu Hause und helfen ihren Eltern, die nachkommenden Geschwister aufzuziehen. Sie handeln damit im Sinne von Robert Hamiltons „inklusiver Fitness", also des Prinzips, dass es evolutionär gesehen genauso vorteilhaft sein kann, sich um seine Geschwister zu kümmern wie eigene Junge aufzuziehen. Als Helfer ihrer Eltern tun die Jungwölfe also fast so viel dafür, ihre eigenen Gene zu propagieren, als würden sie sich selbst vermehren. Die enge Verwandtschaft stabilisiert das Rudel. Und natürlich warten die Jungen dabei auf ihre Chance, an die Rudelspitze vorzurücken. Selten nur scheint es einem fremden Wolf zu gelingen, sich in einem fremden Rudel zu integrieren. Dazu gibt es einige Anekdoten, aber so gut wie kein gesichertes Wissen.

Warum eigentlich Wolfsforschung?

Es ist erstaunlich, wie oft man darauf hinweisen muss, dass es zu vielen Aspekten kein gesichertes Wissen gibt, will man ein einigermaßen vollständiges Bild „vom Wolf" zeichnen. Eigentlich höchst seltsam, dass wir unsere wesensmäßige Schwesterart immer noch nur so lückenhaft kennen. Über Taufliegen, Mäuse, Ratten, über den Zebrafisch, ja sogar über den Fadenwurm *Cenorhabditis elegans* wissen wir mehr, denn dies sind die wichtigsten Nutztiere in der biomedizinischen Forschung. Wir aufgeklärten Zivilisationsmenschen „emanzipierten" uns generell von Tieren und Natur. Das taten wir offenbar noch viel radikaler von unserem steinzeitlichen Schatten, dem Wolf, als von anderen Tieren. So stehen wir heute vor der Einsicht, dass einem Berg von Mythen, Vorstellungen und Vorurteilen erstaunlich wenig gesichertes Wissen über den Wolf entgegensteht.

Seltsam unklar angesichts der eigentlich einfachen Frage ist auch immer noch, was unsere Hunde von der nahe verwandten Stammform Wolf unterscheidet, was sie im Vergleich zum Wolf zum Partner der Menschen macht. Wurde etwa direkt auf ihre Fähigkeit ausgelesen, uns Aufmerksamkeit entgegenzubringen, unsere Körpersprache zu deuten oder war es einfach eine Auslese auf Zahmheit, die Wölfe zu Hunden machte? Jedenfalls können wir über das Studium der Wölfe als unserem vorgeschichtlichen *Alter Ego* mehr über die evolutionären Grundlagen der menschlichen Kooperationsbereitschaft lernen und über das Studium der an uns so eng angepassten Hunde, unserem modernen *Alter Ego*, mehr über das menschliche Wesen an sich. Der Wolf dient hier als Modell für die biologische Basis der menschlichen Kooperationsbereitschaft, der Hund als Spiegel menschlichen Soziallebens. Letzteres wurde übrigens schon vor Jahren vom ungarischen Kollegen Adam Miklosi vorgeschlagen. Aus diesem Fragenkomplex heraus entstand auch der Bedarf nach einem neuen Zentrum für Wolf- und Hundeforschung, das wir mit dem Wolfsforschungszentrum in Ernstbrunn verwirklicht haben.

Warum beobachtet man nicht einfach die Wölfe in freier Natur, wenn man mehr über Wölfe wissen will? Tatsächlich machen dies eine ganze Reihe von Kollegen. Sie protokollieren die scheinbar koordinierten Jagden der Rudel, verfolgen ihre Auseinandersetzungen, sammeln tote Wölfe ein, um zu ergründen, wie sie gestorben sind und welche Verletzungen und Knochenbrüche sie erstaunlicherweise überlebten. Sie ergründen aus Wolfskot, was und wie viel die Tiere verzehren. Sie verfolgen mittels Telemetriesender Wolfs-Wanderungen und ergründen über genaueste genetische Analysen Verwandtschaftsverhältnisse untereinander sowie mit Hunden und Kojoten, spüren damit der Evolution der unterschiedlichen Wolfsschläge nach und der Geschichte der Besiedlung der Kontinente. So kommt es, dass wir über die Ökologie von Wölfen, also über ihre Beziehungen zu Lebensraum und Ressourcen, und auch über ihr Verhalten im engeren Sinn schon eine ganze Menge wissen. Fast nichts jedoch wissen wir zur zentralen Frage, *warum* sie eigentlich das tun, was sie tun, und wie sie ihr erstaunliches Tun bewerkstelligen.

Wir wissen beispielsweise nahezu nichts über die geistigen Fähigkeiten der Wölfe, warum sie sich manchmal vor Neuem fürchten und wie sie es gleichzeitig schaffen, innovativ und kreativ neue Lebensräume zu besiedeln und sich auf eine menschengeformte Umgebung einzustellen. Wir wissen zwar, dass Wölfe komplizierte Dinge gemeinsam tun, etwa jagen, andere bekriegen und gemeinsam Nachwuchs aufziehen. Aber wir wissen nicht, wie sie ihre Zusammenarbeit im Rudel organisieren. Kommt es zu komplexen Leistungen des Rudels auf ähnlich einfache Weise wie in den Staaten der Ameisen oder Bienen? Bei diesen sozialen Spitzenleistern in Sachen hoch entwickeltes Zusammenspiel reagieren die Individuen auf simple Reize und agieren nach einfachen Regeln. Die einzelne Biene oder Ameise hat keine Ahnung davon, welch komplexes Ganzes ihr Zusammenwirken mit den anderen ergibt. Machen es die Wölfe genauso? Ist, was nach komplexer, einsichtiger Kooperation und zielgerichtetem Handeln aussieht, das Ergebnis des Zusammenwirkens von Instinkten, eines Handelns nach einfachen Regeln?

Es scheint, wir *wollen* gar nicht denken, dass ein Wolfsrudel wie ein Ameisenhaufen funktionieren könnte. Tief in unseren Köpfen spukt immer noch der wertende Gegensatz zwischen dem „edlem“ Wolf und dem „Ungeziefer“. Manche Modellrechnungen zeigen jedoch, dass ein paar einfache Regeln ausreichen, um das scheinbar komplexe Jagdverhalten der Wölfe zu erklären. Und die Modelle der niederländischen Biologin Charlotte Hemmelrijk legen nahe, dass solche Regeln reichen, um selbst das komplizierte Sozialverhalten von Menschenaffen zu deuten. Aber ist das Prinzip der einfachsten Erklärung tatsächlich angemessen im Zusammenhang mit sozialer Organisation und geistigen Leistungen? Wozu entwickelten sich im Zusammenhang mit komplexem Sozialleben bei Schimpansen, Delfinen, Raben, Menschen oder Wölfen große, sozial intelligente Gehirne, wenn es ausreichen würde, als Individuum instinktartig auf bestimmte Reize mit bestimmten Reaktionen zu reagieren und einfachen Regeln zu folgen? Dies ist auch eine ganz elementare Grundfrage in Richtung Mensch. Die einfache Antwort lautet: Wir wissen es nicht.

Ermöglicht uns der Aufwand eines großen Gehirns etwa, Regeln *flexibel* zu befolgen, Instinkte mit Köpfchen einzusetzen und uns damit an Variationen in unserer sozialen und ökologischen Umwelt optimal anzupassen? Immer das Beste draus zu machen, no matter what? Ist dies das Erfolgsrezept, welches es den großhirnigen Wölfen, Raben und Menschen ermöglichte, zusammen nahezu alle Lebensräume der Nordhalbkugel zu besiedeln, vom Äquator bis in die Arktis? War es deswegen auch nötig, etwa ein Drittel des Vorderhirns auf dem Weg vom Wolf zum treuen Kumpantier Hund einzuschmelzen, um damit die kreative Reaktionsbereitschaft auf Veränderung einzuschränken und so Hunde abhängiger von Menschen zu machen? Auch das alles wissen wir nicht.

Und wie viel Köpfchen setzen Wölfe und Hunde ein, im Alltag oder wenn es gilt, neue Lösungen für alte oder neue Probleme zu finden? Wann setzen sie auf Routinen, wann und wie schalten sie ihren intellektuellen Turbo zu? Und wie schaffen sie es, andere für ihr Anliegen einzuspannen? Wie viel und was kommunizieren sie vor und während der Jagd, wie viel wird spontan entschieden? Reicht es aus, die Stimmung der anderen auf Linie zu bringen, oder werden etwa vor einer Jagd inhaltliche Details kommuniziert? Lernen in der Gruppe alle voneinander oder achten die Jungen vor allem auf die Älteren, auf die Ranghöheren, die Kompetenteren? Und wie flexibel ist der Einsatz der geistigen Fähigkeiten, der Kommunikationsmittel? Wie stark hängt dieses interne Zusammenwirken vom Zusammenhalt der Gruppe, vom harmonischen Miteinander ab? Rücken Rudel nach erfolgreichen Jagden oder nach bestandenen Kämpfen mit den Nachbarn enger zusammen? Was bedeutet gemeinsames Erleben für den Gruppenzusammenhalt? Macht dies den großen Unterschied im Kopf und im Zusammenleben zwischen den sozialen Jägern, Menschen, Schimpansen und Wölfen, und den Pflanzenfressern Pferd und Graugans aus? Wir entwickeln zu all diesen Fragen „Hypothesen", wie man wohlbegründete Spekulationen in der Forschung nennt, aber wir wissen es nicht.

Diese Liste von Fragen ließe sich fast nach Belieben fortsetzen. Durch die Arbeit der kommenden Jahre am Wolfsforschungszentrum und an den diversen Hundelabors der Welt haben wir zumindest die Chance, den Vorhang dieses Nichtwissens einen Spalt breit zu öffnen und zu erkennen, ob wir uns im Spiegel Wolf/Hund tatsächlich selber besser erkennen können. Natürlich werden wir die endgültige Erkenntnis, die vollständige Erklärung niemals erreichen. Jede neue biologische und kulturelle Generation von Menschen dreht die Schraube wieder weiter, sieht die Welt wieder aus anderen Blickwinkeln. Im Wesen der Wissenschaft und in der Natur des forschenden Menschen liegt es, nie gänzlich anzukommen, temporär zutreffende, aber niemals letztlich „wahre" Erkenntnisse zu gewinnen. Denn es bleibt nicht einmal jene Wirklichkeit unveränderlich, der wir uns im Zuge der Forschung asymptotisch anzunähern versuchen. Sie ist vielmehr abhängig von unseren im Zuge der evolutionären und gesellschaftlichen Entwicklungen veränderlichen Wahrnehmungen und Einstellungen. Wirklichkeiten und Erkenntnisse werden immer von realen Gehirnen gedacht. Und diese Gehirne verändern sich mit der Umgebung, in der sie leben, über die Generationen, aber auch über die Lebenszeit. Damit ändern sich auch unsere Einstellungen und das Bild der Wirklichkeit, welches sie uns geben. Ich denke im Übrigen nicht, dass diese Dynamik der Repräsentationen der Welt im Gehirn ein menschliches Privileg darstellt. Diesen grundlegenden Erkenntnis- und Wirklichkeitsinterpretationsmechanismus teilen wir mit einiger Sicherheit in Abstufungen zumindest mit allen Säugetieren, die über ein wohlentwickeltes Stirnhirn verfügen, beispielsweise Wolf und Hund.

Das Wolfsforschungszentrum in Ernstbrunn

Mit den ersten vier schwarzen kanadischen Grauwolf-Welpen aus dem Tierpark Herberstein in der Steiermark begründeten wir im Mai 2008 das Wolfsforschungszentrum im oberösterreichischen Grünau. Uns stand leihweise ein Gehege im Grünauer Cumberland-Wildpark zur Verfügung – und so gut wie kein Startkapital. Mit mehr Mut als Verstand waren wir kopfüber – Friederike Range, Zsófia Virányi und ich – ins kalte Wasser gesprungen. Heute, also im Frühjahr 2012, umfasst das „Wir" auch die Trainer, Bea Belényi und Rita Takács aus Ungarn und Marleen Hentrup aus Deutschland, mit Ausnahme von Rita alle in Begleitung ihrer Hunde, unsere Managerin Martina Jirsa sowie eine ganze Reihe temporärer Mitarbeiter und Studenten. Und zum „Wir" gehören auch unsere privaten Hunde. Die hochtrainierte Border-Collie-Hündin Guinness lebt mit Friederike, der kleine Mischling Tódor hat bei Zsófi das Sagen und die sozial kompetente Eurasierhündin Bolita begleitet mich bei meinen WSC-Aktivitäten. Alle diese Hunde waren auch beim Wölfe-Aufziehen dabei und erfüllen in der täglichen Arbeit am WSC unterschiedliche Funktionen.

Wir gründeten zwei Vereine und das Wolf Science Center kam ins Laufen. Dank der finanziellen und praktischen Unterstützung unserer

Mitglieder und treuen Sponsoren, des Wissenschaftsministeriums, der Universität Wien, örtlicher Personen am heutigen Standort in Ernstbrunn/Niederösterreich, vieler Institutionen und Firmen, des Landes Niederösterreich sowie des lokalen Gastgebers, des Wildparks Ernstbrunn, schafften wir es, in nur wenigen Jahren eine große Wolfs- und Hundehaltung und das entsprechende Wissenschaftsprogramm aufzubauen, mit tollen neuen Anlagen, 30 000 m^2 Gehegen, einem Büro- und einem Testgebäude sowie einem Häuschen für die Aufzucht der Wolfs- und Hundewelpen und einem Gebäude für die Hunde. Tatsächlich ist das WSC heute das größte experimentelle Wolfs- und Hundeforschungszentrum der Welt – Kunststück, es ist auch das Einzige seiner Art.

Für die kanadischen Grauwölfe hatten wir uns entschieden, weil sie wie erwähnt unter Tiergärtnern den Ruf genießen, einfacher und umgänglicher zu sein als die europäischen Wölfe, weniger ängstlich, nervös, scheu und aggressiv. Obwohl es im Unterschied zu den beiden Schwesterformen des Grauwolfs keine gesicherten Daten gibt, entschlossen wir uns doch für die Kanadier. Denn es war unser Anliegen, mit Wölfen hands-on experimentell zu arbeiten, und das möglichst sicher. Für unsere grundlegenden Fragestellungen ist es wenig bedeutend, *welche* Wölfe mit uns kooperieren. Bislang geht die Rechnung auf. Die meisten unserer Wölfe entwickelten sich zu ruhigen und kooperativen Partnern. Natürlich fehlt uns der direkte Vergleich mit europäischen Wölfen, wir tun ihnen vielleicht unrecht. Aber Vorsicht ist bekanntlich die Mutter der Wolfsforschung.

Wir begannen mit dem Aufbau des WSC zunächst in Grünau, in Assoziation mit der dortigen Konrad Lorenz Forschungsstelle und in Kooperation mit dem örtlichen Cumberland-Wildpark. Bereits 1973, im Jahr seiner Nobelpreisverleihung, hatte dort der 70-jährige Konrad Lorenz die gleichnamige Forschungsstelle begründet, nach seiner Emeritierung als Direktor des renommierten Max-Planck-Instituts für Verhaltensphysiologie in Seewiesen und auf Einladung der Betreiber des gerade gegründeten Wildparks, der Herzog von Cumberland Stiftung, allen voran des rührigen Oberforstmeisters Karl Hüthmayr. Letzterer war von seinem Naturell her eine Mischung aus Barockfürst und Raubein und agierte mit viel Weitblick und Unternehmergeist. Als er die Chance hatte, Lorenz an sich zu binden, nutzte er sie. Finanziert wurde das kleine und idyllische Graugansinstitut des emeritierten

Nobelpreisträgers eher schlecht als recht durch die österreichische Akademie der Wissenschaften. Nach Lorenz' Tod im Jahre 1989 wurde unter Federführung des gerade neu an der Universität Wien installierten Professors für Ethologie, John Dittami, und unter tatkräftiger Mitwirkung des Landes Oberösterreich ein Verein geschaffen. Dem wurden zwei Mann „lebende Subvention" von Seiten der Universität Wien beigestellt, der technische Assistent Josef Hemetsberger und ich selber als Leiter.

Wir rekrutierten immer mehr Studierende und bald gelang es, die ersten Drittmittel, vor allem vom Fonds zur Förderung der wissenschaftlichen Forschung (FWF, Austrian Science Foundation), zu lukrieren. In den ersten eineinhalb Jahrzehnten bauten wir unseren Forschungsbereich zur sozialen Komplexität bei Vögeln und zum Zusammenhang zwischen Sozialleben und geistiger Leistungsfähigkeit auf. Schon lange planten wir die Ausweitung unserer Grundlagenforschung auf Säugetiere. Wölfe waren die Nummer eins auf meinem Wunschzettel. Schon 2004 kam Friederike Range in Grünau vorbei. Sie stammt aus Norddeutschland, absolvierte ihr Diplomstudium in Bayreuth und war schließlich Dissertantin bei Dorothy Cheney und Robert Seyfarth in den USA, in einem Projekt zur Kommunikation und Kognition von Affen in Afrika. Angelockt durch unsere Wolfspläne auf der damaligen KLF-Homepage sah sie eine Chance, ihren Lebenstraum zu verwirklichen. Sie hatte schon immer mit Wölfen arbeiten und eine einschlägige Forschungsstätte begründen wollen. Auch ich sah unsere Chance gekommen, denn allein ist so ein Vorhaben kaum zu schaffen. Also schrieben wir einen Finanzierungsantrag für ein Forschungsprojekt an Wölfen, der prompt scheiterte. Ohne Wölfe waren wir schlicht nicht glaubwürdig. Wir mussten in Vorleistung gehen, wollten wir unseren Traum in die Tat umsetzen.

Unser Traum ruhte eine Weile. Friederike nahm für drei Jahre eine Post-Doc-Stelle in einem EU-Projekt zum sozialen Lernen bei Affen bei Ludwig Huber an der Universität Wien an, damals Leiter der Abteilung für theoretische Biologie, später Kognitionsbiologie. Hier traf sie Zsófia Virányi, die an der Eötvös Lorand Universität in Budapest dissertiert hatte und 2006 nach Österreich kam, um mit Krallenäffchen und Hunden am Konrad Lorenz Institut für Evolutions- und Kognitionsforschung zu forschen. Die beiden gründeten mit Ludwig Huber das „Clever Dog Lab", eine der heute aktivsten Forschungsstätten zur Untersuchung der geistigen Leistungen von Hunden weltweit. Zsófi hatte ähnliche Träume und versuchte, in Ungarn eine wissenschaftliche Institution zur Verhaltensforschung an Hunden und Wölfen zu gründen. Bea Belényi, die erste Trainerin am WSC, war eine ihrer Partnerinnen in diesem ambitionierten Projekt, das jedoch in Ungarn nicht verwirklicht werden konnte.

Während ihres Doktoratsstudiums hatte Zsófi zwei Hunde- und zwei Wolfswelpen aufgezogen und hatte die vergleichende Wolf-Hund-Forschung an der Eötvös Lorand Universität in Budapest koordiniert. Sie brachte daher eine Menge Erfahrung und Knowhow mit, um vor einem offenbar besser geeigneten finanziellen und gesellschaftlichen Hintergrund ihren Traum in Österreich zu verwirklichen. Heute gehören Friederike, Ludwig und Zsófi zum Messerli-Institut der Veterinärmedizinischen Universität Wien.

Zsófi hielt sich viel in Wien auf und so trafen wir einander irgendwann im Sommer 2007 und beschlossen in einem Innenhof der Fakultät für Lebenswissenschaften spontan, dass es nun losgehen müsste. Ich kann mich an Friederike als treibende Kraft erinnern und auch daran, dass mir sofort ob der bevorstehenden Aufgabe ziemlich mulmig war. Wie immer, wenn es zwischen uns um große Entscheidungen geht, waren wir in wenigen Minuten handelseins und wild entschlossen, das Projekt durchzuziehen. Gut dass wir damals noch nicht wussten, was an Arbeit, Engagement, Verantwortung und unternehmerischen Anforderungen auf uns zukommen würde ...

Als sich nach einem Jahr und mit vier halbstarken kanadischen Grauwölfen im Team herausstellte, dass wir nicht in Grünau bleiben konnten, nahmen wir sehr gerne eine Einladung von DI Prinz Heinrich IV. Reuss an, dem Besitzer des Wildparks Ernstbrunn. Dieser Park liegt 40 km nördlich von Wien und seinen Universitäten, was ein großer Vorteil für unsere Mitarbeiter ist. Die Kooperation besteht im Wesentlichen darin, dass der Park die Gehege und einen Teil des Futters zur Verfügung stellt und wir für die Errichtung und den Betrieb der wissenschaftlichen Anlagen sorgen. Und natürlich profitiert der Park von einem kräftigen Zuwachs an Besuchern, vor allem in Gefolge unserer Medienpräsenz. Wir legen großen Wert darauf, unseren Besuchern einiges zu bieten und sie gut zu informieren. Man kann die Wölfe und uns im Wildpark Ernstbrunn besuchen. Auch bei unserer Arbeit mit Wölfen und Hunden, etwa im Testraum, kann man jederzeit zusehen.

Neben Wissenschaft und guter Wolfshaltung sind uns Öffentlichkeitsarbeit und Community Service große Anliegen. Besucher sind bei uns erwünscht. So bieten wir regelmäßige Führungen an, weitere Programme für Besucher umfassen Seminare, Fotosessions in den Gehegen, also direkte Begegnungen mit den Wölfen, Wolfsspaziergänge, Abende am Lagerfeuer etc.

Kernaufgabe des WSC ist aber ganz klar die experimentelle Grundlagenforschung an dafür sozialisierten Gehegewölfen und gleich aufgezogenen und gehaltenen Hunden. Wir untersuchen die geistigen und emotionalen Grundlagen der Kooperation bei Wölfen, Hunden und zwischen Mensch und Tier. Wir wollen damit auch zu einem besseren Verständnis der Mensch-Hund-Beziehung und der evolutionären Grundlagen der Kooperation beim Menschen beitragen. Wichtig dabei ist vor allem auch die tiergerechte Haltung von Wölfen, die im WSC als Partner auf gleicher Augenhöhe gesehen werden. Die regelmäßige Arbeit hält Langeweile bei diesen geistig anspruchsvollen Tieren hintan. Unsere Tests können als „Hirnjogging für Wölfe" gelten und alle sind begeistert dabei. Die Wölfe hören auf ihre Namen, beherrschen etwa 20 unterschiedliche Kommandos (Sitz, Platz etc.) und sind so leinenführig, wie Wölfe nur sein können. Damit werden sie zu verlässlichen Partnern in der Forschung. Im Oktober 2010 nahmen wir etwa 20 000 m^2 neu errichteter Gehege und das Testgebäude in Betrieb, 2011 kamen eine Hundeanlage mit weiteren 10 000 m^2 an Gehegen dazu.

Seit Beginn haben wir mit zwölf gut trainierten und kooperativen kanadischen Grauwölfen gearbeitet, fünf schwarzen und sieben hellen Tiere, eine bunte Mischung also, wie es in Rudeln dieser großen kanadischen Grauwölfe üblich ist. Zwei Tiere aus Zooherkunft verloren wir leider trotz bester tierärztlicher Betreuung durch schwere neurologische Störungen aufgrund von Inzucht. Die von Geburt weg blinde schwarze Tayanita war geistig behindert und starb einjährig an den Folgen ihres angeborenen Wasserkopfs. Und der fast weiße Cherokee litt immer stärker an epileptischen Anfällen, bis er zweijährig daran starb. Drei der schwarzen Wölfe, der Rudelchef Kaspar, Aragorn, der zweite Rüde, sowie das Weibchen Shima kamen mit Tayanita 2008 aus dem Tierpark Herberstein, die Welpen des Jahres 2009 aus dem Zoo Basel (die beiden Rüden Apache und Cherokee), vier weitere Welpen wurden direkt aus den USA importiert (die Weibchen Yukon und

Tatonga and die Rüden Geronimo und Nanuk). Und 2010 holten wir zwei Hudson-Bay-Welpen, eine subarktische Form des Grauwolfs, direkt aus Kanada.

Somit arbeiteten wir im Mai 2012 mit zehn erwachsenen Wölfen, als sechs kleine Welpen dazukamen, vier aus einer privaten Institution in den USA und zwei aus dem „Haliburton Park" nahe Toronto in Kanada. Von dort wollten wir schon lange Nachwuchs, aber es klappte im dortigen Rudel für eine Weile nicht mit der Reproduktion. Die Welpen aus Kanada und den USA stammen aus Nachzucht in unterschiedlichen Institutionen, auch um eine möglichst breite genetische Repräsentation in unseren Wölfen zu erzielen. Daher nehmen wir pro Wurf auch nur zwei Welpen. Nach unseren anfänglichen schlechten Erfahrungen achten wir heute sehr darauf, dass keine Inzucht im Spiel ist.

Unsere zehn Erwachsenen leben derzeit in vier Gruppen. Obwohl sie als Partner in der Forschung eingesetzt sind, tragen alle unsere Wölfe und Hunde Namen und keine Nummern, auch um so ihren einzigartigen Persönlichkeiten Rechnung zu tragen. Die ältesten drei Schwarzen aus Herberstein waren im Frühjahr 2012 vier Jahre alt; sie bilden ein Rudel um den sehr auf seine Führung bedachten Kaspar. Er ist nach außen aufmerksam und achtet innerhalb des Rudels sehr auf seine Rolle, was er den eher entspannten, großen Aragorn gelegentlich spüren lässt. Die Dritte im Bunde ist Shima, eine nicht allzu große Wölfin, Partnerin Kaspars mit recht knochigem Körperbau. Wie die anderen auch ist sie uns gegenüber ruhig und verlässlich, eigentlich die Musterschülerin unter unseren Wölfen. Diese Gruppe wird im Spätsommer 2012 um zwei halbwüchsige Wölfe aufgestockt, wir hoffen, dass sie sich gut integrieren werden.

Zwei Welpen sollen auch die zweite Dreiergruppe bereichern, die 2009 aufgezogenen Nanuk und Yukon sowie Wapi aus dem Jahrgang 2010. Nanuk, der große, wolfsbraune Rudelchef, musste in seinen ersten Lebenstagen wegen einer schweren Infektion mit Antibiotika behandelt werden; zurück blieb eine leichte Fehlstellung der Augen und Schwachsichtigkeit in der Ferne. Ihn hindert das nicht daran, seinen Führungsanspruch im Rudel entschlossen, wenn auch weniger kleinlich als Kaspar durchzusetzen. Uns gegenüber ist er sanft, hundeähnlich zugetan und gelegentlich stur, wenn er sich etwa nach getaner Arbeit weigert, den Testraum wieder zu verlassen. Yukon, seine Partnerin, ist eine wolfsgraue Schönheit, mittelgroß, sehr gescheit, wie alle

Testergebisse zeigen, und nicht nur Menschen gegenüber kooperativ und verschmust. Der Dritte im Bunde, der fast weiße, große Hudson-Bay-Rüde Wapi, ist in Habitus und Verhalten wie sein Bruder Kenai fast schon ein arktischer Tundrawolf. Die beiden Brüder ließen sich entgegen aller Wolfsart zunächst nicht in den Rudeln integrieren, sie unterwarfen sich nicht, reagierten panisch oder aggressiv und mobbten die anderen, wann immer sich Gelegenheit ergab. Die Lösung war, sie zu trennen und Wapi mit seiner Liebe Yukon und dem ihn ruhig in Schach haltenden Nanuk zu vergesellschaften, was recht gut klappt. Menschen gegenüber sind Wapi und Kenai hundeähnlich anhänglich und immer begeistert, wenn sie besucht werden oder mit uns arbeiten dürfen.

Wapis Bruder Kenai, der noch etwas aufsässiger ist als Wapi, lebt seit Frühjahr 2012 mit dem dreijährigen Geronimo. Dieser große graue Rüde, Yukons Bruder, ist nicht nur einer der schönsten, sondern auch willensstärksten und intellektuellsten unserer Wölfe. Nichts kann seine überlegene Ruhe stören, außer er kommt mit einer der ihm gestellten Aufgaben nicht zurecht; in diesem Fall zeigt er uns dann gelegentlich, wie ein frustrierter Wolf aussieht. Er war ursprünglich Teil des Nanuk-Rudels, unterwarf sich Letzterem aber nur widerstrebend und ließ sich von seiner Schwester anstiften, andere Wölfe zu mobben, musste also aus diesem Rudel raus. Der Versuch, ihn mit dem als unsozialisierbar geltenden Rüden Kenai zu vergesellschaften, verlief bemerkenswert. Kenai fiel Geronimo sofort mit eingezogenem Schwanz an. Der ließ sich nicht aus der Ruhe bringen, ignorierte Kenai einfach und löste damit das Problem. Gelegentlich jagt er ihn halb spielerisch durchs Gehege, wohl um ihm zu zeigen, wer der Chef ist. Kenai beruhigte sich und fügt sich.

Eine weitere Zweiergruppe besteht aus zwei 2009 aufgezogenen Außenseitern, dem kleinen schwarzen Rüden Apache, der immer schon zu uns und zu den Wölfen sozial distanziert war und im Frühjahr 2012 epileptische Anfälle entwickelte, ähnlich seinem Bruder Cherokee, der ein Jahr zuvor daran gestorben war. Im Winter 2011 wollte er nicht mehr in seinem angestammten Kaspar-Rudel bleiben. Um weiteren Stress für ihn zu vermeiden, vergesellschafteten wir ihn mit der kleinen, grauen Wölfin Tatonga. Sie hatte als wenige Wochen alter Welpe ein Schädel-Hirn-Trauma erlitten, überlebte dieses nach mehrtägigem Koma, wuchs aber langsam und zeigt bis heute wenig Konzentrationsfähigkeit und Impulskontrolle. Sie ist zwar sehr süß mit Menschen und Wölfen, wurde aber 2011 in ihrem angestammten Nanuk-Rudel das Mobbingopfer von Geronimo. Im Frühjahr 2012 vergesellschafteten wir sie mit Apache und beide waren auf Anhieb ein harmonisches Liebespaar. Seither sehen wir auch keinen epileptischen Anfall bei Apache mehr.

Wie sich die sechs 2012 aufgezogenen Welpen entwickeln werden, war zum Zeitpunkt des Endes der Schreibarbeit an diesem Buch noch nicht abzuschätzen. Während sich die vier älteren Welpen (zwei Weibchen, zwei Männchen) aus den USA uns Menschen gegenüber nahezu unwölfisch sanft gebärden, ist dies bei den beiden jüngeren aus Haliburton (ein Weibchen, ein Männchen) nicht der Fall. Mit welchen Rudeln sie vergesellschaftet werden, wird auch von ihren eigenen sozialen Vorlieben abhängen. Wie die Geschichte weitergeht, ist durch einen Besuch des Wolfsforschungszentrums in Ernstbrunn oder unserer Homepage zu erfahren.

Manager bei den Wölfen

Eine der Besonderheiten unseres Besucher-Programms sind unsere „Wolf-Experience"-Seminare für Manager in Zusammenarbeit mit Patricia Stanieks „Management Pilots". Themen dieser Coachings sind Körpersprache, soziale Kompetenz und Führungsstile. Und das nicht nur im Gespräch zwischen Menschen. Teilnehmer erleben in sicherer Begleitung im direkten Wolfskontakt die soziale Feinfühligkeit dieser Tiere, die das Verhalten ihrer Besucher und deren Körpersprache spiegeln und sich vertrauensvoll annähern oder eben nicht. Dabei zeigt sich, dass es, durch den Wolfsbesuch emotional angeregt, besser möglich ist, beispielsweise Konfliktthemen offen anzugehen. Die teilnehmenden Manager lernen dabei, dass die Grundregeln sozialer Organisation und von Führung bei Menschen und Wölfen ganz ähnlich laufen. Gute Führung in Betrieben funktioniert nicht nur auf Basis verkopfter Konzepte, sondern beruht auf erheblichen evolutionären Komponenten, auf so etwas wie „sozialen Instinkten". Sie zuzulassen und richtig einzusetzen, muss man lernen.

Als Patricia und ihr Mann Manfred uns knapp nach der Übersiedlung nach Ernstbrunn erstmals besuchten, war ihr Interesse an Wölfen Hauptmotiv. Schon als Kind störte es sie, dass in Grimms Märchen vom Rotkäppchen oder vom Wolf und den sieben Geißlein am Ende jedes Mal der Wolf zu Schaden kam. Wie so viele Menschen hatte Patricia ein starkes Bedürfnis, mit Wölfen in Kontakt zu treten und schlug schließlich vor, Wölfe und Coaching zu verbinden. Schon bald stand das Konzept und eine erste Gruppe von Managern fungierte als „Versuchskaninchen". Ich war zunächst eher skeptisch, ob das funktionieren würde. Unsere Wölfe sind Besucher gewöhnt und meist nett zu ihnen, aber was das in Verbindung mit Coaching bringen sollte, war mir zunächst unklar. Bereits die erste Erfahrung belehrte mich eines Besseren.

Der wolfsinteressierte Chef unserer ersten Gruppe hatte sie wohl sanft überredet, und so mancher der zwölf Teilnehmer zweifelte anfangs genau wie ich an der Sinnhaftigkeit des Unterfangens. Nach einer Vorstellungsrunde und einem obligatorischen Sicherheitsseminar – Wölfe sind schließlich keine Hunde – ging es in Kleingruppen zum ersten Mal ins Gehege und bald kam eine Stärke der Wölfe klar zu Tage: Sie lesen die Körpersprache der Menschen sehr genau und verteilen ihre Gunst keineswegs gleichmäßig. So mancher Wolfsfan wurde zunächst gemieden, während andere mit eher neutraler Einstellung Zuwendung erfuhren. So zeigten die Wölfe ihr Misstrauen Menschen gegenüber, die zu stark etwas von ihnen wollten und dies auch zeigten. Generell bevorzugen sie entspannte Besucher. Nach dem Wolfskontakt zeigte sich die Gruppe wie verwandelt. Die Skeptiker gaben ihren Widerstand auf und bereits in der Reflexionsrunde begann man angeregt und kollegial die offenen Themen der Gruppe anzusprechen. Angereichert mit Outdoor-Übungen, Gesprächsrunden, Impulsreferaten über die Parallelen zwischen Wolfsrudel und Menschengruppen sowie weiteren Besuchen in unseren Wolfs- und Hunderudeln vergingen zwei Tage wie im Flug. Nicht wenige Rückmeldungen der Teilnehmer waren überaus positiv und ich hatte etwas Wichtiges dazugelernt. Wölfe wirken, und das nicht nur auf unsere Vorfahren, sondern ganz offensichtlich auch auf moderne Menschen.

Zwei Jahre und einige Seminare später sind das Interesse von Managern und unsere Faszination an der Sache ungebrochen. Natürlich sind es vor allem Wolfsneugierige, die es in diese Seminare verschlägt und die dabei ebenso viel über Wölfe mitnehmen wie über sich selbst und das Funktionieren ihrer Gruppen. Ganz praktisch zeigt sich immer wieder, dass Wölfe uns auch heute noch sehr wesensähnlich sind, dass sie uns berühren und wir uns in ihnen wiederfinden. Das trifft auch für jene zu, die zwar mit offener Neugierde, aber nicht unbedingt als Wolfsfans kommen. Sogar Menschen mit Angst vor Hunden waren schon darunter, die dann aber doch aus eigenem Antrieb ins Gehege mitkamen. Alle berichteten übereinstimmend, dass sie ob der Ruhe der Wölfe rasch Zutrauen fassten. Wölfe sind eben doch keine Hunde. Wolf wirkt, wobei mir immer noch nicht ganz klar ist, wie.

Die Hunde am Wolfsforschungszentrum

Im Herbst 2009 wurden die ersten vier Vergleichshunde gleichartig zu den Wölfen aufgezogen und trainiert, im Herbst 2010 kamen ebenso wie im Herbst 2011 je sechs weitere Hunde dazu. Von diesen lebten im Frühjahr 2012 noch 13 am WSC. Aus Gründen der Vergleichbarkeit werden unsere Hunde ebenfalls von Tag zehn an per Flasche handaufgezogen. Unumgänglich aus wissenschaftlichen Gründen, aber glücklich waren wir damit nicht. Zudem war die Frage zu lösen, *welche* Hunde wir einsetzen wollen. Sicher, Huskys beispielsweise sind geeignet für Gehegehaltung, aber wir wollten Wölfe mit *Hunden* vergleichen, nicht aber mit einer einzigen, recht spezialisierten und noch dazu genetisch sehr wolfsähnlichen Hunderasse.

Die Lösung beider Probleme war es, Welpen aus ungarischen Hundeauffangstationen zu beziehen. Die hätten ohne unser Zutun kaum überlebt. Zudem handelt es sich dabei um eine breite Mischung von allem, was sich so auf Ungarns Straßen herumtreibt. Unsere Hundeaufzucht hat damit einen wichtigen Tierschutzaspekt bekommen und der genetische Hintergrund ist breit Hund und nicht irgendeine bestimmte Rasse. Das klingt freilich einfacher, als es war. Denn aufgrund fehlender Impfungen steckten in diesen Welpen so gut wie alle Krankheiten, die Gott oder der Teufel für Hunde vorgesehen hat. Trotz aufwändigster tierärztlicher Betreuung von Anfang an starben in den ersten Wochen viele Welpen, was für unsere Aufzieher immer sehr belastend war. Daher quartierten wir diese mit ihren Hundewelpen bis zur zehnten Lebenswoche in einem angemieteten Häuschen am Stadtrand von Budapest ein; erst wenn alle Welpen nachgewiesenermaßen virenfrei waren, kamen sie, mit Impfpass und ganz legal nach Österreich. So liegt der logistische und finanzielle Aufwand der Aufzucht unserer Mischlingshunde sogar noch einiges über dem der Wolfswelpen. Auch etwas, womit wir nicht gerechnet hatten, als wir ebenso begeistert wie blauäugig unser Projekt Wolfsforschungszentrum begannen …

Ziel ist es, in den nächsten Jahren maximal 20 Wölfe und ebenso viele Hunde für unsere Arbeit zu halten. Zur Geburtenkontrolle werden die Samenleiter aller unserer Rüden unterbunden. Kein Tier wird kastriert, da dies das Sozialverhalten und die Arbeitsmotivation beeinträchtigen würde. Zur vollen Ausbildung der sozialen Motivation und der geistigen Leistungen braucht es eben auch die Geschlechtshormone, auch wenn diese das Zusammenleben der Tiere und unseren Umgang mit ihnen nicht wirklich erleichtern.

So mussten wir es schmerzlich und auf die harte Tour lernen, wie man intakte und kaum miteinander verwandte Hunde einigermaßen friedlich in Rudeln hält. Anfangs verloren wir zwei unserer Hunde im späten Welpenalter durch unvorhersehbar heftige aggressive Auseinandersetzungen, was uns alle sehr betroffen machte, zumal wir und unsere Trainerinnen viel Zeit aufbringen, um mit diesen Hunden zu arbeiten und ihr Sozialverhalten zu beobachten, immer bereit, einzugreifen, wenn es nötig sein sollte. Um weitere Vorfälle zu verhindern, mussten daher in Folge zwei weitere Hunde in Privathaltung abgegeben werden. Die beiden gerierten sich als aggressive Rädelsführer in den Rudeln und waren damit im Sozialverband tickende Zeitbomben. Als private Kumpanhunde sind sie nun ruhig und zuverlässig, sie haben offenbar ihren Platz gefunden. Wieder ein Beleg dafür, wie sehr bei Hunden das soziale Umfeld ihr Verhalten prägt.

Nun sind die Hunderudel befriedet. Selbstredend werden Wölfe und Hunde exzellent, aber knapp verpflegt, damit sie schlank und agil bleiben: mit Kaninchen, Hühnern, Rehen und anderen Nebenprodukten der lokalen Jagd sowie dem Top-Trockenfutter unseres Sponsors Royal Canin. Diese Pellets werden auch als Futterbelohnung in der täglichen Arbeit mit den Tieren verwendet. Besonders die Wölfe bekommen immer wieder auch süßes Obst, was den Geschmack unserer Hunde weniger trifft. Natürlich stehen Wölfe wie Hunde unter ständiger tierärztlicher Betreuung. Mit Frau Dr. Mathilde Buchmayer haben wir eine lokale Tierärztin, die sich einmal wöchentlich mit den Wölfen sozialisiert und somit einfache Behandlungen durchführen kann, ohne dass sich die Tiere fürchten oder betäubt werden müssen. Eingehendere Untersuchungen und Behandlung werden über die nahe Universität für Veterinärmedizin im Rahmen eines Kooperationsvertrags durchgeführt.

Weil wir immer wieder danach gefragt werden: Nein, wir verfüttern keine lebenden Tiere an unsere Wölfe und Hunde. Erstens ist dies nach dem österreichischen Tierschutzgesetz verboten und zweitens haben wir kein Interesse daran, den Jagdtrieb bei unseren Tieren über Gebühr zu entwickeln.

Als Wolf am Wolfsforschungszentrum

Der Lebensweg eines Wolfs am WSC unterscheidet sich nur in seinen ersten Tagen nach der Geburt kaum von dem seiner Artgenossen draußen in der Wildnis. Die ersten Tage werden an der mütterlichen Zitze verbracht, aber noch bevor sich mit etwa zehn bis zwölf Tagen die Augen öffnen, wechselt der Welpe in die Betreuung von menschlichen Zieheltern. Nur durch diese frühe Übernahme in menschliche Pflege ist gewährleistet, dass beim Wolf jenes Grundvertrauen zu Menschen generell und eine respektvolle Beziehung zu bestimmten Menschen im Besonderen entstehen. Beides benötigen wir für unsere Arbeit und dem Wolf ermöglicht dies ein stressarmes Leben im Gehege. Was bei Hundewelpen üblich ist, nämlich einfach dabei zu sein, wenn die Mutter aufzieht und auf diese Weise wunderbar mit Menschen sozialisierte Tiere zu bekommen, würde bei Wölfen nicht funktionieren. Das zeigte bereits vor drei Jahrzehnten Erik Klinghammer, der im „Wolfspark" in Indiana in den USA Wolfswelpen unter verschiedenen Bedingungen aufzog: mittels einer zahmen Wölfin so menschennahe wie Hundewelpen und andere Welpen aus denselben Würfen ab dem zehnten Lebenstag per Hand, so wie wir das heute tun. Das Ergebnis war, dass selbst die menschennahe von einer zahmen Wölfin aufgezogenen Wolfswelpen ihre natürliche Scheu vor Menschen nicht ablegten.

Im Gegensatz zu den bereits auf Vertrauen zu Menschen vorjustierten Hundewelpen steht dieser Schalter bei Wolfswelpen offenbar noch auf Misstrauen. Bei manchen übrigens stärker als bei anderen. Denn selbst sorgsam handaufgezogen, entwickeln nicht alle dasselbe Vertrauen zu allen Menschen in ihrer Umgebung. Unser kleiner Rüde Apache etwa zeigte von Anfang an nahezu autistische Züge und mied uns gelegentlich auch als Welpe. Andere wie Kenai und Wapi waren als Welpen schon beinahe hundeartig bezogen. Während wir das Grundvertrauen von in einem von liebevoller Zuwendung geprägten Klima aufwachsenden Hunden zu uns als gegeben ansehen, muss man sich dieses zu einem Wolf sorgfältig und einfühlsam erarbeiten. Deswegen bleibt auch die Beziehung von jedem von uns zu jedem einzelnen unserer Wölfe etwas ganz Besonderes. Wir lieben und schätzen unsere

Hunde sehr, aber die geringere soziale Vorleistung der Wölfe in der Beziehungsarbeit zu uns Menschen und ihr generell unabhängigeres Wesen bringen ihnen mehr Achtung ein und unweigerlich mehr Aufmerksamkeit, sosehr wir uns auch bemühen, Wolfs- und Hundewelpen gleich zu behandeln.

Praktisch läuft die Handaufzucht in einem Raum mit den dafür nötigen Voraussetzungen wie Wasseranschluss, glattem, leicht zu reinigendem Boden, Wasserkocher, Matratze, die in der Nacht am Boden liegt, sowie einem alten Sofa, einem Regal und Stühlen. Per Welpenklappe geht's in einen großen Freibereich und meist können die Welpen und Aufzieher selber wählen, wo sie sein wollen. So machen die Welpen, was immer sie wollen, die Aufzieher sind jedoch mit Dokumentieren, Putzen, Aufräumen und dem Spiel und Training der Welpen beschäftigt. Seit 2011 steht für diesen Zweck ein kleines, aber feines Häuschen im so genannten Aufzuchtgehege zur Verfügung, nahe an unserer Wolfshaltung gelegen. Damit können auch die Besucher des Parks und des WSC sehen, wie unsere Welpen heranwachsen, so diese nicht gerade schlafen.

Anfangs alle zwei Stunden, dann in längeren Abständen werden die Welpen mit Royal-Canin-Welpenmilch per Fläschchen versorgt. Schon ab der dritten Woche wird zunehmend Fleisch zugefüttert und gelegentlich wird im Falle von Wolfswelpen ein adulter Wolf zum Vorwürgen mit den Welpen in Kontakt gebracht, zur allseitigen Begeisterung. Die ersten beiden Tage nach der mütterlichen Zitze kann es noch Verweigerung geben, später gewöhnlich nicht mehr. Gerade die Wolfswelpen entwickeln sich zu sehr gierigen Saugmonstern, die sich mit ihren Vorderpfoten unter Einsatz ihrer Daumenkrallen am Arm, der das Fläschchen gibt, derart festkrallen, dass Blut fließen kann. Handaufzieher erkennt man leicht an ihren zerkratzten Unterarmen – auch ein Grund, warum man spätestens nach 48 Stunden abgelöst werden will. Ein anderer Grund sind die etwas gewöhnungsbedürftigen nächtlichen Gewohnheiten der Wolfswelpen.

Als Aufzieher übernachtet man mit einer Matratze auf dem Boden, eingehüllt in ein paar Decken, welche die lieben Kleinen in der Regel in Ruhe lassen, zumindest solange man darunter liegt. Aber im Gegensatz zu den meist durchschlafenden und schon früh stubenreinen und sanften Hundewelpen herrscht mit den Wölfchen nächtens alle zwei Stunden High life. Sollten der Aufzieher und der eine oder andere

Welpe eingeschlafen sein, dann gibt es gewiss einen Putzmunteren, der alle wieder weckt. Wozu in der Nacht schlafen? Das kann man ohnehin untertags, wenn die Besucher ungeduldig drauf warten, dass man sich als Welpe blicken lässt. Es wird an Nase oder Ohr gezogen, wild gespielt. Und wenn man als Aufzieher mal selber wegen eines dringenden Bedürfnisses sein Lager räumen muss, findet man Decken und Laken gewöhnlich weggezerrt oder zerfetzt, das Kissen bepinkelt und die Matratze mit ein paar netten Häufchen verziert.

Wolfswelpen sind weder besonders rücksichtsvoll noch stubenrein. Das macht ihre Handaufzucht wenig romantisch. Allerdings entschädigt dann für alles, wenn etwa wie in meinem Fall der kleine Geronimo immer auf meinem Kissen und in engem Kontakt mit meiner Wange schlafen will. Andere bleiben als Welpen eher auf Distanz. Wenn dem so ist, versuchen wir zwar, sie immer wieder zu kontaktieren, zwingen sie aber zu nichts. Sozialisieren ist ein Angebot, kein Zwangsprogramm. Die Welpen werden zwar regelmäßig von den Handaufziehern getragen, um sie daran zu gewöhnen, angefasst zu werden, aber man trägt sie nicht von A nach B, weil man etwa keine Zeit aufwenden will, zu warten, bis sie selber kommen. Früh schon lernen sie, auf Zuruf zu reagieren und werden dafür immer belohnt. Täglich bekommen wir auch Besuch von fremden Personen, damit sie sich auch daran gewöhnen; aber die Welpen haben die Wahl, ob sie sich annähern und streicheln lassen oder auf Distanz bleiben wollen. Und wenn sie schlafen, schlafen sie; wir wecken sie nicht, oft sehr zur Enttäuschung unserer Besucher.

Nicht nur Menschen ziehen die Welpen auf, wir beteiligen daran gewöhnlich auch unsere Privathunde, die mehr oder weniger begeistert und sozial kompetent mitmachen. Die am WSC aufgezogenen Hunde werden im Falle der Wolfswelpen nicht mitbeteiligt, es gäbe dafür keinen vernünftigen Grund. Das hat sich bewährt, denn die sehr wolfsähnliche Körpersprache und Kommunikation von Hunden bildet ein wichtiges Zwischenglied, um die Welpen auf das spätere Zusammenleben mit den erwachsenen Wölfen vorzubereiten. Vor allem aber lernen die Wolfswelpen, sich zu unterwerfen, eine sehr wichtige Verhaltensweise, um später im Rudel bei Spannungen zu deeskalieren. So gibt es einen ungeschriebenen Vertrag mit unseren Hunden: Wir sind den Wölfchen gegenüber ausschließlich die „good guys", während unsere Hunde schon manchmal resolut einschreiten, wenn sie Grund dazu sehen.

Jeder unserer Hunde verhält sich den Welpen gegenüber etwas anders. Während meine Eurasierhündin Bolita relativ sanftmütig und spielerisch mit den Welpen umgeht, sind Beas Malinois-Hündin Kendra oder Friederikes Border-Collie-Hündin Guinness „rescher" mit den Kleinen. Und Zsófis kleiner Todor, selber als Vergleichshund im ehemaligen Budapester Wolfs-Hund-Vergleichsprojekt handaufgezogen, ist ohnehin unser Obermacho. Es mutet seltsam an, dass sich die Wölfe diesen Hunden, mit denen sie früh sozialisiert wurden, lebenslang unterwerfen. In der Regel kommen sie allerdings mit den erwachsenen Wölfen nur mehr einzeln in Kontakt. Aus Sicherheitsgründen vermeiden wir es, unsere Hunde ins Rudel zu bringen. Und auch aus Rücksicht auf unsere Hunde, für die es immer etwas stressig ist, bei der Begrüßung unter einem Haufen begeisterter Wölfe begraben zu werden. Anderen Hunden ist der Kontakt zu unseren Wölfen ohnehin tabu, denn für die wäre er ziemlich ungesund.

Vom Welpenalter weg provozieren, dominieren oder bestrafen wir die Wölfe niemals, zumindest nicht wissentlich, zwingen sie zu nichts, tragen tunlichst keine Konflikte mit ihnen aus und motivieren sie immer mittels Futterbelohnung mit uns zu kooperieren, und das als tägliche Routine. Denselben Umgang pflegen wir auch mit unseren Hunden, die wir zu Vergleichszwecken halten. So hören unsere vierpfötigen Partner zwar hervorragend auf Kommandos und sind sehr arbeitseifrig, haben aber kein Problem damit, besonders den gut gekleideten Besuchern mit ihren Schlammpfoten raufzuspringen. Vor allem die Hunde, die Wölfe wahren ohnehin meist vornehme Distanz. Wir halten die besttrainierten, aber schlechtesterzogenen Hunde der Welt, pflege ich Besuchern gegenüber zu erläutern. Unsere Tiere haben den Kopf frei zum Denken und gewöhnlich keine Angst vor uns oder den Versuchssituationen. Entsprechend gerne arbeiten sie auch. Die tägliche Routine in Training und in den unterschiedlichen Versuchen ergibt eine verlässliche Arbeitsbeziehung.

Diese Art von Wolfshandling wurde im „Wolf Park Indiana" (www.wolfpark.org) entwickelt. Dieser Park wurde 1972 in Zusammenarbeit mit der Pudre Universität von Erich Klinghammer gegründet. Mehrere Generationen von Wölfen wurden handaufgezogen und trainiert, um mit Menschen zu kooperieren. Erich war ein Ethologe von echtem Schrot und Korn, im Sinne Konrad Lorenz', eine Seltenheit in den USA. Wir hatten bereits zwei Generationen von Wölfen handaufgezogen, als mir das offizielle Manual für die Aufzucht im Wolf Park in die Hände fiel. Auf dem Titelblatt war zu lesen: „Konrad Lorenz gewidmet, dessen Methode der Aufzucht von Dohlen und Raben wir bei Wölfen anwenden." Selber komme ich von der Konrad Lorenz Forschungsstelle, wo die sozial beteiligte Handaufzucht von Gänsen, Raben und Waldrappen eine wichtige Routine bildet, die kooperative Tierpartner für die Forschung ergibt. So schloss sich also der Kreis: Unsere Methode, Wölfe und Hunde aufzuziehen, kam auf dem Umweg über den Wolf Park direkt von Konrad Lorenz. Im Sommer 2011 durfte ich den Wolf Park besuchen, im Winter darauf starb der nicht nur an Körperlänge große Erich Klinghammer.

Druck auf Wölfe auszuüben wäre unklug, denn der käme mit Sicherheit irgendwann zurück. Anstatt der relativ neutralen Futterbelohnung würden wir uns durch Ausüben von Druck auch viel zu sehr sozial einbringen, über unsere Beziehung arbeiten, sie damit verknüpfen, wie gut die Tiere arbeiten. Diese Form der sozialen Erpressung ist auch bei Hunden kein optimaler Beziehungs- und Trainingsansatz, bei Wölfen wäre er gefährlich. Der von Anfang an kooperative Umgang mit Wölfen dient daher auch der eigenen Sicherheit. Oberste Regel ist, die Wölfe niemals gegen sich aufzubringen. So etwa ist Kaspar, unser Alpharüde trotz Geschlechtsreife gewöhnlich ruhig und kooperativ und verhält sich seinem Rudel gegenüber sozial verantwortlich, was sich etwa darin äußert, dass er sich oft zwischen Fremden am Gehegezaun und seinem Rudel positioniert. Er zeigt, wie die anderen Wölfe auch, uns gegenüber keine Unterwürfigkeit. Bei der Begrüßung trägt er, wie die meisten anderen Wölfe, den Schwanz locker oder sogar hoch, niemals zwischen den Beinen.

Ich wette, der eifrig auf seinen Satus bedachte Kaspar meint, er sei dominant über uns, womit er ja nicht ganz Unrecht hat. Und solange er das glaubt, hat er keinen Anlass, sich gegen uns aufzulehnen. Wir kooperieren sozusagen auf gleicher Augenhöhe. Die Wölfe scheinen genau zu wissen, dass sie physisch stärker sind als wir, aber mit wertvollen Kooperationspartnern geht man sorgsam um. Allerdings wurde der nun vierjährige Kaspar in letzter Zeit weniger freundlich im Umgang mit Trainern, die nicht bei seiner Handaufzucht dabei waren, also lediglich eine sekundäre Beziehung zu ihm aufweisen. Wir arbeiten daran, sind aber darauf eingestellt, dass in Zukunft nicht mehr alle unsere Mitarbeiter in direktem Kontakt mit ihm arbeiten können.

Im Sinne der Sicherheit und der Qualität der wissenschaftlichen Daten pflegen wir einen partnerschaftlichen Umgang mit den Wölfen, sind uns aber bewusst, dass sie Wölfe bleiben: mit enormem körperlichem Reaktionspotenial, im Vergleich zu Hunden großer mentaler Stärke und sozialem Beharrungsvermögen sowie erheblicher geistiger „Kreativität". Wir halten uns daher an bewährte Sicherheitsregeln, etwa dass auch Menschen mit einer primären Beziehung, die also an der Aufzucht der Wölfe beteiligt waren, die Rudelgehege niemals allein ohne eine erfahrene Begleitperson betreten.

In unserer Begleitung erleben auch Studenten und Besucher gefahrlosen direkten Wolfskontakt. Zu den Menschen, die sie aufziehen, entwickeln Wölfe die tiefste Beziehung, es bildet sich bei allem Respekt, den man als Mensch vor einem Wolf immer haben sollte, ein nahezu bedingungsloses wechselseitiges Vertrauen. Beiläufig freundlich sind unsere Wölfe zu Fremden, die mit uns das Gehege betreten, als wüssten sie, dass diese mit uns in guter Beziehung stehen. Das ist durchaus bemerkenswert, denn ein fremder Wolf oder Hund würde auch in unserer Gegenwart angegriffen werden. Eine „Doppelidentität", die etwa Erik Zimen den Hunden zuschreibt, äußert sich also bereits bei den Wölfen.

Den schwierigsten Stand mit einigen Wölfen haben Menschen mit „sekundärer Beziehung", Trainerinnen etwa, die nicht an der Handaufzucht dieser Wölfe mitwirkten, weil sie erst später zu uns stießen. Sie arbeiten täglich mit den Tieren, von denen sie manche deutlich wissen lassen, dass sie keinen großen Respekt vor ihnen haben. Da wird schon mal an der Kleidung gezerrt oder nach der Hand geschnappt, in Forderung nach mehr Futter oder einfach als Test, was passiert. In solchen Situationen erfahren die Trainerinnen durch Personen mit Primärbeziehung Unterstützung, der Wolf wird abgelenkt und die Trainerin arbeitet in den Tagen danach besonders viel mit diesem Tier, um die Routinebasis der Beziehung wiederherzustellen.

Die Wölfe werden immer wieder in entspannter Atmosphäre mit ihnen unbekannten Personen in Kontakt gebracht, um sie „offen" zu halten für neue Menschen. Es ist uns sehr wichtig, dass auch die Wölfe aus diesem ganz speziellen Zusammenleben mit uns profitieren, etwa von der geistigen Forderung und Förderung und vom Sozialkontakt mit Menschen. Sie sind daher keinesfalls nur „Forschungsobjekte" für uns. Wir bemühen uns sehr um eine exzellente Wolfs- und Hundehaltung, welche auch die regelmäßige Beschäftigung mit uns in Training und Tests, also geistige und körperliche Herauforderungen mit einschließt. Besonders beliebt bei Wölfen und Besuchern sind die regelmäßigen Spaziergänge an der Leine, welche auch den erwachsenen Wölfen die Gelegenheit gibt, ihre unmittelbare Umgebung kennenzulernen. Natürlich geschieht dies unter entsprechenden Sicherheitsmaßnahmen, um etwa zu verhindern, dass die Wölfe beim Spaziergang mit frei laufenden, fremden Hunden in Kontakt kommen.

Während der gesamten Aufzuchtperiode werden die Welpen immer wieder mit erwachsenen Wölfen in Kontakt gebracht, durch den Zaun oder mit freundlichen Erwachsenen an der Leine; bei Hundewelpen halten wir es ebenso mit erwachsenen Hunden. Solche Begegnungen verlaufen anfangs von den Welpen her vorsichtig, dann wird meist gespielt. Und immer wieder würgen die erwachsenen Wölfe Nahrungsbrei vor, die von den Welpen meist begeistert sind, manchmal auch deutlich genervt von den Quälgeistern, ganz selten aber so aggressiv-abweisend, wie Hunde es oft sind. So lernt man einander kennen und bereitet sich auf die folgende Integration der Welpen in die Rudel vor. Denn etwa mit dem Ende des vierten Lebensmonats sind die Aufzieher nur noch tagsüber anwesend und es wird intensiv an der Integration mit den anderen Wölfen gearbeitet. Das kann schwierig sein, da manche Welpen vor manchen erwachsenen Wölfen ihre Angst nur schlecht ablegen, man muss daher sorgsam überlegen, wer mit wem zusammenpassen könnte. Und man sollte nicht mehr als zwei Jungwölfe pro Rudel integrieren, sonst kann es passieren, dass sie als halbstarke Einjährige den Spieß umdrehen und beginnen, gegen die Älteren vorzugehen.

Zwischen dem Hineinwachsen von Jungwölfen in natürliche Rudel und der Rudelsituation am Wolfsforschungszentrum gibt es einige Unterschiede. Natürliche Rudel sind gewöhnlich Familienverbände. Der hohe Verwandtschaftsgrad und die im Freiland existierenden Zwänge, etwa die Notwendigkeit erfolgreich zu jagen oder neben den kriegerischen Nachbarn zu bestehen, schweißen das Rudel zusammen und sorgen für ein kooperatives und freundliches Miteinander. Anders in unserer Situation. Wir haben uns wie erwähnt entschlossen, nicht mehr als zwei Welpen aus jedem Wurf zu nehmen, um den Verwandtschaftsgrad zwischen unseren Wölfen gering zu halten, damit unsere Ergebnisse möglichst allgemeingültig sind. Zudem werden unsere

Wölfe im Gegensatz zum Freiland menschen-, hund- und wolfssozialisiert. Das ist unumgänglich, um mit diesen Wölfen arbeiten zu können, gibt uns aber auch gewisse Möglichkeiten, einzugreifen, wenn in einem Rudel einmal Spannungen auftreten. Das geschieht dann selbstverständlich nicht in Form einer Parteinahme, was uns zu einem Teil des inneren sozialen Netzwerkes unserer Wölfe werden ließe. Genau das wollen wir nicht, da dies die Gefahr erhöhen würde, aus Rivalität heraus angegriffen zu werden. Aber wir können Wölfe für eine Zeit aus dem Rudel nehmen, bis sich die Lage beruhigt hat, oder wir können sie mittels täglichen kurzen Kontakts so aneinander gewöhnen, dass sie sich schließlich doch noch dazu entschließen, friedlich zusammenzuleben.

Dies praktizierten wir im Frühjahr 2012 mit Wapi und Kenai, unseren beiden nahezu weißen, 2010 aufgezogenen Hudson-Bay-Wölfen, deren Respekt vor den großen Wölfen, gepaart mit einem sturen Unwillen sich unterzuordnen, es nicht erlaubte, sie einfach und rechtzeitig in die bestehenden Rudel zu integrieren. Die langsame Methode bringt Fortschritte und ermöglichte schließlich doch noch die Eingliederung der beiden Widerspenstigen, wie oben zu lesen ist. Zudem waren beide die wohl menschen- und hundebezogensten unserer Jungwölfe, immer begeistert, wenn sie mit uns arbeiten können, und im Gegensatz zu den gelassen-freundlichen anderen Wölfen immer stürmisch voller Freude, wenn wir sie treffen, leinenführig und in ihrem Wesen nahezu hundeartig. Solche stark sozial menschenbezogenen Wölfe mögen gut fürs Herz sein, mir waren sie von Anfang an ein wenig zu distanzlos. Tatsächlich war es dann ausgerechnet der nette Wapi, der mich im März 2012 als erster Wolf überhaupt ernsthaft bedrohte. Es war mein Fehler, denn er war schon in merkbar seltsamer Stimmung, als ich ihn in der Nähe eines läufigen Wolfsweibchens aus dem Gehege nahm, um ihm das Halsband umzulegen und ihn in ein anderes Gehege zu bringen. Normalerweise begeistert von Spaziergängen, knurrte er mich an, als ich ihm das Halsband überstreifte und beim Versuch es festzuziehen, hatte ich einen böse drohenden 45-Kilo-Wolf mit gesträubtem Nackenhaar am Arm hängen.

In einer solchen Situation macht man vor allem mal keine falsche Bewegung. Erstaunt und vorsichtig setzte ich auf Deeskalation, bewegte mich nicht und begann, als seine Stimmung es wieder zuließ, mit ein paar Sitz- und Platz-Kommandos. Auch das beruhigte ihn nicht sonderlich und jedes Stück Belohnung wurde unter gutturalem Knurren mit einem aggressiven Schnappen gegen meine Hand quittiert. So bot ich ihm ruhig den Weg zurück ins Gehege an und wir gingen beide erhobenen Hauptes auseinander, ohne dass es einen Sieger oder Verlierer gegeben hätte. Das ist sehr wichtig, denn Siege oder Niederlagen gegenüber einem solchen Wolf wären eine schwere Hypothek für die zukünftige Partnerschaft. Ich vermied ein paar Tage den Kontakt mit ihm gänzlich. Danach war er wieder ganz der nette, freundliche Wapi. Eine eindrucksvolle Erinnerung daran, dass ein Wolf eben kein Hund ist, und eine Bestätigung unserer Ansicht, dass man es mit der sozialen Nähe zu unseren Wölfen nicht übertreiben sollte. Denn Wapi hatte mich in diesem kritischen Moment wie einen Artgenossen und Rivalen behandelt und das wäre in letzter Konsequenz für mich nicht besonders gesund gewesen.

Sind menschensozialisierte Wölfe „domestiziert"?

Bedenken, es handle sich bei dermaßen sozialisierten Wölfen um „domestizierte" Tiere, die mit freilebenden Wölfen nicht mehr vergleichbar seien, sollte man ernst nehmen, man kann sie jedoch mit Argumenten zerstreuen. Unter Domestikation versteht man eine genetische Veränderung durch Auslese, was bei unseren Wölfen nicht der Fall ist. Sozialisation und Training machen die Tiere kooperativer, doch das ist gut vergleichbar mit den innerartlichen Sozialisierungs- und Lernprozessen, die ja auch in Rudeln laufen.

Trotz einheitlichem Sozialisieren und Aufziehen entwickeln auch unsere Wölfe deutlich ausgeprägte, unterschiedliche Persönlichkeiten. Die unterschiedlichen Charaktere beeinflussen nicht nur die Führungsstile der Alphas und den Umgang miteinander in den Rudeln, sondern auch unsere Arbeit mit den Wölfen in einem Maß, das zwar spannend ist, das wir uns aber eigentlich nicht gewünscht haben. Es schränkt etwa die Möglichkeiten der Trainerinnen ein, mit allen Wölfen alles zu tun, und ist in vielen Zusammenhängen bemerkbar. Im Frühjahr 2012 etwa waren aus diagnostischen Gründen Blutabnahmen erforderlich, um zu überprüfen ob unsere beiden schlecht sozialisierbaren Hudson-Bay-Wölfe Wapi und Kenai erhöhte Stresshormonspiegel zeigen (was nicht der Fall war). Da wir die Wölfe dafür nicht narkotisieren wollten, fütterte Marleen, eine der Trainerinnen, den Wolf vorne mit einem Pellet nach dem anderen, während meine

Kollegin Zsófi ihn von der Seite stabilisierte und am Bauch kraulte. Mein Part war es, eine Kanüle in die hintere Beinvene zu platzieren und zu fixieren und im Laufe der nächsten 90 Minuten immer wieder daraus Blut in Laborröhrchen zu zapfen, technisch assistiert durch Trainerin Rita. Unsere Wölfe hätten mit Sicherheit keinen Tierarzt zu diesem Behufe an sich herangelassen und als ausgebildeter Biologe kann und darf ich Blut nehmen.

Zunächst überraschte uns die geringe Reaktion der Wölfe. Solange vorne gefüttert wurde, gab es zunächst kaum Reaktion auf das, was hinten geschah. Wapi und Kenai begannen erst nach einer Stunde etwas zu reagieren und gelegentlich in Pflichterfüllung beim Verteidigen ihres Rufs als Wölfe nach hinten zu schnappen. Die Vergleichswölfe gaben sich differenzierter. Typisch Geronimo, dass er zu wachaufmerksam war, um auf den Futtertrick hereinzufallen. Er reagierte zu stark, begann auszuweichen und zu schnappen, weshalb wir abbrachen. Nicht dass wir Angst vor ihm gehabt hätten, aber Wölfe festhalten und zu etwas zu zwingen, zerstört Vertrauen. Also wichen wir auf Nanuk aus, der erwartungsgemäß zwar aufmerksam, aber kooperativ war. Am extremsten war schließlich Apache, der wahrscheinlich nicht mal die Entfernung des Hinterbeins gemerkt hätte, so futterzentriert war er. Obwohl ich bei ihm mehrmals nachstechen musste, zeigte er keinerlei Reaktion. Beeindruckt waren wir nicht nur wieder einmal von den klaren Persönlichkeitsunterschieden zwischen unseren Wölfen, sondern auch von ihrem großen Vertrauen uns gegenüber und ihrer unglaublichen Kooperationsbereitschaft.

Intelligenzleistungen und dumme Einschränkungen

Besuchern gegenüber betone ich immer, dass es nicht Sinn des Trainings ist, einen Wolfszirkus zu inszenieren, sondern konfliktfrei mit den Tieren umzugehen. Darum wird es am WSC auch nie Wölfe geben, die durch Reifen springen oder dergleichen, auch wenn solche Tricks durchaus der geistigen Beschäftigung von Tieren dienen können. Der eigentliche Zweck der aufwändigen Übung besteht darin, unter Mitwirkung unserer Wölfe und Hunde als Partner mehr über deren geistige Leistungsfähigkeit zu erfahren.

Dass Wölfe klug sind, daran besteht wenig Zweifel. Nicht zuletzt war es wesensverwandte Klugheit, die Menschen an anderen Tieren immer besonders faszinierte. Wahrscheinlich, weil sie sich immer wieder interessant verhielten, und wegen ihrer Jagdorientierung waren Raben, Schwertwale und Wölfe immer wichtige Totemtiere. Letztere werden, seit es mündliche Überlieferung gibt, als geistige Höchstleister dargestellt oder sie werden zu solchen hochstilisiert. Wie etwa die Mongolen den Wölfen ihre Rolle bei der Zucht der Kriegspferde zubilligten und sogar die Kriegsstrategien der Reiterheere der Mongolenfürsten von Wolfsverhalten herleiteten. Folgerichtig führte man gegen Wölfe auch Krieg wie gegen menschliche Gegner, wenn die Wölfe in den Augen der Menschen in der Erfüllung ihrer Aufgaben über die Stränge schlugen.

Manche glaubwürdig überlieferte Geschichten machen aber doch staunen. Wie etwa die bereits oben berichtete von Rolf Peterson, dessen Hütte am Südende der Isle Royale im Lake Superior Wölfe genau zweimal besuchten, in beiden Fällen, als die Forscher am Vortag die toten Überreste von Rudelgenossen geborgen hatten. Immer wieder tauchen ähnliche Geschichten über Wölfe auf, die offenbar interessiert daran sind, was Menschen tun, die es schaffen, Beute zu machen, ohne erwischt zu werden, während es umgekehrt menschliche Jäger oft schwierig fanden, Wölfe zu erjagen. Andere Geschichten berichten davon, wie Wölfe Bären, Menschen und andere Tiere testen. Andererseits wiederum verhalten sich diese so klugen Tiere manchmal unfassbar „dumm". Bei der „Lappenjagd" auf Wölfe etwa werden Waldgebiete, in denen man ein Rudel vermutet, durch Schnüre eingefriedet, die etwa einen Meter über dem Boden gespannt sind, und an denen in Halbmeterabstand Bänder, die so genannten „Lappen", flattern. Die Wölfe überschreiten diese Grenze nicht und können so an bestimmte Stellen getrieben und abgeschossen werden. Dies weist auf eine stark einschränkende Randbedingung für die Intelligenz der Wölfe hin: die Angst vor Neuem und Ungewohntem.

Wie bei Menschen und Raben auch scheint die Angst vor dem Unerklärlichen die böse Schwester der Erkenntnisfähigkeit zu sein. Bedrohlich und furchteinflößend ist, was man nicht kennt. Christoph Promberger etwa untersuchte den ökologischen Zusammenhang zwischen Wölfen, Karibus und Wölfen und legte dazu in der Nacht tote Karibus aus, um Raben anzulocken. Die flogen dann zwar drüber, landeten aber nicht. Erst als man im Schnee die typischen Spuren eines Wolfsrisses imitierte, waren die Raben offenbar beruhigt und nahmen das tote Tier an. Einerseits überrascht es nicht, dass es für Tiere, die mit den gefährlichen Menschen zusammenleben, von

Vorteil ist, Unbekanntem gegenüber vorsichtig zu sein, andererseits schränkt dies natürlich die Möglichkeiten stark ein, Erfahrung zu sammeln. Ein großer Unterschied zwischen Raben und Wölfen besteht übrigens darin, dass selbst bei handaufgezogenen Raben diese „Neophobie" immer noch sehr stark ausgeprägt ist, während handaufgezogene Wölfe zwar scheuer als Hunde bleiben, aber sich wesentlich unerschrockener zeigen als ihre wolfsaufgezogenen Artgenossen.

Experimentelle Forschung am Wolf und am Wolf-Hund-Interface

Es wird natürlich nicht gelingen, das „Wesen des Wolfs" oder „den" Unterschied zwischen Wolf und Hund in ein paar einfachen Experimenten festzumachen. Aber wie in anderen Bereichen der Bio-Wissenschaften auch geht es hier im Grunde nicht um einige wenige isolierte Versuche, sondern um Netzwerke davon. Experimentieren stellt die Kernmethode der Wissenschaft dar, denn nur so lassen sich Ursache-Wirkungs-Zusammenhänge nachweisen. Allerdings wird im gültigen Experiment nur ein einziger Faktor im Vergleich zur Kontrollbedingung verändert und erhoben, welche Folgen dieses Drehen an der Ursachenschraube nach sich zieht. Experimente sind also von ihrer Natur her reduktionistisch und daher manchmal eine rech mühsame Krücke zur Annäherung an die Wirklichkeit. Aber natürlich ist die Methode nicht mit dem Ziel zu verwechseln.

Experimente klären meist Detailfragen; erst die Einbettung dieser Experimente in den theoretischen Hintergrund und ein Mosaik solcher Experimente vermögen ganze Systeme zu erklären. So mag es zunächst detailverliebt und uninteressant anmuten, testen zu wollen, ob Hunde besser als Wölfe darin sind, menschliche Zeigegesten zu nutzen. Auf den zweiten Blick allerdings liegt darin eine Grundfrage zur Domestikation der Hunde, nämlich worauf im Zusammenleben mit Menschen ausgelesen worden ist. Und wirklich tiefe Einsichten in die Unterschiede zwischen Wölfen und Hunden ergeben sich aus der Kombination dieser Ergebnisse etwa mit Experimenten zum Blickfolgen oder zur Fähigkeit von Wölfen und Hunden, eine Palette menschlichen Kommunikationsverhaltens zu deuten.

Zsófi, Friederike und ich führen mit Hilfe unserer Trainer und Studenten solche Experimente durch, aber in unterschiedlichem Ausmaß, und wir decken jeweils unterschiedliche, aber miteinander zusammenhängende Fragestellungen ab. Manche unserer Experimente zielen darauf ab, mehr Information über die Ausprägung der Intelligenz bei Hund und Wolf zu bekommen, sie liefern also trotz ihrer formalen Natur eher quantitativ-beschreibende Daten. Dies gilt etwa für die Versuche zur Entwicklung von Objektpermanenz über die Entwicklung der Wolfs- und Hundewelpen, wie man sie auch an Kindern unterschiedlichen Alters durchführt. Während für Kleinkinder und Welpen ein Objekt nicht mehr vorhanden ist, wenn es hinter einer Barriere verschwindet, ist dies bei größeren Kindern und älteren Welpen immer noch dort und sie werden zielstrebig jene Barriere ansteuern, hinter der das Spielzeug oder das Stück Futter verschwand.

Andere Experimente wiederum dienen dazu, Hypothesen zu testen. Dazu zählen etwa die Zeigeexperimente. Man nahm eine Zeit lang auf Grund einer Arbeit von Brian Hare an, dass Hunde im Gegensatz zu Wölfen Zeigegesten von Menschen deuten können, weil sie eben über viele Generationen darauf ausgelesen wurden. Die von unserer Gruppe in Kooperation mit der Eötvös Lorand Universität in Budapest an gleichartig aufgezogenen Hunden und Wölfen durchgeführten Tests hingegen zeigten, dass dies nicht der Fall ist. Während Hunde bereits mit über drei Monaten die Zeigegeste eines Menschen nutzen können, um verborgenes Futter zu finden, schaffen Wölfe das erst mit über sechs Monaten. Wölfe entwickeln sich schlicht langsamer. Und was die Fähigkeit betrifft, dem menschlichen Blick zu folgen, sind Wölfe genauso gut wie Hunde oder sogar besser.

Diese Ergebnisse zeigen, dass es sich bei der Idee um eine Mär handelt, Hunde wären auf spezielle kommunikative Fähigkeiten mit Menschen ausgelesen. Vielmehr scheint die erhöhte Aufmerksamkeit der Hunde in Richtung Mensch ein Nebenprodukt der Selektion auf Zahmheit zu sein. Diese Geschichte zeigt ganz deutlich, wie unumgänglich es ist, Wölfe und Hunde für solche Untersuchungen gleichartig aufzuziehen, da es ziemlich unfair wäre, mit Menschen lebende Hunde bezüglich der Fähigkeit menschliche Zeigegesten zu deuten mit in Gehegen lebenden Wölfen zu vergleichen, die zwar gleich aufgezogen wurden, später aber kaum Menschenkontakt hatten. So fraß sich mittlerweile die Behauptung, dass Hunde menschliche Gesten lesen können, Wölfe dagegen nicht, in der Literatur fest: ein gutes Beispiel für Mythenbildung in der Wissenschaft.

Dies soll natürlich nicht bedeuten, dass an Hunden keine speziellen Fähigkeiten ausgelesen worden wären, die bei Wölfen kaum oder gar nicht vorhanden sind. Man denke etwa an die immer wieder verblüffende Fähigkeit von Border Collies, in großer Entfernung von ihrem menschlichen Partner, geleitet durch ein komplexes System von Pfiffen und Zurufen, mit Schafen zu arbeiten. Dem mag die Fähigkeit von Wölfen zugrunde liegen, auch über Distanz auf akustische Signale ihrer Artgenossen zu reagieren. Den Versuch, Jungwölfe darauf zu trainieren, auf Distanz, durch menschliche Pfeifsignale geleitet, mit Schafen zu arbeiten, würde ich allerdings nicht durchführen wollen, hauptsächlich aus Rücksicht auf die Schafe. Die Wölfe hätten sicherlich Spaß dabei, würden aber wahrscheinlich unsere Pfeifsignale ignorieren und selber entscheiden, was zu tun ist.

Wozu Intelligenz?

Letztlich dockt unsere Arbeit an Wölfen und Hunden an die großen Fragen der vergleichenden biologischen Kognitionsforschung an, egal, ob mit Wölfen, Menschen, Schimpansen, Raben oder Keas gearbeitet wird: In welchem Zusammenhang stehen geistige Leistungen mit der Lebensweise von Tieren? Sind Intelligenzleistungen daran angepasst, die ökologischen und sozialen Herausforderungen des Lebens zu lösen? Und in welcher Weise sind Intelligenzleistungen an diese Herausforderungen angepasst? Handelt es sich dabei um konkrete Werkzeuge zur Lösung konkreter Probleme oder entwickeln Tiere mit großem Gehirn so etwas wie „generelle Intelligenz", die man in allen möglichen Bereichen einsetzen kann? Gibt es eine klare Trennung zwischen „sozialer Intelligenz" und „technischer Intelligenz"? Oder sind Tiere, die gut darin sind, andere zu durchschauen, auch besonders gut darin, kompliziert verschlossene Behälter zu öffnen, um an Futter zu kommen?

Tauben wie andere Vögel sind etwa wesentlich besser als wir Menschen darin, rotierte Objekte zu erkennen, was wahrscheinlich im Zusammenhang mit ihrer Orientierung im dreidimensionalen Raum während des Fliegens steht. Und manche Häher können sich 30 000 Futterverstecke merken. Bei solchen Spezialfähigkeiten steigen Menschen und die meisten anderen Säugetiere aus. Aber sind deswegen Tauben und Häher viel intelligenter als wir? Dies sind spezielle Fähigkeiten, die kaum etwas mit allgemeinen Intelligenzleistungen zu tun haben, etwa dem Ziehen von logischen Schlüssen. Als „dumm" kann man diese Fähigkeiten freilich auch nicht bezeichnen.

Das Beispiel belegt, dass es ganz speziell angepasste Intelligenzleistungen gibt, die offenbar entstanden sind, um spezielle Probleme zu lösen. Kolkraben etwa gehören nicht nur zu jenen Vögeln, die Futterverstecke anlegen, sie können sich nach Beobachtung auch die Position von Verstecken, die andere anlegten, gut merken. So versteckte Anna Braun im Zuge ihrer Diplomarbeit an der Konrad Lorenz Forschungsstelle vor den Augen von Kolkraben bis zu 20 Futterstücke und ließ sie nach einer kleinen Verzögerung auf die Versuchsfläche. Die Raben hatten kein Problem diese Verstecke aus ihrem Gedächtnis zu finden, die Suchphase zwischen erstem und zweitem aufgefundenen Versteck war genauso lang wie zwischen vorletztem und letztem. Ein ähnlicher Versuch durch Sebastian Vetter mit Wölfen am WSC fiel dagegen für die Wölfe nicht sehr schmeichelhaft aus. Es wurde maximal eine Handvoll toter Küken versteckt, mit dem Ergebnis, dass der Versuchswolf, der dabei zusehen durfte, rasch das erste versteckte Küken fand, für das zweite schon länger brauchte und ab dem dritten Küken die Nase einsetzen musste, ein klares Zeichen dafür, dass er die Position des Verstecks vergessen hatte. Sind also Wölfe dümmer als Raben? Was ihre Merkfähigkeit für Futterverstecke betrifft schon.

Warum belegen wir manche Tiere mit dem Vorurteil, sie seien intelligenter als andere? Natürlich werden menschliche Maßstäbe angewandt. Es ist zwar kaum in irgendeiner sinnvollen Weise zu definieren, was man mit „intelligent" eigentlich meint, aber als Annäherung kann ein Katalog von Merkmalen gelten, der auf als gescheit geltende Tiere wie Menschen, Schimpansen, Wölfe, Raben, Papageien oder Delfine generell zutrifft. Dazu zählen hohe spontane Problemlösungsfähigkeit, die Zahl an auffindbaren Anekdoten zu erstaunlichen Leistungen, überraschendes Verhalten auch noch nach einiger zusammen verbrachter Zeit (erleben wir mit Raben oder Wölfen, nicht aber mit Gänsen), Verspieltheit zumindest als Jungtier, hohe Anpassungsfähigkeit an variable ökologische Bedingungen und ein komplexes Sozialsystem. Letzteres gilt heute als eine der wichtigsten Bedingungen zur Entwicklung großer, leistungsfähiger Gehirne. Der englische Primatenforscher Robin Dunbar zeigte, dass die Größe des Vorderhirns bei Affen mit der typischen Gruppengröße einer Art korreliert. Je größer die Gruppe und je komplexer die Beziehungen, desto größer das Vorderhirn. Sehr wahrscheinlich gilt diese „soziale Hirnhypothese" in ähnlicher Weise auch für Vögel.

Tatsächlich liegt die relative Gehirngröße der Raben im Bereich der Schimpansen. Umstritten ist allerdings, ob das auch für Wölfe und andere Hundeartige gilt. Dafür, doch gleichzeitig auch dagegen spricht, dass das Vorderhirn der Wölfe etwa um 30 % größer ist als das der Hunde. Nun könnte man meinen, dass Hunde unter den Fittichen der Menschen leben und daher nicht mehr einem so großen Druck ausgesetzt sind wie Wölfe, mit vielen Rudelmitgliedern differenzierte und balancierte Beziehungen zu unterhalten. Und es spricht einiges dafür, dass Hunde an feinfühligem Umgang miteinander im Vergleich zu Wölfen einbüßten. Andererseits wurden Hunde zu sozial kompetenten Experten im Zusammenleben mit Menschen. Man kann sie daher nicht als „sozial verblödet" ansehen, sondern eher als Wolfsabkömmlinge, denen Selektion auf Zahmheit ermöglichte, sich auf Beziehungen zu Menschen zu spezialisieren. Warum aber dann die 30 %-ige Gehirnverkleinerung auf dem Weg vom Wolf zum Hund?

In diesem Zusammenhang könnte man die Erklärung bemühen, dass ein Teil der für Wildtiere wichtigen ökologischen Kompetenzen bei domestizierten Tieren von Menschen übernommen wurde, und dass daher die domestizierten Vettern ihrer wilden Stammform mit weniger Hirn auskommen. Das sollten sie auch, denn Hirngewebe ist energetisch aufwändig in der Erhaltung. Und weil es auf dem Weg vom Wolf zum Hund auch eine Effizienzverbesserung der Umsetzung von Nahrung in Körpermasse gab, sollte vor allem unnötiges Hirngewebe eingespart werden. Am effizientesten unter den Hunden in der Umsetzung von Nahrungsresten in Körpergewebe scheint übrigens der Chow-Chow – der ausgerechnet über das relativ kleinste Gehirn unter den Hunden verfügt. Dazu passt, dass unter anderem der Chow zu jenen Hunden zählt, die mit zu vielen Proteinen in der Nahrung Haut- und andere Probleme bekommen können. Nicht nur, dass für ein kleineres Gehirn eine weniger proteinreiche Ernährung ausreicht, der Körper scheint mit einer solchen sogar besser zurechtzukommen. In dieser Hinsicht sind diese Hunde also recht weit weg vom Wolf.

Vor allem aktiv zu jagen scheint ein großes Gehirn zu erfordern. So fand man schon in den 1970er Jahren in einem systematischen Hirngrößenvergleich hawaiianischer Rifffische und später an den Buntbarschen der ostafrikanischen Seen die relativ größten Gehirne bei den aktiv jagenden Arten. Bei Wölfen, aber auch bei Schimpansen und bei

Menschen kommt bei der Jagd auch die soziale Komponente hinzu, die nicht nur darin besteht, dass man andere zum Mitmachen animieren muss und sich mit ihnen koordinieren sollte. Komplexe Beziehungsspiele finden auch nach erfolgter Jagd statt, etwa beim Teilen und was man dafür tut. Sex gegen Nahrung ist nicht nur bei Schimpansen ein Thema. Erfolgreiche Jäger verfügen über auch von anderen begehrtes Fleisch, erwerben damit Ansehen, können Gegenleistungen fordern, erhöhen so gegebenenfalls ihren Reproduktionserfolg. Schließlich spielt die Jagdbeute auch beim gemeinsamen Aufziehen des Nachwuchses eine Rolle, zumindest bei Menschen und Wölfen, weniger in der Macho-Gesellschaft der Schimpansen. Auch Pferde oder Graugänse etwa sollten eine erhebliche soziale Intelligenz aufweisen, aber sie müssen diese nicht für gemeinsame Jagd oder in Grenzkriegen einsetzen.

Ein wichtiges Element der Intelligenzentwicklung fehlt also bei diesen sozialen pflanzenfressenden Fluchttieren. Schließlich braucht es eine protein- und fettreiche Kost, um ein großes Gehirn zu ernähren. Die Körper anderer Tiere, d.h. fleischliche Nahrung, können mit kürzeren Därmen verdaut werden und enthalten pro Volumeneinheit mehr Energie und essentielle Nährstoffe als Pflanzenmaterial. Jagen macht also nicht nur intelligent, es setzt auch körpereigene Ressourcen und Lebenszeit frei, die von Pflanzenfressern zum Grasen und Verdauen aufgewendet werden müssen. Freilich sind auch die rein vegetarisch lebenden Gorillas nicht dumm. Allerdings ist strikter Vegetarismus innerhalb der Menschenaffen eine relativ neue Entwicklung und Gorillas müssen einen Gutteil des Tages mit Essen und Verdauen zubringen. Sie verfügen über weniger Zeit, komplexe soziale Spiele zu spielen und sind freundlicher und sozial etwas einfacher gestrickt als etwa die machiavellistischen Schimpansen und Menschen. Und vegetarische Wölfe gibt es ohnehin nicht.

Dass die unterschiedlichen Bereiche der Intelligenz zusammenhängen, belegt die Lebensweise der Wölfe. Natürlich sind Nahrungssuche, das Aufziehen der Jungen und die Abwehr der bösen Nachbarn biologisch-ökologische Funktionen, werden aber bei Wölfen gemeinsam ausgeführt. Das Sozialsystem der Wölfe und ähnlich tickender Tiere wie Schimpansen oder Menschen ist auf gemeinsame Unternehmungen ausgelegt. Daher kann es auch keine saubere Trennung in „ökologisch-technische" und „soziale" Intelligenz geben. Trotzdem fallen die am WSC durchgeführten Untersuchungen in diese unterschiedlichen Kästchen. Das hat auch seine Berechtigung, um saubere Ergebnisse zu erzielen, wie gut Wölfe und Hunde in diesen Bereichen sind. Man kann sich vorstellen, wie unterschiedlicher Ansätze es bedarf, um auf Basis von erhobenen Daten möglichst auch für Laien verständlich darzustellen, wie Wölfe ticken und was den Unterschied zwischen Wölfen und Hunden ausmacht. Dieser Aspekt der Verständlichkeit auch für Laien ist uns sehr wichtig. Denn die gesellschaftliche Würdigung der Bedeutung der Forschungsergebnisse geschieht letztlich durch die gebildete Öffentlichkeit. Wissenschaftler begeistern sich zu Recht für saubere und elegante Ansätze und für die Details, während die Suche nach den großen Zusammenhängen nicht gerade zu den Stärken des akademischen Elfenbeinturms gehört. Daran jedoch ist eine breite Öffentlichkeit im Zusammenhang mit Wissenschaft interessiert. Sie erwartet sich nicht die Beantwortung von Detailfragen, die aus dem Kontext genommen oft schrullig klingen und unverständlich, sie erwartet sich von der Wissenschaft – zu Recht – die Beantwortung der „großen" Fragen.

Was wir forschen und wie wir das tun

So geben wir drei, Friederike, Zsófi und ich, mit Hilfe der Trainerinnen, vieler Studenten und so mancher Gastforscher und natürlich unserer Wolfs- und Hundepartner unser Bestes, einerseits die internationale Kollegenschaft im Elfenbeinturm zu interessieren und andererseits handfeste und interessante Informationen für die Öffentlichkeit zu bieten. Jeder von uns deckt etwas unterschiedliche Gebiete ab und zusammen, so hoffen wir, werden wir in ungefähr einem Jahrzehnt ein wesentlich runderes Bild zu Wolf und Hund bieten können, als es heute existiert. Im Rahmen dieses Buches können nicht alle unsere Forschungsfragen, Ansätze und Versuche erörtert werden, auch weil viele Untersuchungen im Gang sind und es noch zu früh wäre, über Ergebnisse zu berichten. Darum werde ich die Forschungsbereiche nur exemplarisch aufzählen und einige wenige Beispiele ausführen.

Da das WSC als einzige Institution der Welt über gleichartig aufgezogene Wölfe und Hunde verfügt, liegt unser Hauptfokus neben den Wölfen auf der Frage, was Hunde ausmacht. Dazu laufen eine Reihe von Tests parallel an Wölfen und Hunden unterschiedlichen Alters. Aufgrund der gleichartigen Sozialisierung und Haltung sollten gefundene Unterschiede im Großen und Ganzen auf den genetischen Hintergrund zurückzuführen sein. Es scheint, dass Wölfe besser als Hunde eigenständig Probleme lösen können, dass sie miteinander besser kooperieren, dass Hunde aber motivierter sind als Wölfe, wenn es darum geht, mit Menschen zusammenzuarbeiten. Daher laufen eine ganze Reihe von Versuchen zur Intelligenzentwicklung vom Welpen zum erwachsenen Wolf oder Hund, zur physikalischen und umweltbezogenen Intelligenz, zur sozialen Intelligenz, zur Kooperationsbereitschaft untereinander und zu den Bedingungen dabei, beispielsweise, welche Rolle die Beziehung zwischen Individuen in diesem Kontext spielt.

Die meisten dieser Versuche werden von meinen beiden Kolleginnen betreut und laufen in den Räumen eines eigens dafür errichteten Testgebäudes, mit einzeln dazu aus dem Rudel geholten Tieren. Der geschlossene Raum minimiert die Ablenkung, verspiegelte Scheiben ermöglichen es den Besuchern, diese Testarbeit zu beobachten. Versuche, die mehr Raum beanspruchen, etwa zum Futterverstecken, werden auch in einem etwa 1000 m^2 großen Gehege durchgeführt, ebenfalls mit Einzeltieren oder mit bestimmten Kombinationen, beispielsweise, wenn es um soziales Lernen geht. Dieses Testgehege beherbergt neuerdings auch eines der größten Laufbänder der Welt, mit 2,5 × 10 m Lauffläche, maximal 40 km/h schnell, gebaut von Physiotech Kiel. Wir kamen dazu aus einer Kombination von neuen Forschungskonzepten und Risikobereitschaft. Selber verfolge ich diese Idee schon lange, 2010 waren dann endlich auch die kooperativen Tiere vorhanden, die Universität Wien war mutig genug, einen Gutteil der erheblichen Finanzen zur Verfügung zu stellen und die Firma Physiotech in Kiel wagte sich an den Bau des Prototyps und entwickelte dafür völlig neue Konstruktionsprinzipien. Damit werden wir in Zukunft in der Lage sein, die sozialen Komponenten der Jagd bei Wölfen und Hunden im Detail zu untersuchen.

Ich betreute bislang die Leinenspaziergänge als Kooperationstests und werde über die kommenden Jahre die Arbeit an unserem Laufband anleiten. Damit ist die Dissertantin Kim Kortekaas beschäftigt, die 2011 von der Uni Utrecht in Holland zuzog. Zusammengefasst ist es das Ziel der Laufbandarbeit, an einzelnen Wölfen und Hunden zu untersuchen, wie anstrengend und kostenintensiv es ist, bestimmte Distanzen bei bestimmten Geschwindigkeiten und Außentemperaturen zu laufen und wie dies von Individuum, Alter, Geschlecht und

Körpergröße abhängt. Dazu werden Herzschlagraten genommen und Verhaltensweisen genau analysiert. In einem zweiten Schritt sollen Gruppen von Wölfen oder Hunden zusammen laufen, um den sozialen Effekt auf Verhalten und Laufleistung zu erheben. Und schließlich geht es um die sozialen Effekte des gemeinsamen Laufens. Hängt etwa die Bereitschaft die Beute anschließend zu teilen davon ab, ob sich Individuen genügend beim Jagen engagierten? Fördert die gemeinsame Unternehmung Toleranz und freundliches Verhalten in den Gruppen? Rekrutieren die Tiere gezielt bestimmte andere Individuen? Wie gut sind sie darin, andere einzubinden, wenn man sie braucht, um zum Ziel zu kommen? Kooperieren sie also tatsächlich bei der gemeinsamen Jagd oder verfolgen sie einfach miteinander dasselbe Ziel? Der Unterschied liegt darin, wie gezielt man andere einbindet und ob etwa Rollen verteilt werden.

Prinzipiell arbeiten wir mit zwei Arten von Versuchsbedingungen: Einerseits sind Wölfe wie Hunde darauf trainiert, Aufgaben auf einem berührungsempfindlichen Bildschirm in Verbindung mit einem Computer, der den Versuchsverlauf steuert, zu lösen, dem so genannten „touch screen". Andererseits werden Versuche direkt von menschlichen Experimentatoren durchgeführt. Letzteres natürlich so standardisiert wie möglich, um das Risiko einer Beeinflussung der Entscheidungen des Tieres durch den so genannten „Clever-Hans-Effekt" so weit wie möglich auszuschließen. Denn immerhin besteht ja die Möglichkeit, dass ein Wolf oder Hund eine bestimmte Entscheidung nicht im Sinne der ihm gestellten Denksportaufgabe löst, sondern weil er auf sehr feinem Niveau die Körpersprache des Experimentators interpretiert. Das tat vor mehr als 100 Jahren in Berlin nachweislich ein Pferd, der „kluge Hans", der scheinbar komplexe Rechenaufgaben lösen konnte, aber in Wirklichkeit nur auf subtile und unbewusste körpersprachliche Signale seines Betreuers reagierte. War sein Betreuer im Nachbarraum, konnte das Pferd nicht mal mehr eins und eins zusammenzählen.

Die Eleganz des „touch screens" besteht unter anderem darin, dass solche Einflüsse des versuchsdurchführenden Menschen gänzlich ausgeschlossen werden können. Zu diesen Versuchen unter Beteiligung des Experimentators zählen auch die Leinenspaziergänge, mittels derer wir die Kooperationsbereitschaft von Wölfen oder Hunden mit Menschen unterschiedlicher Vertrautheit testen, sowie auch ein

Teil der Versuche am Laufband. Letztere sollen aber bald ohne jede menschliche Beeinflussung möglich sein. Bei einem der Versuche zur eher allgemeinen Intelligenz, konkret zur „transitive inference", geht es etwa um Denken in Hierarchien. Auf dem Bildschirm erscheinen in der Trainingsphase Serien von einfachen Symbolpaaren, wobei jeweils eines belohnt wird. Erscheinen A und B, wird B belohnt, bei B und C C, bei D und E E usw. Haben die Tiere diese Reihe gelernt, werden im Versuch Kombinationen geboten, die nie im Training miteinander vorkamen, etwa B und D. Das Tier sollte dann den logischen Schluss ziehen, dass in dieser Paarung D belohnt sein muss, was gewöhnlich gut klappt. Diese geistige Fertigkeit ist etwa in hierarchischen sozialen Systemen von Nutzen und generell, wenn es wichtig von weniger wichtig, gefährlich von weniger gefährlich zu unterscheiden gilt.

Ähnliche Tests laufen zur „numerischen Kompetenz", also zur Fähigkeit, mehr von weniger zu unterscheiden, oder zum so genannten „fast mapping", also zur Fähigkeit, Begriffe im Kontext zu lernen. Ein einfacher Versuch zum physikalischen Verständnis wäre etwa jener mit verbundenen oder getrennten Objekten. Im Grunde werden zwei etwa einen Meter lange Stricke so ausgelegt, dass das eine Ende vom Tier zu erreichen ist. An einem der Stricke hängt ein Stück Käse, am anderen auch, aber der ist deutlich unterbrochen. Uns (und auch etwa Raben und Papageien) ist völlig klar, an welchem der beiden Stricke man ziehen muss, um zum Leckerbissen zu kommen; für Hunde und Wölfe dagegen scheint diese Aufgabe erstaunlich schwierig.

Einfache Versuche also, die aber eine klare Differenzierung der Leistungen erlauben. Dabei geht es nicht nur um die Feststellung, ob und wann in der Entwicklung individuelle Wölfe und Hunde bestimmte Dinge können, sondern auch um eine Differenzierung, wie rasch etwa gelernt wurde und wie das Verhalten dabei war. Wir setzen eine ganze Reihe von Methoden ein, um experimentelle Situationen zu schaffen, in denen die Tiere in einer Weise reagieren, die uns wieder erlaubt, sichere Schlüsse auf ihre Fähigkeiten ziehen zu können. Meist wird alles per digitalem Video aufgenommen, um später von diesen Aufnahmen das Verhalten der Tiere und manchmal auch der Menschen in diesen Versuchen zu „kodieren", also in standardisierter Weise zu protokollieren, um anschließend die gewonnenen Daten statistisch auswerten zu können.

Wir interessieren uns also nicht nur für das reine Verhalten, sondern auch für die dahinter liegenden geistigen Ressourcen und funktionellen Motive sowie für die Segnungen und auch Belastungen des sozialen Zusammenlebens für den Einzelnen. Daher messen wir in manchen Versuchen auch die Herzschlagrate der Tiere mittels einfacher Geräte, wie sie auch menschliche Jogger verwenden. Unsere Tierpartner gewöhnten sich erstaunlich rasch daran, diese Gurte zu tragen, bei der Arbeit, beim Spazierengehen oder einfach beim Ruhen. Herzschlag ist wohl eine der genauesten Messgrößen, um Erregungszustände und damit den affektiven Zusammenhang abzuschätzen. Da Herzschlag gut mit Sauerstoffverbrauch korreliert, ist er auch ein passables Maß für die energetischen Kosten von Verhalten. Und schließlich ist es nach etwas Training relativ einfach, von Wölfen und Hunden Speichel zu sammeln, woraus man sehr genau das Stresshormon Kortisol bestimmen kann, was wiederum einen guten Rückschluss auf kurz- oder langfristige Stressbelastung der Tiere, etwa durch ihre soziale Situation, erlaubt.

Aus Wölfen wurden Hunde

Das (falsche) Wolfsbild prägte lange den Umgang mit unseren „besten Freunden“

Hunde sind in ihrem Verhalten, ihrer Lebensweise so weit weg vom Wolf, dass sie kein gültiges Modell mehr für Hunde sein können, meint etwa der britische Anthrozoologe John Bradshaw. Unsinn, meinen dazu Leute wie ich, die auch mit Wölfe arbeiten und daher wissen, dass in Hunden noch mehr Wolf steckt, als uns lieb sein mag. Aber auch Wolfsforscher sind nicht allwissend. Was stimmt also? Verstehen wir Hunde besser, wenn wir mehr wissen über die Stammform Wolf, oder nicht?

Wir betreten hier ein ideologisches Minenfeld. Wenn man meint, Wölfe lebten in einer dominanzbeherrschten Hierarchiegesellschaft, dann hat John Bradshaw Recht. Zumal der Begriff der „Dominanz“ bei modernen Hundetrainern verpönt ist. Teils zu Recht, wenn damit gemeint ist, dass man bei der Hundeausbildung seinen Hund ständig zu dominieren hätte, teils zu Unrecht, weil Dominanz in jeder Beziehung vorhanden ist. Dominanz bedeutet Asymmetrie in Entscheidungsfindung und im Zugang zu Ressourcen. Dominanzausübung bedeutet nicht notwendigerweise Gewaltausübung. Wenn unsere Wölfe oder Hunde unsere Kommandos befolgen und dafür belohnt werden, dann üben wir Dominanz aus. Man sollte es mit dem Gebrauch des Dominanzbegriffs allerdings auch aufgrund seiner historischer und ideologischer Belastungen nicht übertreiben. Der Wolf wurde im 19. Jahrhundert zum Symbol von Härte, Ausdauer, Tapferkeit und einer autoritären Führergesellschaft hochstilisiert. Dabei leben Wölfe unter Freilandbedingungen in kooperativen Familienverbänden liebevoll und beinahe egalitär miteinander. Das bedeutet nicht, dass sie keine Dominanzhierarchie ausbilden; doch diese wird wesentlich subtiler gelebt als früher angenommen. Aggression spielt innerhalb von Rudeln eine ganz geringe Rolle.

Der deutsche Rittmeister Max von Stephanitz schuf vor diesem Hintergrund eines ideologisch verzerrten Wolfsbildes den Deutschen Schäferhund. Und dieses falsche autoritär-aggressive Wolfsbild beherrscht immer noch manche auf Deutsche Schäferhunde und andere „resche“ Vierbeiner spezialisierte „Hundeabrichtplätze“. Ein schauerliches Wort übrigens, in dem der Geist dieser unterordnungsgeilen Hundehaltergesellschaft klar zum Ausdruck kommt. Leider wird dieses Zerrbild vom Wolf auch von manchen Wolfsforschern transportiert, seriösen wie Erik Zimen und eher unwissenschaftlichen wie Shaun Ellis oder Werner Freund, die kommunizieren, dass man Wölfe dominieren muss, um von ihnen anerkannt zu werden. Wohl auch weil sich der dominanzbesessene, gefährliche Wolf besser zur Pflege des eigenen Macho-Images eignet als das Bild des Wolfes als liebevolles Familientier. Auf der anderen Seite wird – vielleicht in Reaktion auf die alte Dominanzideologie – das fürsorglich-harmlose Bild vom Wolf von Forschern wie David Mech und Wolfsbeobachtern wie Günther Bloch überhegt. Für beide Extreme gilt: Man merkt die (ideologische) Absicht und ist verstimmt.

So bleibt der klassische Umgang mit Hunden immer noch von einem falschen Wolfsbild geprägt, das davon ausgeht, das wichtigste Merkmal der Wolfsgesellschaft sei die Dominanzhierarchie und wer nicht pariert, wird gemaßregelt und unterworfen, am besten gleich prophylaktisch. Darum werden Hundewelpen immer noch zu allen möglichen Anlässen gnadenlos schnauzengerüffelt und nackengeschüttelt. So lernen sie, gerade in Leistungssituationen Angst vor Menschen zu entwickeln, was sie an der Entfaltung ihrer geistigen Fähigkeiten und der Ausbildung einer echten Partnerschaft mit ihren Menschen eher hindert.

Selbstverständlich leben Wölfe in einer Dominanzhierarchie, mit dem reproduzierenden Paar in der Alphaposition. An diesen Begriffen ist an sich nichts falsch, es sei denn man verknüpft sie mit Gewaltanwendung. Denn das Wesen dieser Hierarchie liegt nicht darin, dass „die da oben" „denen da unten" befehlen und sie bei Nicht-Befolgen bestrafen. Vielmehr geht es darum, dass die meist Jüngeren und damit Rangniederen mit den Ranghohen sozusagen aus Achtung konform gehen und viel von ihnen lernen. Auch der berühmte „Schnauzenbiss" ist in den allermeisten Fällen unter Wölfen keine aktive Dominanzgeste der Ranghohen zur Unterwerfung der Rangniederen, sondern wird umgekehrt von Letzteren aktiv eingefordert, offenbar als eine Art freundlicher Umarmung und Bestätigung guter sozialer Beziehungen. Damit nimmt der freundliche Ranghohe gnädig das oft wuselnde Andienen der Jüngeren zur Kenntnis, die wiederum dem Ranghohen auf diese Weise ihre Achtung erweisen. Im Rudel geht man gemeinsam jagen, man zieht gemeinsam Nachkommen auf und vertreibt Eindringlinge. Offenbar fördern diese Gemeinschaftserlebnisse Bindung und Kooperationsbereitschaft ganz besonders. Das richtige Wolfsbild kann also sehr wohl ein gutes Modell sein für den Umgang mit Hunden – mit dem Hund in der Rolle des Juniorpartners natürlich.

Wie im Wolfsrudel auch basieren Bindung und Beziehung zwischen Mensch und Hund auf der starken wechselseitigen Aufmerksamkeit der Partner. Das muss bereits ab dem Welpenalter trainiert werden, etwa durch tägliche gemeinsame Unternehmungen, möglichst ohne Leine. Dabei lernt der Welpe, seine Menschen immer im Auge zu behalten, umgekehrt muss das aber auch so sein. Also keine Flexileine und keine Handytelefonate während der Hundespaziergänge! Hunde sind geborene Sozialkumpane und Beziehungstiere, aber man muss diese Beziehung auch leben. Beziehung entsteht nicht am Hundeplatz, sondern im Alltag, und zwar durch das aufmerksame Zusammenleben und die tägliche gemeinsame Arbeit mit viel Belohnung in Form von Leckerlis und Lob. Dazu zählen Heranrufen, Verstecken und Suchen Spielen, Sitz, Platz, kleine Tricks, Apportieren etc. Erlaubt ist beinahe alles an gemeinsamen Aktivitäten, was Spaß macht. Wichtig ist, dass in der Regel nicht der Hund diktiert, wann begonnen und wann beendet wird, etwa mit Spiel. Wenn der Mensch ruft, kommt der Hund, so die Regel, nicht umgekehrt. Und das nicht, um Dominanz auszuüben, sondern um die Aufmerksamkeit des Hundes zu trainieren und auch, um seine Achtung zu erwerben. Denn warum soll sich ein Welpe für einen Menschen interessieren, der keine interessanten Dinge macht, von dem sozial wenig zurückkommt und der nicht zuverlässig kommuniziert?

Nicht erlaubt ist dabei Strafe, wenn es mal nicht so klappt; natürlich darf dann auch nicht belohnt oder gelobt werden. Der Umgang mit unseren WSC-Wölfen und -Hunden lehrt uns, dass auf diese Weise eine positive, aufmerksame und belastbare Beziehung entsteht. Schmusen ist gelegentlich zur Befriedigung der sozialen Bedürfnisse der Partner wichtig, aber schmusen allein wäre zu wenig. Viel mehr zählen die gemeinsamen Unternehmungen und Erlebnisse. Unseren Forschungspartnern am WSC, Wölfen wie Hunden, verbieten wir kaum je etwas, sondern vermeiden einfach potentielle Konfliktsituationen. Das ist bei privat gehaltenen Hunden natürlich nicht in diesem Ausmaß möglich. Denen *darf* man nicht nur mitteilen, dass es nicht angebracht ist, das Essen vom Tisch zu klauen, den Briefträger zu verbellen, die Straße nach Belieben zu queren, nach Lust und Laune Hasen zu jagen, andere Leuten begeistert oder respektlos anzuspringen etc., man *muss* es, und zwar zeitgerecht. Emotion in der Stimme ist durchaus erlaubt. Junge Hunde wie Kinder benötigen Grenzsetzungen, um ein gut entwickeltes Stirnhirn auszubilden, das ihnen wiederum hilft, sich zu beherrschen und sozial angepasst zu verhalten, kurz: zu sozial kompetenten Erwachsenen heranzuwachsen. Ohne Grenzen aufzuwachsen bedeutet Verunsicherung und meist entwerfen sich solche Individuen ihre eigenen Regeln für den sozialen Umgang mit anderen – Hunde wie Kinder.

Was Wölfe und Hunde unterscheidet (?!)

Was genau sind nun die Unterschiede und Gemeinsamkeiten zwischen Wölfen und Hunden? Diese an sich einfache Frage kann ich aus mindestens zwei Gründen nicht klar beantworten. Einerseits sind erst wenige der seit Jahren insbesondere von meinen Kolleginnen Friederike und Zsófi erhobenen Vergleichsdaten publiziert, weswegen es zu früh wäre, darüber zu berichten. Und andererseits erschließt sich nicht immer, wie gut die unter Standardbedingungen durchgeführten Versuche geeignet sind, zur Beantwortung dieser sehr generellen Frage beizutragen. So ist es natürlich sehr spannend, dass gleichartig aufgezogene Wölfe und Hunde ähnlich gut menschliche Zeigegesten deuten können. Aber vermutlich vermag man als Leser aus Ergebnissen wie diesen nicht das Wesen der Unterschiede und Gemeinsamkeiten zwischen Wölfen und Hunden herauszulesen. Daher wage ich wieder einige „educated guesses", also eine Mischung aus gesichertem Wissen, Erfahrung und Bauchgefühl sowie der Erfahrung der nicht wenigen Menschen, die bereits sowohl mit Wölfen als auch mit Hunden gearbeitet haben.

Es wurde schon mehrfach erwähnt, dass Wölfe und Hunde ein bei Letzteren etwas verarmtes und vergröbertes Ausdrucks- und Kommunikationsverhalten teilen. Daher verstehen einander Wölfe und Hunde noch recht gut, wenn auch Hunde im Umgang mit Wölfen aufgrund ihrer geringeren sozialen Kompetenz oft verunsichert und gestresst erscheinen und den Wölfen gegenüber mit übersteigerter Aggression reagieren. Letztere fügen und unterwerfen sich gewöhnlich, wenn sie bei diesen Hunden aufwuchsen. Es scheint, als würden sie im Umgang miteinander merken, dass sie nicht mehr vom gleichen Planeten kommen. Das trifft insbesondere auf Hunde zu. Wölfe sind gewöhnlich von ihren domestizierten Artgenossen begeistert und nehmen ihnen unbekannte Hunde auch als territoriale Eindringlinge ernst.

Zweifellos verfügen Wölfe wie Hunde über ganz ähnliche soziale Dispositionen und eine hohe Kooperationsbereitschaft, wenn auch in unterschiedlichen Ausformungen. Unseren handaufgezogenen Wölfen wie Hunden bedeutet das Rudel Sicherheit und Beruhigung, auch wenn es gelegentlich Spannungen gibt. Man merkt dies dann unter anderem daran, dass sie das Gehege sehr bereitwillig verlassen, aber ungern wieder dorthin zurückzukehren. Allerdings zeigt das Verhalten der Wölfe uns und ihren Rudelgenossen gegenüber, dass ihnen Letztere in der Regel wichtiger sind. Die aufzuchtbedingte Doppelidentität der Wölfe zeigt eine deutliche Asymmetrie in Richtung Artgenossen. Anders ausgedrückt: Unsere Wölfe arbeiten offenbar sehr gerne mit uns zusammen, aber sie brauchen uns nicht unbedingt. Bei Hunden verschob sich diese Asymmetrie in ihrer Doppelidentität klar in Richtung Mensch. Sie gehen gerne wieder in ihr Rudel zurück, aber im Gegensatz zu den Wölfen *brauchen* sie die Beziehung zu uns, damit es ihnen gut geht.

Wenn mich jemand zur Zeit der Gründung des WSC nach den harten Fakten zu den Unterschieden zwischen Wölfen und Hunden gefragt hätte, wäre ich mir noch sicherer gewesen als heute, hätte aber kaum etwas anderes gesagt. Im Zuge von Führungen hören Gäste, dass Hunde mit uns arbeiten, weil sie gefallen wollen, Wölfe, weil sie dafür belohnt werden. Dabei handelt es sich wie in fast allen anderen Bereichen um einen graduellen Unterschied. Manche Hunde wollen weniger gefallen als andere und die Wölfe arbeiten nicht nur für Futter, sondern weil sie gerne mit uns zusammen sind. Die prompte und zuverlässige Ausführung von Kommandos ist bei Hunden wesentlich einfacher zu erreichen als bei den unabhängigeren Wölfen. So können geringe Unterschiede im sozialen Interesse große Auswirkungen auf das Kooperationsverhalten mit Menschen zeitigen. Man bekommt den Eindruck, dass Hunde einfach unseren Anweisungen folgen, während Wölfe das Denken während des Befolgens unserer Anweisungen nicht aufgeben, was sie gelegentlich in innere Konflikte stürzt. Lieber mit uns Sitz und Platz machen oder doch vorher den interessanten Besucherhund am Zaun inspizieren? Wölfe sind auch generell besser als Hunde im eigenständigen Lösen von Problemen, ohne dass sie wesentlich schlechter darin wären als Hunde, uns um Hilfe zu bitten, wenn sie einsehen, dass sie selbständig kaum zum Ziel kommen werden, etwa wenn ein Futterstück zu hoch an der Wand hängt.

Ich erwähne bei Führungen zudem gewöhnlich, dass Hunde eine bessere soziale Feinabstimmung mit unsereins erreichen als oft mit ihren eigenen Artgenossen, während sich das bei Wölfen umgekehrt verhält. Und Hunde sind wesentlich fehlertoleranter als Wölfe. Natürlich sollte man Hunde nicht mit Druck erziehen, aber man kann das tun, ohne mit der sofortigen Aufkündigung der Loyalität oder einer distanzierten Haltung rechnen zu müssen. Wölfe hingegen weichen Druck und dem Versuch sie physisch rumzuschubsen entweder aus, entwickeln Angst und Meideverhalten oder regieren mit sofortigem oder verzögertem Gegendruck, was gefährlich werden kann. Es scheint klar, dass auf dem Weg zum Hund darauf ausgelesen wurde, viel unpassendes oder grobes Sozialverhalten von Menschen wegstecken zu können. Wegen dieser erhöhten Fehlertoleranz sind Hunde natürlich auch besser darin, mit uns zusammenzuarbeiten, weil sozial bei weitem nicht so feinfühlig und nachtragend wie Wölfe. Und sie lassen sich viel weniger leicht als Wölfe von uns Angst einjagen. Hunde neigen offenbar dazu, mit Menschen starke Bindungen einzugehen, was zur paradoxen Situation führen kann, dass misshandelte und geprügelte Hunde nicht nur Angst vor ihren Haltern, sondern auch besonders starke Bindungen zu ihnen entwickeln können. Das erinnert nebenbei gesagt fatal an manche Fälle misshandelter Kinder. Die soziale Fehlertoleranz der Hunde funktioniert natürlich nur innerhalb bestimmter Grenzen, und es gibt zudem hohe soziale Sensibilität nicht nur bei Wölfen, sondern auch bei Hunden. Menschen schaffen es erstaunlicherweise durch soziale Ignoranz und Inkompetenz immer wieder, sogar Hunden gegenüber den Bogen zu überspannen, sonst gäbe es nicht so viele Hunde mit Verhaltensstörungen.

Aus diesen relativ geringen Unterschieden zwischen Wölfen und Hunden in ihren sozialen Einstellungen zu uns Menschen ergibt sich im Zusammenhang mit der Auslese auf spezielle Fähigkeiten eine hohe Leistungsfähigkeit von Hunden im Team mit Menschen. So gibt es Spezialisten unter den Hunden, die nicht nur gerne mit uns arbeiten, sondern ihre Stammform in manchen Fähigkeiten um Häuser schlagen, etwa die Schlittenhunde bezüglich der Motivation, um des Laufens willen zu laufen. Oder die riechgewaltigen Bloodhounds oder die Retrieverhunde, was das Apportieren von Gegenständen betrifft.

Zu Beginn unseres WSC-Wolfs- und Hundeabenteuers pflegte ich Personen, die mich nach „dem Unterschied“ zwischen Wölfen und Hunden fragten, zu antworten, sie sollten Wolf oder Hund an der Leine führen, dann würden sie es wissen. Heute bin ich da nicht mehr so sicher. Zu dem Zeitpunkt, da ich diese Zeilen schreibe, führen wir mit unseren gleichartig aufgezogenen Wölfen und Hunden jeweils im Alter von etwa einem Jahr standardisierte Leinenspaziergänge durch. Jeder der Handaufzieher führt jeden Wolf und jeden Hund an der Leine über drei verschiedene, je 80 m lange Spazierstrecken, je zweimal hin und her, mit je einem Kommando Sitz bzw. Platz auf jeder Strecke. An 10 m langen Schleppleinen, genau so, wie sie es bei jedem der regelmäßig stattfindenden Leinenspaziergänge getan hätten. Das wird auf Video aufgenommen und das Verhalten von Mensch und Tier kodiert, etwa wer wen führt, wie oft mit gespannter Leine, wie einig man sich ist bezüglich der Gehrichtung etc.

Hintergrund für diesen einfachen Kooperationsversuch zwischen Mensch und Hund bzw. Wolf ist die Hypothese, dass die Kooperationsbereitschaft von Wölfen wesentlich stärker als bei Hunden auf die Beziehung zum jeweiligen Menschen ankommt. Unser Eindruck scheint diese Idee zu bestätigen, ausgewertet sind die Daten aber noch nicht. Während Hunde generell gerne mit Menschen kooperieren, natürlich mit individuellen Unterschieden, legen Wölfe viel mehr Wert darauf, wer die Leine hält – bloß ein Bekannter oder aber ein enger Vertrauter.

Als wir dies mit unseren ersten Wölfen begannen, mit Taya, Shima, Kaspar und Aragorn, wurde viel an der Leine gezogen und die Wölfe waren nicht allzu ansprechbar. Irgendwie bewegte sich das Team in dieselbe Richtung, aber es gab auch einiges Gezerre und man musste oft ein Weilchen warten, bis sich der Wolf bequemte weiterzugehen. Typisch Wolf dachten wir Novizen damals. Dieselben Versuchssituationen sahen mit den später aufgezogenen Wölfen ganz anders aus. Nanuk, Wapi oder Kenai etwa gebärden sich leinenführiger als die meisten Privathunde und kommen auf Zuruf. Das sieht ruhig und sehr harmonisch-kooperativ aus. Im Gegensatz dazu gibt es mit den letzten beiden handaufgezogenen Hundegenerationen viel hektisches und unüberlegt wirkendes Hin-und-Her-Gelaufe und nicht immer sind unsere Zurufe für diese Hunde interessanter als die Düfte am Wegesrand. Im Gegensatz zu meiner anfänglichen Meinung weiß ich somit heute, dass sich auch ein Wolf an der Leine nicht immer aufführen muss, wie man es von einem Wolf an der Leine erwartet. Und dass das spiegelverkehrt auch für Hunde gilt. Schließlich kommt es in der Ausbildung von Kooperationsbereitschaft sehr auf das Alter und die Reifung des Gehirns an. Auch unsere schwarzen Wölfe, die im Alter von einem Jahr wahre Leinenchaoten waren, benehmen sich angeleint heute ganz manierlich.

Zusammenfassend könnte man meinen, Wölfe seien die selbständigen, innovativen und problemlösungsstarken Allrounder, während Hunde zu bezogenen Spezialisten geworden sind, im Team mit geeigneten Menschen zu Höchstleistungen fähig und im Gegensatz zu Wölfen bereit, nicht nur mit Menschen zu arbeiten, mit denen sie von klein auf eine enge Beziehung unterhalten. Im Gegensatz zu vor vier Jahren weiß ich heute jedoch, dass die erwähnten Unterschiede zwischen Wölfen und Hunden wesentlich graduellerer Natur sind, als ich erwartet hatte und als wahrscheinlich viele meiner Kollegen denken. Unsere Methode der gleichartigen Aufzucht ergibt einerseits wolfsähnlich selbstbewusste und selbständig denkende Hunde mit deutlich weniger Menschenbezug als privat gehaltene Hunde. Andererseits bekommen wir so aber auch recht bezogene Wölfe, die erstaunlich kooperationsbereit mit uns Menschen sind, solange wir ihre Würde angemessen achten und höflich und konzentriert mit ihnen umgehen.

Mensch und Hund sind im Team nicht zu schlagen

Der schlappohrige Mischlingshund am Bug der Zille starrt wie gebannt ins Wasser des Sees. In ihm mag das Blut belgischer Schäferhunde und Jagdhunde fließen. Er bietet ein Bild der Konzentration im langsam übers Wasser gleitenden Ruderboot. Bei genauerem Hinschauen ist zu erkennen, dass der Hund an der Wasseroberfläche schnüffelt; plötzlich schlägt er an, wird von seinem menschlichen Partner in der Uniform der Wasserrettung überschwänglich gelobt und mit einem Spielzeug belohnt. Eine Boje wird gesetzt. Seit Tagen war ein Schwimmer abgängig. Wenig später werden Taucher seinen Leichnam nahe am Anker der Boje finden. Für Menschen unvorstellbar – der Hund hatte den Leichnam in fünf Meter Wassertiefe an der Wasseroberfläche per Geruch geortet.

Ob man Hunde mag oder nicht – über ihre schier unglaublichen Leistungen im Team mit ihren Menschen kann man nur staunen. Hunde erschnüffeln alle möglichen Substanzen, manche können in menschlichem Urin Blasenkrebs riechen oder vor einem epileptischen Anfall warnen, dessen Bevorstehen dem betroffenen Mensch noch gar nicht bewusst ist. Ja, sie können sogar erkennen, welche Richtung Stunden zuvor ein Fahrrad genommen hat, offenbar aufgrund des Gradienten an Duftmolekülen, welche die Fahrradreifen hinterließen. Sie fangen Verbrecher und finden Menschen in Lawinen und in Erdbebentrümmern. Oder sie rasen einfach nur mit ihren menschlichen Sportkameraden wie ein geölter Blitz über einen komplizierten Agility-Parcours. Hunde verfügen über nahezu unwirkliche Fähigkeiten. Sie zeigen ein gewaltiges, uns Menschen verschlossenes Leistungspotential. Es wäre falsch zu behaupten, dass Hunde das alles einfach so können. Immer bedarf es eifrigen und einfühlsamen Trainings und der engen Kooperation mit menschlichen Partnern, um Spitzenleistungen aus den vorhandenen Hundesinnen herauszuholen.

Wie die amerikanische Tierpsychologin Temple Grandin meint, bilden Mensch-Hund-Teams eine unschlagbare funktionelle Einheit, weil der menschliche Partner über ein großartiges Konzepthirn verfügt, also das Training und den Einsatz planen, langfristig denken und Wichtiges von weniger Wichtigem unterscheiden kann, während der Hund vor allem seine unschlagbare Riech- und Hörfähigkeit einbringt, sein scharfes Richtungshören sowie auch seine dem Menschen überlegene Fähigkeit, in der Dämmerung und in der Nacht zu sehen, was oft unterschätzt wird.

Wohl im Vergleich zu diesen Leistungen meinte Arnold Gehlen, ein Philosoph und auch heute noch oft zitierter Vertreter der „philosophischen Anthropologie“ vor etwa 100 Jahren, der Mensch sei ein biologisches „Mängelwesen“. Nun – im Vergleich mit den Sinnesleistungen eines Hundes trifft das zu, aber das ist kein fairer Vergleich. Menschen sind aufgrund ihrer biologischen Ausstattung so gut oder schlecht an ihren Lebensraum und ihre soziale Umgebung angepasst wie jede andere Tierart. Das ist kein Grund, einen Minderwertigkeitskomplex gegenüber unseren Hunden zu entwickeln. Denn was die Integrationsleistung des Gehirns betrifft, haben wir Menschen die Nase vorne. Aber wenn wir unsere Fähigkeiten zusammenbringen, sind wir im Team unschlagbar.

Temple Grandin ist schwere Autistin. Sie meint, dass ihr Zustand, insbesondere ihr Fokus auf die Details und ihre mangelnde Fähigkeit, Zusammenhänge zu bilden, jenem von Tieren wie Hunden oder

Kühen entspricht. Tatsächlich machte sie sich einen Namen in der tiergerechteren Gestaltung der US-amerikanischen Schlachthöfe, die auf einer Kombination von Wissen und intuitivem Einfühlen in die Bedürfnisse der Rinder beruhte, denen sich Grandin wesensverwandt fühlt. Ich würde heftig bestreiten, dass das „Autismus-Modell" tatsächlich ein taugliches Modell für die mentale und geistige Verfasstheit von Tieren darstellt. Viele von uns würden ein paar Punkte auf der Autismusskala einheimsen, schwerer Autismus ist jedoch klar ein pathologischer Zustand des Gehirns. Tiergehirne sind nicht einfach pathologisch veränderte Menschengehirne, schon gar nicht im Bereich der sozialen Leistungen. Tatsächlich sind soziale Tiere wie Wolf, Graugans oder Mensch als Einzelwesen nicht definiert, sondern in buchstäblich allen ihren Merkmalen aus dem sozialen Zusammenleben mit anderen zu erklären. Dies gilt für ihre evolutionäre Geschichte, für die Individualentwicklung, die nur im richtigen sozialen Zusammenhang optimal verläuft, und für die Funktion der physiologischen Systeme.

Das Gehirn eines autistischen Menschen kann daher kein taugliches Modell zur Erklärung des Outputs der Gehirne anderer Tiere darstellen. Aber was das synerge Zusammenwirken von Mensch-Hunde-Teams betrifft, hat Grandin sicherlich einen Punkt getroffen. Ganz unabhängig davon, wer in dieser Partnerschaft die Hosen anhat – oft genug der Hund, dessen Besitzer auf den leisesten Fiepser springt, bereit seinem Liebling jeden Wunsch von den Augen abzulesen – es ist immer der menschliche Partner, der die sozialen und ökologischen Randbedingungen für das Team schafft. Menschen ohne Hunde sind zumindest denkbar, während umgekehrt Hunde nur im Lichte ihrer Anpassung an die menschliche Kultur und Lebensweise verständlich werden. Für Hunde in Privathaltung gilt, dass die Beziehung zu ihren Menschen der wichtigste Faktor für ihr Wohlergehen überhaupt ist. Hunde sind ohne Bezug zum Menschen schlicht nicht definierbar.

Hunde – unsere wichtigsten Tierkumpane, ganz nah am Wolf

Alle Hunde stammen von Wölfen ab. Erstaunlich, wenn man die kaum über ein Kilogramm wiegenden Chihuahuas mit manchen Mastiffs, Leonbergern oder Bernhardinern mit über 80 Kilo vergleicht. Und dass Wölfe die Stammform der krummbeinigen Dackel oder der schnauzenlosen, schnarchenden, qualgezüchteten Möpse und Bulldoggen sein sollen, klingt zunächst unglaubwürdig. Dennoch ist es so. Kein anderes Haustier zeigt eine derartige Variationsbreite an Größe und Form, aber auch in seinen Leistungen. Die alleinige Wolfsabkunft war nicht immer klar. Charles Darwin etwa meinte, Hunde seien aus einer Mischung von Wolf und Schakal hervorgegangen, was auch der junge Konrad Lorenz zumindest bei einem Teil der Hunde noch für zutreffend hielt. Dies ist in seinem Allzeit-Klassiker „*So kam der Mensch auf den Hund*“ nachzulesen, übrigens eines der charmantesten Hundebücher aller Zeiten. Die Lektüre lohnt immer noch. Lorenz gestand seinen Irrtum sofort ein, als die Gruppe um den Haustierforscher Wolf (!) Herre an der Universität Kiel mit anatomischen und anderen Befunden die Wolfsabkunft aller Hunde belegte.

Dass Lorenz ausgerechnet den als effizienten Abfallverwerter gezüchteten, sozial eher seltsamen Chow-Chow als besonders wolfsblütig betrachtete, trifft genetisch zwar zu, ist vom Verhalten her aber verwunderlich. Diese Hunde zeigen das relativ kleinste Gehirn, den längsten Darm und die geringsten Werte an Schilddrüsenhormonen im Blut, alles deutet daher darauf hin, dass sie auf Energieeffizienz, nicht aber auf soziale Kompetenz ausgelesen wurden. Der Chow kann daher bezüglich seiner futterverwertenden Eigenschaften als „Hausschwein“ unter den Hunden gelten. Seine Tendenz, sich nur auf eine Person zu beziehen, ist profund unwölfisch und eher als mangelnde Fähigkeit zu interpretieren, mit mehreren Personen Beziehungen zu unterhalten. Aber interessant waren Chows allemal, bevor man sie in den letzten Jahrzehnten zu in viel zu große Pelzmäntel gehüllten Minilöwen ohne Schnauze züchtete, ausgestattet mit einem Wust von Gesundheitsproblemen. Wohl aufgrund des Aussehens ihrer Hunde hält sich unter manchen Chow-Liebhabern hartnäckig das Gerücht, es wäre bei dieser Rasse zur Einkreuzung von Bären gekommen.

Erik Zimen, einer der Schüler von Wolf Herre, zeigte schon in den 1960er Jahren in seinen systematischen Verhaltensuntersuchungen an Wölfen, Pudeln und Wolf-Pudel-Mischlingen, dass Hunde in ihrem Ausdrucksverhalten vereinfachte Wölfe sind. Vom Schakal keine Spur. Dies wurde später durch genaue genetische Analysen bestätigt. Das bedeutet nicht, dass nicht in dem einen oder anderen afrikanischen Dorfhund Schakalblut fließen kann. Die Arten der Gattung *Canis*, also etwa Wolf, Schakal und Kojote, sind ja bekanntlich mit fruchtbaren Nachkommen kreuzbar. Die moderne, hoch auflösende Genetik eines Robert Wayne von der University of California, Los Angeles, oder einer Heidi

Parker vom National Institutes of Health, Bethesda, Maryland, zeigt klar, dass ausschließlich eurasische Wölfe im Hund stecken, kein Schakal, aber auch kein kanadischer Grauwolf.

Dies ist angesichts der Schilderungen von Historikern, in welcher Beziehung zu Hunden etwa die Great-Plains-Indianer standen, zumindest verwunderlich. Übereinstimmend berichten Quellen, dass sich unter deren zahlreichen Hunden auch Wolfshybriden befanden. Entweder irrten diese Chronisten oder diese Mischlinge mit dem kanadischen Grauwolf verschwanden mit den indianischen Kulturen, ohne Spuren in den heutigen Hunden zu hinterlassen. Das bedeutet nicht, dass es heute keine Hund-Grauwolf-Hybriden gäbe. Es ist schon lange Mode in Nordamerika, aber auch in Teilen Europas, sich zahme Wölfe oder Wolf-Hund-Mischlinge zu halten. Davon gibt es hunderttausende und offenbar auch tausende von Züchtern, die aus der Nachfrage nach diesen „Wolfshunden" ein lukratives Geschäft machen. Das ist gefährlicher Unfug, denn wozu, so könnte man argumentieren, passte sich der Wolf in seiner Hundwerdung über zehntausende von Jahren endlich soweit an den Menschen an, dass wir nun sehr gut miteinander zurechtkommen, wenn es Menschen gibt, die sozusagen wieder bei null beginnen, aus welchen romantischen oder selbstdarstellerischen Gründen auch immer.

Noch dazu reichen Fachwissen und Gegebenheiten dieser Halter oft nicht aus, um sich einem möglicherweise schwierigen, scheuen und auch aggressiven Wolfshybriden angemessen widmen zu können. Das Ergebnis sind relativ viele Unfälle mit diesen Tieren. Hal Herzog recherchierte, dass zwischen 1982 und 2008 in den USA 19 Menschen von solchen Wolfshunden getötet wurden, aber „nur" neun von Deutschen Schäferhunden. Angeblich ist es 60-mal wahrscheinlicher, dass ein solcher Mischling ein Kind tötet oder verstümmelt als ein Deutscher Schäferhund.

Wölfe und Hunde bilden auch heute noch keine getrennten genetischen Systeme. Gelegentlich kommt es zu Hybridisierungen und noch seltener finden dadurch Hundegene in Wolfspopulationen zurück, etwa in die Wölfe aus Italien. Ob man das negativ sehen muss, wie es Artenschutzpuristen und Wolfsgegner immer wieder tun, bleibe dahingestellt. Man kann darin mit Raimond Coppinger auch eine Bereicherung des Wolfsgenoms sehen, welches anpassungsfähiger an eine variable, stark durch den Menschen geprägte Umwelt macht.

Hunde und Wölfe waren immer schon ein dynamisches System. Man kann nicht davon ausgehen, dass in wenigen Generationen die Hundwerdung abgeschlossen war und es später nie mehr Wolfseinkreuzungen gegeben hätte. Die fanden gewollt oder zufällig über die Jahrtausende sicherlich immer wieder statt und hinterließen ihre Spuren in unseren modernen Hunden.

Andererseits stammt wie oben erwähnt jene Genmutante, die etwa 30 % der kanadischen Grauwölfe ihr schwarzes Fell verleiht, vom Hund. Wie die Gruppe um Robert Wayne herausfand, beruht die Schwarzfärbung aller Hunde und Wölfe der Welt auf dieser Mutante, die laut „molekularer Uhr" vor 35 000 Jahren im Hund geschah. Da diese Uhr nicht sonderlich genau abzulesen ist, kann dieses Gen aber auch schon viel früher, wahrscheinlich jedoch viel später mutiert sein. Jedenfalls steuert dieses Gen auch den Serotoninstoffwechsel, beeinflusst also auch das Verhalten über die entsprechenden aminergen Modulatoren im Gehirn, also etwa Serotonin und Dopamin, die Stimmungslagen beeinflussen. Da die Menschen in einer der letzten Zwischeneiszeiten, also nicht viel früher als vor 25 000 Jahren, relativ trockenen Fußes von Sibirien kommend über die Beringstraße nach Nordamerika einwanderten, sehr wahrscheinlich auch in Begleitung von Hunden, kann es auch noch nicht länger schwarze Wölfe auf diesem Kontinent geben.

Ein Rätsel bleibt, warum diese Mutante in den kanadischen Grauwölfen derart erfolgreich war, aber in eurasischen Wölfen so gut wie nicht vorhanden ist. Möglicherweise hat das etwas mit der Ausbreitungsgeschichte der Träger dieses Gens zu tun. Einmal in der Wolfspopulation vorhanden, war das entschlossene Wesen der schwarzen Wölfe vielleicht ein Vorteil bei der Revierverteidigung, zumal Schwärzlinge nur unter den Territorialen, nicht aber in der Migrantenkultur auftreten. Die proaktiveren und auch etwas aggressiveren Schwarzen wären die besseren Revierverteidiger und sind generell unerschrockener als die helleren Wölfe. Dieser Zusammenhang zwischen Schwarzfärbung und entschlossenem Wesen wird von Temple Grandin als generelles Prinzip gesehen und etwa auch für Pferde vermutet. Andererseits gab der lange und intensive Jagddruck in Europa Schwärzlingen keine Chance, weil er auch auf scheu und zurückhaltend selektierte. Vielleicht liegt der Schlüssel zur Erklärung, warum schwarze Wölfe in Europa fehlen, aber auch schlicht in der Ausbreitungsgeschichte dieser Tiere. Alle diese Szenarien bleiben Spekulation, „educated guesses“, sind aber allemal glaubwürdiger als die eher schlichte Idee, die Schwarzen hätten sich bewährt, weil sie sich besser im Wald verstecken können, wie ebenfalls zu hören ist.

Keine Spekulation ist, dass durch seine Hundwerdung und durch Nutzung des Vektors Mensch der Wolf zu einem der erfolgreichsten Säugetiere aller Zeiten wurde – von Mäusen und Ratten abgesehen. Derzeit leben auf der ganzen Welt ein paar hundert Millionen Hunde, viele davon übrigens in verwilderten Rudeln. Von den nahezu wildtierartigen Dingos in Australien bis zu jenen bunten Mischungen aus wieder selbständig gewordenen Haushunden, welche die Wälder der Abruzzen, die Straßen Rumäniens oder Roms, Mexiko Citys oder Moskaus unsicher machen. Hunde leben heute auf buchstäblich allen Kontinenten, mit Ausnahme der Antarktis. Dort wurden sie lange als Schlittenhunde eingesetzt, aber aufgrund der Gefahr, dass sie Krankheiten etwa auf die in der Antarktis lebenden Robben übertragen könnten, wieder verbannt. Die Antarktis blieb also hundefrei, falls es nicht einigen gelungen ist, zu entkommen und verwilderte Rudel zu bilden, was nie ganz auszuschließen ist. So profitiert der domestizierte Wolf zwar im Allgemeinen vom Vektor Mensch, gelegentlich gibt sich Letzterer aber widerspenstig, wie das Beispiel Antarktis zeigt.

Diesem „roaring success“ des Designermodells stehen wenige hunderttausende Wölfe gegenüber (genaue Schätzungen abzugeben wäre unseriös), beschränkt auf die Nordhemisphäre, in schrumpfenden und wieder expandierenden Populationen, wie es den Menschen gerade gefällt. Natürlich sind auch die Hunde in unterschiedlichem Ausmaß auf Menschen angewiesen. Hunde sind mit Menschen ko-evoluiert, könnte man hochtrabend behaupten, wenn man das Wort „Domestikation“ wegen seines Beigeschmacks der Abhängigkeit nicht verwenden möchte. Manche Hundefreunde meinen, das sei umgekehrt auch so, Menschen hätten sich also auch genetisch nur durch Zutun des Hundes zu dem entwickelt, was wir heute sind. Das hat auf den ersten Blick etwas, denn tatsächlich leben Hunde schon lange mit uns. Sie begleiteten die Entwicklung aller menschlichen Hochkulturen in vielen unterschiedlichen Rollen, als Abfallbeseitiger, Wächter, Kriegs- und Jagdgefährten, als Tiere fürs Herz und für den Kochtopf. Hunde wurden in vielen Gesellschaften verzehrt, zu Notzeiten oder schlicht als Delikatesse. Immer noch füllen jene Tiere, die uns das Herz wärmen, anderen Menschen den Magen. So werden in Asien jährlich mindestens 16 Millionen Hunde und vier Millionen Katzen verspeist. Allein in Südkorea werden jährlich etwa 12 000 Tonnen Hundefleisch gegessen, im Norden gibt es nicht mal mehr Hunde, die man essen könnte.

Das klingt seltsam zu einer Zeit, da Hunde als beste Freunde für viele Menschen nicht nur in westlichen Kulturen so überaus wichtig geworden sind. Aber auch in China und Korea ist die Haltung von Hunden als Kumpantiere stark auf dem Vormarsch. Und wie zu erwarten war, entstanden in Korea und China bereits starke Bewegungen gegen den Verzehr von Hunden. Hunde konnten ihrerseits immer auch nahezu alle Abfälle inklusive menschlicher Fäkalien in hochwertiges Protein verwandeln. Gesünder für sie ist natürlich allemal hochwertiges Hundefutter renommierter Erzeugerfirmen; aber Hunde zeigen erstaunliche Plastizität in ihrer Ernährung. Während die Zughunde des oberen Mühlviertels nahezu ausschließlich von Grießknödeln lebten, wurden die Schlittenhunde der Inuit im Winter mit Gefrierfisch-Jagdabfällen, im Sommer gar nicht versorgt.

Homo sapiens scheint seit seinem Auszug aus Afrika vor etwa 80 000 bis 60 000 Jahren nie längere Zeit ohne Wolfs- und später Hundebegleitung durch die Welt gezogen zu sein. Ob wir deshalb allerdings bereits von „Ko-Evolution“ sprechen können, also davon, dass Menschen etwa gar die positive, freundliche, pro-soziale Seite ihres Wesens dem Zusammenleben mit Hunden verdanken, wie manche meinen, bleibe dahingestellt, ist aber wegen der sozio-ökonomischen und geistigen Asymmetrie der Partner eher unwahrscheinlich. Die Menschen schaffen das Umfeld für die Hunde, kaum umgekehrt. Wie dem auch sei – Menschen, Wölfe und Hunde bilden eine eigenartig enge Schicksalsgemeinschaft und irgendwie sind Menschen ohne Hunde nicht ganz vollständig. Wie der deutsche Mensch-Tier-Forscher Reinhold Bergler herausfand, fühlen sich viele Menschen, die keine Hunde halten, unterschwellig ein wenig unvollständig oder „minderwertig“ und bewundern Hundehalter um ihre Begleiter, obwohl die meisten das nie offen zugeben würden.

Domestikation macht sanft, verfressen, sexsüchtig und blöd (?)

Wölfe wurden immer schon „gezähmt“. Wolfsrudel lebten parallel zu Menschen, in nur geringer Abhängigkeit, schlossen sich möglicherweise sogar selber den Menschen an. Und Wölfe wurden wohl immer schon auch als Welpen sozialisiert, durch eine menschliche Amme aufgezogen, in gewisser Abhängigkeit gehalten. Aber der Wolf konnte seine Menschen immerhin noch verlassen. Das änderte sich erst mit der Erfindung von Metallketten und Zäunen. Schon zehntausende von Jahren stellen Menschen textile Gewebe und auch Seile her, aber damit kann man einen Wolf nicht dauerhaft festmachen, da er jeden Strick einfach durchbeißt – außer man schlüge ihm die Backenzähne aus, wie es etwa die Thule-Inuits in Nordgrönland seit über 1000 Jahren mit ihren Schlittenhunden tun. Aber dafür gibt es meines Wissens für Wölfe und außerhalb Grönlands für Hunde keine archäologischen Hinweise. Wölfe wahrten also wahrscheinlich auch dann ihre Freiheit, wenn sie mit Menschen sozialisiert waren.

Was aber bedeutet es, dass Hunde domestizierte Wölfe sind? Alle domestizierten Tiere wurden klarerweise auf Zahmheit und ruhiges Verhalten in Menschennähe ausgelesen. Man geht daher davon aus, dass sie sich generell Menschen gegenüber weniger aggressiv als die Wildform benehmen. Auslese auf Zahmheit und gegen Aggressionspotential scheint auch auf dem Weg zum Hund einer der wichtigsten Domestikationsfaktoren gewesen zu sein, obwohl man nicht behaupten kann, Wölfe seien generell aggressiver als Hunde. Sie leben nur ihr Aggressionspotential anders aus. Wölfe scheinen über einen strengeren Verhaltenskodex zur Anwendung aggressiver Handlungen zu verfügen als Hunde. Jedenfalls aber sind domestizierte Tiere, weil ruhiger, auch bessere Futterverwerter als die Wildform und fruchtbarer, weil sie es sich im Hausstand leisten können, mehr in Vermehrung zu investieren. Das liegt meist auch im Interesse ihrer Halter. Domestikation bedeutet generell Anpassung an das Leben mit Menschen. Hunde sind daher logischerweise die freundlicheren Wölfe.

Man könnte meinen, der liebe Gott schuf die Wildtiere und die Menschen schufen sich, ein wenig gottgleich, daraus ihre Nutz- und Haustiere. Diese Sichtweise hat etwas für sich, gilt doch die Domestikation von Wildtieren nicht nur in spiritueller Sicht als Großtat im Sinne von Macht über andere gewinnen, sondern stellt eine der Schlüsselvoraussetzungen für die Entwicklung von Hochkulturen dar. Eine verdichtete soziale Existenzform von Menschen als Städtern, in die unser Dasein als halbnomadische Jäger und Sammler vor etwa 10 000 Jahren nahezu nahtlos überging, wäre ohne Kontrolle über domestizierte Tiere undenkbar. Denn Städte produzieren selber wenig Nahrung, müssen also von außen ernährt werden.

Es mag der morgendliche Blick in den Spiegel gewesen sein, der Konrad Lorenz zur Behauptung bewog, Zivilisationsmenschen hätten sich selbst domestiziert. Sie seien im Vergleich zum „edlen Wilden“ „verhausschweint“, wie er sich wenig vornehm auszudrücken pflegte, also fett, schlaff und instinktlos. Er meinte, dass ganz ähnlich wie in der Haustierwerdung, die mit einer Verrohung der sozialen Umgangsformen einherging, der Mensch in seiner Kulturumgebung genetisch „degenerieren“ würde. Ergebnisse wie die von Erik Zimen, wonach Hunde über eine weniger differenzierte soziale Kommunikation als Wölfe verfügen, scheinen dies zu bestätigen. Laut Lorenz führte dies zu Domestikationserscheinungen wie Verjugendlichung, Hypersexualität, Fettleibigkeit und Verrohung der sozialen Sitten. Damit reflektierte er den Geist seiner Jugendzeit, welcher unter anderem von Arnold Gehlen geprägt war und dessen Sicht des Menschen als biologischem „Mängelwesen“, ausgestattet mit im Vergleich zu anderen Tieren schwachen Sinnesleistungen und Instinkten. Für Lorenz waren domestizierte Tiere Mängelwesen im Vergleich zur Wildform.

Menschen sind biologisch gesehen gewiss keine „Mängelwesen“. Unsere Geruchsfähigkeit etwa mit der von Hunden vergleichen zu wollen, wäre ein abwegiger Vergleich von Äpfeln mit Birnen. Und wir sind immer noch in erheblichem Maß geruchsorientiert. Gerade für das Lustvolle im menschlichen Leben spielt der Geruchssinn immer noch eine ganz wichtige Rolle – sei es bewusst beim Essen oder unbewusst in Sexualität und Partnerwahl. Tatsächlich geht Domestikation bei allen Tieren mit diesen gerade aufgezählten Merkmalen einher, einschließlich etwa einer Verringerung der relativen Vorderhirngröße. Dies bedeutet aber nicht, dass domestizierte Tiere im Vergleich mit der Wildform dümmer wären. Mit einiger Sicherheit ist es das Ergebnis einer geringeren Notwendigkeit, die Antennen stets in alle Richtungen maximal ausgefahren zu haben, um das Überleben zu sichern. Domestizierte Tiere werden von Menschen auch beschützt, es bereiten ihnen gewöhnlich Raubfeinde und feindliche Artgenossen weniger Probleme als der Wildform. In der Regel etwa muss das Schaf nicht mehr vor dem Wolf flüchten, weil der Mensch Herdenschutzhunde und neuerdings Elektrozäune einsetzt, um es zu schützen. Energetisch teures Hirngewebe kann daher eingespart werden. Und dass etwa die im Vergleich zu Wölfen kleinhirnigeren Hunde besser mit Menschen kommunizieren als die Stammform, kann ihnen nicht als „Verdummung“ zur Last gelegt werden.

In diesem Sinne sehen wir heute Domestikation nicht als genetische Verlotterung, sondern als eine Anpassung an das Leben in der menschlichen Kulturumgebung. Dadurch wurde etwa aus dem Wolf in Form des Hundes eines der erfolgreichsten Säugetiere, welches sich über den Vektor Mensch in großen Individuenzahlen über die gesamte Erde verbreitete. Und es lässt sich trefflich darüber streiten, ob moderne Menschen nun „selbstdomestiziert" seien. Im Lorenz'schen Sinne kaum, denn das menschliche Großhirn wurde über die letzten Jahrhunderte nicht kleiner, wie bei allen domestizierten Tieren, eher im Gegenteil. Dennoch wird das Konzept der Selbstdomestikation neuerdings wieder ernsthaft diskutiert, etwa im Zusammenhang mit der Hundwerdung aus dem Wolf. Als ersten Schritt dazu stellt man sich heute die langsame Annäherung von Wölfen an jungsteinzeitliche Menschenklans vor, wobei notwendigerweise eine Selektion auf wenig Aggressionsbereitschaft und Scheu stattfand. Diese Auslese auf Zahmheit führte schließlich auch zum Auftreten anderer Eigenschaften: Es entstanden kleine, große, dicke, dünne, ringelschwänzige, schlappohrige Hunde etc. und zwar konkret im Gebiet des heutigen China, südlich des Jangtses.

Die Idee von der Selbstdomestikation wurde neuerdings auch von Brian Hare aufgegriffen, um Unterschiede zwischen den aggressiv-gewaltbereiten Schimpansen und den viel friedlicheren so genannten Zwergschimpansen, den Bonobos zu erklären. Ökologische Umstände hätten dazu geführt, dass bei diesen im Wald lebenden Verwandten der großen Schimpansen die weniger aggressiven Individuen mehr Nachkommen großzogen, womit eine Verjugendlichung, ein kleinerer Schädel und kleinere Eckzähne, ein freundlicheres Wesen und eine beeindruckende Sexbesessenheit einhergingen.

Domestikation wird heute also vor allem durch die Selektion auf Friedfertigkeit definiert, genetisch gekoppelt an den erwähnten Rattenschwanz an Merkmalen. Das wichtigste Argument dafür liefert der inzwischen verstorbene russische Genetiker Dimitri Belyayev, der Silberfüchse ab 1959 über etwa 40 Generationen hinweg auf Zahmheit selektionierte, anfangs um ruhigere Tiere für die Pelztierfarmen zu erzielen. Als überraschendes Ergebnis erhielt er den vollen Formenkanon der Hunde: lang- und kurzschnäuzige, ringelschwänzige, gefleckte, große, kleine, schlappohrige und sehr menschenbezogene Silberfüchse, die sich sogar schwanzwedelnd Fremden nähern, anstatt panisch zu versuchen, aus ihrem Drahtkäfig auszubrechen, wie die Ausgangsform es tat.

Wenn Konrad Lorenz und die modernen Biologen von „Selbstdomestikation" sprechen, meinen sie also nicht dasselbe. Was für Lorenz Degeneration und Verlotterung war, bedeutet nach neuerer Sicht eine Anpassung an das Zusammenleben mit den Menschen. Der gemeinsame Nenner besteht in der Selektion gegen Aggressionsbereitschaft. Aus der neuen Sicht könnte man der menschlichen „Verhausschweinung" (laut Lorenz) sogar einiges abgewinnen. „Make love, not war", meinten die 1968er. Vielleicht lagen sie damit tatsächlich sehr nahe am Grundprinzip der Evolution des Menschen und an dem der Domestikation seines besten Freundes und Tierkumpans, des Hundes.

Wie sich Wölfe zu Hunden domestizierten

Wölfe waren für die Menschen der Nordhemisphäre schon vor zehntausenden von Jahren Bezugs- und Totemtiere. Kein Wunder also, dass in diesem Dunstkreis spiritueller Achtung aus den Wölfen die Hunde hervorgingen. Es ist davon auszugehen, dass bereits im Zuge des Auswanderns des *Homo sapiens* aus Afrika vor etwa 80 000 bis 60 000 Jahren Erstkontakte zwischen unseren Vorfahren und Wölfen im Nahen Osten erfolgten. Darauf weisen die Ergebnisse von hoch auflösenden genetischen Untersuchungen hin, vor allem der Forschergruppe von Robert Wayne. Phänotypisch unterschiedliche Hundetypen entstanden jedoch wie erwähnt erst im Zuge der Sesshaftwerdung im Gebiet des heutigen Zentralchina südlich des Jangtses aus einer Gründerpopulation von tausenden Wölfinnen. Dies ergeben die Untersuchungen der Gruppe um Peter Savolainen an Erbmaterial der Kraftwerke der Zellen, der Mitochondrien. Die werden bekanntlich nur matrilineal, also über die Mutter vererbt, weil nach der Verschmelzung von Ei- und Samenzelle Individuen diese Organellen nur aus dem Ei mitbekommen. Man kann über den Grund nur spekulieren, warum ausgerechnet in diesem ostasiatischen Formenentstehungszentrum so stark auf Zahmheit ausgelesen wurde, dass aus der wölfischen Stammform alle unsere heutigen Hundetypen entstanden.

Wahrscheinlich wurde durch die Sesshaftigkeit der Menschen auch der Genfluss zwischen den Gründerpopulationen eingeschränkt. Zudem erforderte die neue Lebensweise der Menschen auch zahmere und bezogenere Wölfe. Dass deren Entstehung dort im umschriebenen Zeitraum zu verorten ist, kann als ziemlich sicher gelten, das Warum und Wie ist jedoch noch völlig rätselhaft. Jedenfalls scheinen sich von dort die Hunde mit Menschen, die ja immer schon weite Wanderungen unternahmen und über große Distanzen Handel trieben, in wenigen tausenden von Jahren über weite Teile der Erde ausgebreitet zu haben.

Die Hundwerdung scheint insgesamt in zwei Schritten erfolgt zu sein: Zuerst entstand ein dingoartiger, noch weitgehend selbständiger, wolfsnaher Hund, wie er etwa in Südindien, Teilen von Afrika und im pazifischen Raum immer noch anzutreffen ist. Diese Hunde waren offenbar gut dazu geeignet, nomadisch oder halbnomadisch lebende Menschen zu begleiten. Später kam es im Zuge der Sesshaftwerdung offenbar mit der verstärkten Selektion auf Zahmheit zur Aufspaltung in unterschiedliche Hundetypen. Genom und Eigenschaften zerfielen mosaikartig, was ja eine Grundvoraussetzung dafür darstellt, dass wir in der modernen Hundezucht Eigenschaften nahezu beliebig miteinander kombinieren können.

Unklar bleibt, wie stark das Kontinuum zwischen den ursprünglichen, dingoartigen Hunden und den modernen Hundetypen war. Viel spricht dafür, dass die ersten Wölfe bereits vor etwa 60 000 Jahren in Richtung dingoartig gingen, als sie im Nahen Osten auf die aus Afrika ostwärts emigrierenden Menschen trafen. Offenbar finden sich Spuren dieser frühen Assoziation auch im Genom moderner Hunde. Andererseits spricht auch einiges dafür, dass unsere modernen Hunde über intensive Selektion auf Zahmheit direkt vor etwa 16 000 Jahren aus chinesischen Wölfen entstanden. Die Wahrheit wird wohl, wenn sie je ans Licht kommen sollte, in der Mitte liegen. „Wahrheit" ist in den Wissenschaften ja bekanntlich ein schlüpfriger Begriff. Was heute als letzte Erkenntnis gilt, kann morgen schon wieder überholt sein. Im Fall der Domestikationsgeschichte der Hunde erwarten wir durch zukünftige Untersuchungen eine weitere Verfeinerung des Szenarios. Sicherlich war die Hundwerdung kein singuläres Ereignis, sondern zog sich über zehntausende von Jahren über weite Teile Eurasiens. Sie ist auch heute noch nicht abgeschlossen und die genetische Verbindung zu den Wölfen wurde ebenfalls noch nicht ganz unterbrochen.

Umstritten ist auch die Frage, wie und warum die Erstannäherung zwischen Menschen und Wölfen erfolgte. War es wirklich so, wie Raimond Coppinger vorschlägt, dass sich Wölfe an den Menschen annäherten, was schließlich zur ersten Selbstdomestikation geführt haben mag? Oder brachten Jäger Wolfswelpen mit nach Hause, etwa zum Spielen für die Kinder oder aus welchen Gründen auch immer, die dann ob ihres Kindchenschemas von laktierenden Frauen angenommen und ein paar Wochen an der Brust mitgenährt wurden, wie das ja auch heute noch mit Ferkeln und Hundewelpen in Afrika oder Neuguinea passiert?

Auch in diesem Fall werden wir wahrscheinlich die geschichtlichen Tatsachen nie vollständig ergründen. In der Annäherung von Wölfen und Menschen mag eine Kombination aus beiden Mechanismen wirksam gewesen sein. Für Wölfe waren möglicherweise die Jagdabfälle der Menschen und andere Hinterlassenschaften attraktiv. Die Menschen wiederum mögen diese Wölfe aus spiritueller Nahebeziehung geduldet haben, weil sie damit bei Nahrungsmangel einen Notvorrat zur Verfügung hatten oder weil sie merkten, dass diese Wölfe warnten, wenn sich andere Wölfe oder fremde Menschen näherten – oder vielleicht auch, weil sie die aufdringlichen Vertreter dieser intelligenten Schwesterart schlicht nicht mehr loswurden.

Nutzhund oder Schadhund?

Ein persönliches Naheverhältnis entsteht aus einem derartigen Nebeneinander aber wahrscheinlich nicht, dazu bedarf es einer Frühsozialisierung durch Handaufzucht, wie sie mit einer Reihe von Tieren bei fast allen Jäger- und Sammlerkulturen wahrscheinlich seit Urzeiten üblich war. Sei es aus spirituellen Gründen, als Versöhnungsgeste gegenüber den Seelen der getöteten Muttertiere, oder weil Menschen im Grunde ihres Wesens eben biophil sind. Durch eine solche Handaufzucht bekommt man zwar sehr menschenbezogene Wölfe, sie wahren aber auch wenig soziale Distanz und können den Kleinkindern dieser Menschen durchaus gefährlich werden. Zudem ist ihnen wohl kaum beizubringen, Fellbekleidung und Fleischvorräte unangetastet zu lassen. Das kann sogar bei dingoartigen Hunden, also solchen der ersten Domestikationsstufe, ein Problem darstellen, wie das Beispiel der australischen Aborigines zeigt. In deren Kultur spielt der Dingo seit seiner Ankunft in Australien, die wahrscheinlich vor etwa 4000 Jahren stattgefunden hat, eine wichtige Rolle. Welpen werden aus dem Busch geholt, handaufgezogen und sehr sozial bezogen gehalten, bis das Zusammenleben mit den ein- bis zweijährigen Hunden unerträglich wird, weil sie Gegenstände zerstören und die Jagd und andere Rituale der Menschen stören. Sie verwildern dann entweder selber oder werden von ihren Menschen wieder vertrieben. Das schließt nicht aus, dass man einander später im Busch wieder trifft, im lockeren Verband umherzieht und dass Menschen diese Dingos als überlebenswichtige Wärmespender in den kalten Nächten im australischen Outback schätzen.

Diese Beispiel zeigt ein gerüttelt Maß an Irrationalität der Zuneigung der Menschen zu Hunden, aber auch Nutz- und Schadensaspekte, die auch vor 50 000 Jahren bereits im Leben mit halbzahmen Wölfen eine Rolle gespielt haben mögen. Ob nun sozial beteiligte Handaufzucht im Spiel war oder nicht – über lange Zeiträume und in vielen Kulturen unterhielt man zu Hunden wahrscheinlich keine so innigen sozialen Beziehungen, wie wir sie zu unseren Hunden pflegen. Es gilt das Modell des Dorfhunds, wie es auch von Erik Zimen oder Raimond Coppinger beschrieben wurde. Dabei handelt es sich möglicherweise eher um ein nebeneinander als miteinander Leben. Man kann davon ausgehen, dass auch die Erstannäherungen von Mensch und Wolf nicht in einem einzigen Ereignis oder in einer einzigen Art und Weise stattfanden und jedenfalls vom kulturellen Rahmen sowie von den beteiligten Persönlichkeiten auf beiden Seiten beeinflusst waren. Sicher war es nicht ein einziger und auch kein kleiner Schritt vom sozialisierten Wolf zum aufgeputzten Toypudel unserer Hundeausstellungen.

Manche der Beziehungsebenen zwischen Mensch und Hund werden selten erörtert. Hunde können natürlich Vektoren sein für Parasiten und Krankheiten, die auch den Menschen sehr gefährlich werden können, Tollwut etwa oder Hundebandwurm. Heute kann man diese Bedrohungen dank der modernen medizinischen Kenntnisse und Möglichkeiten vermeiden. Positive Wirkungen des engen Zusammenlebens mit Tieren werden vor allem für Kühe und ihre Ställe diskutiert; kommen etwa Kleinkinder rechtzeitig ausreichend in Kontakt mit den dort vorkommenden, kommunen Bakterien, dann entwickeln sie ein Immunsystem, das später kaum für Allergien anfällig sein wird. Dem engen Aufwachsen mit Hunden wird eine ähnliche Wirkung nachgesagt, was jedoch nicht belegt ist. Allgemein scheint eine zu große Hygiene der Immunentwicklung von Kleinkindern eher abträglich zu sein und Hunde könnten Träger solcher nützlichen Keime sein.

Nahezu gar nicht hat man noch über die Auswirkungen des langen und engen Zusammenlebens zwischen Wolf/Hund und Mensch auf unser „Biom" nachgedacht. Auch die Körper von Menschen und Hunden sind gewaltige zwischenartliche Beziehungskisten. Mindestens neun von zehn Zellen, die wir Menschen mit uns herumtragen, sind nicht unsere eigenen. Jeder Mensch und sicherlich auch jeder Hund ist ein komplexer eigener Kosmos, mit Trillionen von Bakterien allein im Darm, das sind tausende Arten mit Millionen von Genomen. Darunter befinden sich auch Spezialisten, die nur in bestimmten Darmabschnitten oder gar nur in einem einzigen Individuum, Mensch oder Hund, vorkommen. Das gilt in ähnlicher Weise für die gesamte Körperoberfläche, Haut, Bauchnabel, Geschlechtsorgane, Mund, Zähne etc. Und das ist gut so. Denn ohne diese unsere Mitbewohner würden wir sterben. Menschen können nur als jener Lebensraum für dieses Biom existieren, mit dem zusammen wir schließlich evolutionär entstanden sind. Die Zusammensetzung unserer Biome beeinflusst Gesundheit, Krankheitsanfälligkeit, ja sogar Verhalten und Psyche.

Küssen und Geschlechtsverkehr zwischen Liebenden könnten übrigens als Nebeneffekt die Biome der Beteiligten zum Nutzen für ihre möglichen Nachkommen aufeinander abstimmen. Aber auch mit ihren Hunden stehen Menschen in enger Beziehung; über die je individuelle Lebensspanne, aber auch über die letzten zehntausenden Jahre. Bereits mit menschensozialisierten Wölfen wird viel geschmust, und, wie ich aus eigener Erfahrung weiß, noch viel mehr mit den sozial stürmischeren, noch bezogeneren Hunden. Unwahrscheinlich, dass es dabei nicht über Haut und Gesichtsschleimhäute zu einem regen Austausch von Mikroorganismen kommt. Ich nehme daher an, dass sich das enge Zusammenleben mit Wölfen und auch vielen Hunden auch auf mein Biom auswirkte, das nun sicherlich anders zusammengesetzt ist als noch vor vier Jahren. Da ich in diesem Zeitraum so gut wie nie krank war, scheint mir diese Veränderung meiner Körperflora nicht geschadet zu haben. Es ist faszinierend, darüber zu spekulieren, welche gesundheitlichen und anderen Auswirkungen die Anpassung des menschlichen Bioms auf das Zusammenleben mit Hunden gehabt haben mag. Sind wir an das Zusammenleben mit Hunden bereits in einer Weise angepasst, dass dem menschlichen Biom ein wichtiger Faktor zu seiner Ausbildung fehlt, wenn Menschen nicht mit Hunden zusammenleben? Ist die robustere Gesundheit von Hundehaltern auch auf die Stimulierung und Diversifizierung ihrer Biome durch ihre Hunde zurückzuführen? Man weiß es nicht, ja, man hat noch nicht einmal begonnen, darüber nachzudenken.

Spezialisten entstehen

Es ist davon auszugehen, dass bald nach der Entstehung der Grundtypen die zielgerichtete Auslese und der Einsatz von Hunden als Spezialisten begannen. Zu den ältesten Gebrauchshunden gehören etwa Windhundartige wie Salukis oder Afghanen, langbeinige Sichtjäger, die besonders die Jagd auf schnelle Beute stark erleichterten. Diese ursprünglichen Windhunde sind von ihrer Genetik her wolfsähnlich und sind es teilweise auch vom Verhalten her geblieben. So sind die schönen, zottelmähnigen Afghanen sicherlich keine idealen Begleithunde. Viele von ihnen werden in Privathaltung nicht sehr alt, weil sie schwierig zu führen und oft auch aggressiv gegen Fremde sind. In den 1970er Jahren waren Afghanen plötzlich Modehunde. Vielfach hatten damals Hund und Halter keine große Freude aneinander. Anders dagegen der Saluki. Dieser uralte Windhundeschlag profitierte von der Ausbreitung der arabischen Kultur. Salukis waren maßgeblich an der weitgehenden Ausrottung der Gazellen Nordafrikas und der arabischen Halbinsel beteiligt, mit ihnen teilt der Mensch schon lange Zelt und Lager, sehr im Gegensatz zu den anderen Hunden in Kulturen mit islamischen Hintergrund. Man sieht dort in alter Dorfhundetradition in Hunden keine Sozialpartner, zudem werden sie im Koran sogar zu unreinen Tieren erklärt. Wie Dennis Turner unlängst in seiner breit kulturvergleichenden Studie zur Tierbeziehung der Menschen in unterschiedlichen Kulturen bestätigte, spielen in islamischen Ländern Katzen gewöhnlich als Kumpantiere die Hauptrollen.

Sehr früh schon entstanden auch die noch heute genetisch erkennbaren Molosser, von ihrer Funktion her eindeutig entschlossene Verteidiger ihrer Menschen gegen Fremde. Sobald Menschen sesshaft wurden, Ansammlungen bildeten, frühe Nutztiere wie Schaf, Ziege und Rind hielten und dafür auch Land beanspruchten, stieg das Besitzdenken und dehnte sich auf Vorräte und Ländereien aus. Besitz begründet Macht, vor allem über die Reproduktion. Dies war im Vergleich zu den relativ egalitären Jäger- und Sammlergesellschaften eine neue gesellschaftliche Errungenschaft. Aber Besitz und Macht schafft auch Konkurrenz, Neid und Begehrlichkeiten, besonders unter dem in diesen Angelegenheiten spezialisierten männlichen Geschlecht. Dessen Angehörige waren ja durch ihre Rollen als Jäger und Krieger in den Jäger- und Sammlergesellschaften dafür prädestiniert. Macht und Besitz, sei es Gold, Vieh oder Frauen, kann also einerseits geraubt und muss andererseits geschützt werden.

In der Folge wurden als erste Bauwerke der Menschheit lange Mauern errichtet, die ersten Heere gebildet und die Nachbarn überfallen, um durch Einverleiben von deren Besitz, Frauen und der Arbeitskraft von Sklaven noch mächtiger zu werden. Alle frühen Herrscher dieser Stammes- und Stadtkulturen leiteten ihre Legitimation von einer gottnahen Abstammung ab. So entstand vor etwa 12 000 bis 6000 Jahren vor unserer Zeit ein Gürtel dieser neuen Besitzstands- und Herrschaftskulturen von Südostasien bis in den Nahen Osten und in den Mittelmeerraum. Im Schatten von Besitz und Macht gediehen auch neue Technologien und die Wissenschaften. Von Anfang an hatten die Molosser einen festen Platz in diesen Heeren, von den Sumerern bis zu den alten Griechen.

Hunde waren über die gesamte Alte Welt sozusagen Mitbegründer der modernen Kriegsführung. Auch der griechische Feldherr, Philosoph und Hundefreund Xenophon diskutiert ausführlich in seinem „*Kynegetikos*" (mit Hunden jagen oder Hunde führen), dem wohl ersten Hundebuch der Welt, das etwa 400 vor Christus entstand, die Zucht von Hunden, auch von Kriegshunden. Sie sollten freundlich und zugetan den eigenen Menschen gegenüber sein, aber grausam und aggressiv gegenüber Fremden, wie der österreichische Philosoph Erhard Öser in seinem 2004 erschienenen Büchlein *„Der Beitrag des Hundes zu der Menschwerdung des Affen"* amüsant darlegte. Im „*Kynegetikos*" findet sich auch die Aussage, die reinste Form der Liebe sei die zwischen einer Hündin und ihrem Herrn.

Die alten Griechen waren wahre Hundenarren und setzten wie kriegsführende Völker vor ihnen Kampfhunde in ihren Heeren ein. Dies veranschaulichen sehr drastisch grausame Szenen des Pergamonfrieses im Pergamonmuseum in Berlin, wo große Molosserhunde in der Schlacht kräftig mitmischen. In Spezialfunktionen machen Hunde bis heute Militärdienst. Im deutschen Heer wurden etwa während des Zweiten Weltkriegs 48 000 Deutsche Schäferhunde eingesetzt, im Gegensatz zur Antike aber kaum im direkten Kampf Hund gegen Mann, sondern etwa im Streifendienst, bei der Suche von

Menschen und bei Spezialaufgaben wie Meldedienst. Viele Heere, so auch das österreichische Bundesheer, beschäftigen heute noch Hundestaffeln, vorwiegend Rottweiler und Deutsche Schäferhunde.

Menschengesellschaften sind Hundegesellschaften

Nahezu alle Kulturen des modernen Menschen in den letzten 60 000 Jahren entwickelten sich im Beisein von Hunden. Ihre Rollen in diesen Kulturen reichen vom Nahrungsvorrat über Abfallbeseitiger bis zum Kriegs-, Wach- und Arbeitshund. Menschengesellschaften waren seit dem Auszug unserer Vorfahren aus Afrika vor etwa 80 000 bis 60 000 Jahren immer schon in unterschiedlichem Ausmaß auch Hundegesellschaften. Eine wenig soziale Rolle etwa spielen die Dorfhunde in Teilen Afrikas und Indiens, die einfach da sind, die man nicht streichelt oder anspricht und die man sicherlich nicht in die eigene Behausung mitnehmen würde. Sie erfüllen im Wesentlichen die Funktion von Rattenfängern und Abfallverwertern und beseitigen auch menschliche Fäkalien. So fungieren sie unter anderem als Windelersatz und assistieren Müttern bei der Reinigung von Kleinkindern. Der Preis für einen solch engen Kontakt ist allerdings hoch. Die Infektion durch Hundebandwurm oder eine Verletzung durch einen tollwütigen Hund stellen lebensgefährliche Risiken dar. Teils übernehmen dingoartige Hundetypen bereits Funktionen beim Hüten des Viehs bzw. auf Jagdausflügen, etwa bei den afrikanischen Pygmäen. Diese Männer sind stolz auf ihre Hunde als Jagdbegleiter, was sie aber nicht daran hindert, sie im emotionalen Bedarfsfall als Blitzableiter zu missbrauchen. Eine Anthropologin bemerkte einst, am wenigsten gerne wäre sie Frau in einer Pygmäengesellschaft, gefolgt von einer Rolle als Hund, in dieser Reihenfolge.

Ganz anders in ihrer Bedeutung und gesellschaftlichen Stellung rangierten die Hunde im Kulturkreis der Great-Plains-Indianer mit ihren vielen Stämmen, etwa Sioux/Dakota, Crows, Assiniboine, Blackfoots, Comanche, Cheyenne, Gros Ventres, Ojibwa etc. Diese Hundebeziehung wurde von Tanja Ulmer von der Universität Hamburg in ihrer Dissertation in bemerkenswert umfassender Weise aus historischen Quellen zusammengetragen und dokumentiert. Western-Filme vermittelten das Bild, dass dies eine Kultur edler Wilder war, die halbnomadisch in ihren Tipis mit schönen Squaws lebten, harte Krieger und listige Jäger, mit ihren Pferden verwachsen. Nicht richtig an diesem Eindruck ist allerdings die Natur ihrer Pferdebeziehung und die so wichtigen Hunde fehlen in diesem Bild völlig. Die spielten in diesen Kulturen jedoch eine Hauptrolle.

Eine typische Siedlung bestand übereinstimmenden Aussagen von Historikern und Reisenden zufolge aus vielleicht 500 Menschen in 100 Tipis sowie etwa 2000 (!) relativ großen wolfsähnlichen Hunden, manchmal offenbar auch Wolfshybriden, 30 bis 50 Kilogramm schwer, mit spitzen Ohren und buschigen Schwänzen. Viele dieser Schilderungen belegen, dass man sich einem solchen Dorf auch in der Nacht kaum unbemerkt nähern konnte. Auf das geringste Geräusch hin quollen die Hunde unter den Zelträndern hervor und bereiteten dem Fremden einen nicht immer angenehmen Empfang. Und natürlich hielten sie menschennahe lebende Wolfsrudel von den Siedlungen fern. Sie lebten von Jagdabfällen, Knochen und Fleischresten der Büffel und versorgten sich auch selber durch Jagd auf Kleintiere in der Umgebung der Lager. Man kann sich beim Nahrungsbedarf von 2000 Hunden leicht vorstellen, dass es auch deswegen nötig war, gelegentlich den Siedlungsplatz zu wechseln, weil die Hunde in einem Bereich um den alten Standort alles weggeputzt hatten.

Im „Nebenberuf" Wächter, wurden diese Hunde vor allem für den Transport eingesetzt, etwa bei der Übersiedlung des Dorfes oder beim Heimtransport des Fleisches der erlegten Büffel. Dazu wurden sie in ein Brustgeschirr gespannt, an dem ein Traggestell mit zwei nachgeschleiften Stangen, das so genannte Travois, befestigt war, beladen mit ca. 35 Kilogramm. Alternativ dazu trugen Hunde Packtaschen oder schleiften die Tipistangen nach. Das Traggestell samt Last hatte sicher auch die Funktion, die Hunde an anderen Spontanaktivitäten zu hindern. Raufereien waren zwar häufig, aber ein spontaner Jagdausflug wird durch ein solches Traggestell wesentlich erschwert. Augenzeugen berichten von langen Hundekolonnen bei einer derartigen Übersiedlung. Es war vor allem Aufgabe der Frauen, die Hunde zu führen und sie zu beladen. Nicht immer wurden die Hunde dabei zimperlich behandelt, vor allem nicht die widerspenstigen.

Nie waren diese Hunde einfach nur Nahrungsvorrat auf vier Beinen. Allerdings wurden sie von den meisten Stämmen zu Notzeiten geschlachtet und gegessen, etwa wenn die Büffel ausblieben. Und bei den meisten Stämmen waren bestimmte Rituale vom Verzehr von Hundeeintopf begleitet. Bei wenigen Stämmen herrschte ein absolutes

Tabu, Hundefleisch zu essen, was auf eine gewisse spirituelle Bedeutung der Hunde hinweist. Der spirituelle Kontext wird auch dadurch unterstrichen, dass es Tabus gab, dass Hunde mit gewissen Amuletten in Berührung kamen. Das war durchaus auch zum Schutz der Hunde gedacht, denn Amulette mit Bärenfell etwa standen im Ruf, wie Bären auch, Hunde zu töten.

Noch heute werden in den Great-Plains-Kulturen gelegentlich Hunde im Zuge von Ritualen für den Verzehr getötet, indem zwei Frauen einen Hund an Seilen am Hals von links und rechts straff halten und ein Mann ihn durch einen Schlag auf den Kopf mit Keule oder umgedrehter Axt erschlägt. In den Erzählungen der Indianer tauchen Hunde in unterschiedlichen Rollen und Zusammenhängen auf, als Liebhaber (!), als Befreier von Kindern und Bisons etc. Zudem gibt es Erzählungen über die wechselseitigen, nicht unfreundlichen Beziehungen dieser Hunde mit Wölfen. Auch diese Erzählungen lassen den Schluss zu, dass Hunde und Menschen einander sehr nahe standen. Sie gehörten zu bestimmten Familien und teilten mit ihnen Zelt und Lager, was bei Wintertemperaturen von minus 20 °C sicher ein Überlebens-, zumindest aber ein Komfortfaktor in den Tipis war. Nicht eingesetzt wurden Hunde im Gegensatz zu Eurasien im direkten Kriegseinsatz (sehr wohl aber zum Transport des Nachschubs im Zuge kriegerischer Auseinandersetzungen) und nur ausnahmsweise auf der Jagd. Eine der seltenen Jagdszenen mit Hunden stellte der Schweizer Emigrant Peter Rindisbacher 1822 dar, bei der ein mit Schneeschuhen ausgestatteter Ojibwa auf einen von drei Hunden gestellten Büffel einen Pfeil abschießt. Bei Büffeljagden wurden die Hunde gewöhnlich in den Dörfern gehalten, wohl um nicht zu stören, und durften erst nach Ende der Jagd dazustoßen, um die verwertbaren Teile nach Hause zu transportieren und sich noch lang danach an den Resten gütlich zu tun.

Die Hunde der Great-Plains-Menschen verschwanden mit dem Niedergang dieser Kultur im 19. Jahrhundert und wurden durch Hunde europäischen Typs ersetzt. Bereits um die Jahrhundertwende gab es sie nicht mehr und die letzten in alter Tradition lebenden Indianer hielten schlappohrige Mischlinge europäischer Rassen. Es gibt keine Hinweise darauf, dass diese Indianerhunde, die zumindest teilweise laut den Berichten der Augenzeugen auch mit kanadischen Grauwölfen hybridisiert waren, Spuren in unseren modernen Hunderassen hinterlassen hätten. In den USA bemühen sich einige

Zuchtverbände um die „Rückzüchtung" des Great-Plains-Hundes. Ohne eine dazugehörige Kultur sind diese Bemühungen freilich von eher zweifelhaftem Wert.

Hunde wurden von den nordamerikanischen Indigenen wesentlich mehr geschätzt als Pferde. Mit Hunden eroberten die Vorfahren der Great-Plains-Indianer den Kontinent, Pferde kamen erst 25 000 Jahre später mit den Spaniern ins Land. Und nach der Erfindung der Kufen und der Schlittenhundtechnologie war selbst die Arktis für Menschen besiedelbar. Pferde wären dafür nutzlos gewesen, wie viel später das Wettrennen von Peter Scott und Roald Amundson zum Südpol eindrucksvoll belegte. Während Scott mit Ponys tragisch scheiterte, war Amundson mit seinen Schlittenhunden erfolgreich. Pferde waren bei den Plains-Indianern wichtig in Kriegen und teils auch auf der Jagd, sie waren Prestigeobjekt und Kriegsbeute, aber man war ihnen persönlich und spirituell nicht so nahe wie den Hunden. Pferde wurden eher schlecht behandelt, sie waren als Transporttiere weniger zäh, starben oft in harten Wintern und brachten weniger Zusatznutzen als Hunde.

Rassehunde

Die Zucht von Rassehunden nach so genannten „Standards" – gewöhnlich von den Zuchtverbänden im Ursprungsland einer Rasse produzierten Rassebeschreibungen, die vor allem das Aussehen betreffen – begann erst vor etwas mehr als 200 Jahren in England. Wichtige Komponenten dieser Rassehundezucht sind die Hundeschauen, bei denen Formwertrichter die Hunde nach Körperbau und Merkmalen aus den Standards beurteilen. Die „besten", also eigentlich die nach gängigen Maßstäben schönsten, gehen dann in die Zucht.

Kaum beurteilen kann man in diesen Hundeschauen neben der Gesundheit das Wesen bzw. die rassetypischen Arbeitseigenschaften. Darum entwickelten sich bei vielen Rassen, etwa bei Huskys, Border Collies und anderen Hütehunden, Jagdhunden, aber auch beim Deutschen Schäferhund, trotz aller Bemühungen dem entgegenzuwirken „Showlinien", die Ausstellungen gewinnen, und „Arbeitslinien", bei denen Arbeitsleistung und Robustheit im Vordergrund stehen. Die Kür von Ausstellungssiegern bedingt, dass solche Championrüden oft viel zu häufig zum Deckeinsatz kommen, was die genetische Basis von Rassen katastrophal verschmälern und das flächendeckende Auftreten von Erbkrankheiten fördern kann.

Es liegt also an Zuchtverbänden und an verantwortungsbewussten Züchtern, Ausstellungsergebnisse nicht überzubewerten, sondern Gesundheitsdaten, sicheres Wesen und die Verpaarung möglichst Nicht-Verwandter zur Basis von Verpaarungsentscheidungen zu machen. „Sicheres Wesen" bedeutet übrigens in der Sprache der Kynologen, also jener, die sich um die Hundezucht kümmern und um alles, was den Hund betrifft, dass der Hund selbstsicher und ruhig ist, weder nervös, scheu noch aggressiv. So wichtig für die Wesensentwicklung eines Hundes die Menschen sein mögen, mit denen er zusammenlebt, – die Grundlagen dafür bilden rassetypische Merkmale und das schon im Welpenalter gut erkennbare individuelle Temperament.

Hundehaltung heute

Unsere postmoderne Gesellschaft im Zeitalter der Informationstechnologie und der globalisierten Wirtschaft unterscheidet sich in ihrer Hundebeziehung von den Great-Plains-Indianern im Kern gar nicht so sehr. Unsere Arbeitshunde erfüllen viele Funktionen, vor allem aber sind sie immer wichtigere Sozialpartner und Herzwärmer in einer Gesellschaft zunehmend prekärer Arbeitsverhältnisse und schwieriger werdender Sozialbeziehungen zwischen Menschen.

Hunde paaren sich immer noch mit Wölfen und werden immer noch gegessen, wenn auch kaum in westlichen Kulturen. In Österreich werden im Moment etwa 700 000 Hunde gehalten, die meisten davon als Begleit- und Familienhunde, Sozialpartner ohne besondere Fähigkeiten, außer uns zu begleiten und unser Herz zu wärmen. Zumindest wenn die Beziehung intakt ist. Das muss nicht immer der Fall sein, denn natürlich kann es auch Konflikte und mangelndes Zusammenpassen zwischen Menschen und ihren Hunden geben. Und Menschen halten Hunde nicht nur wegen ihrer Funktionalität oder aus purer Liebe, nicht selten sind Hunde einfach Teil eines Lebensstils, an den man sich als Kind bereits gewöhnt hat. Oder sie sind gar Accessoires der Selbstdarstellung, aufgeputzt mit Mäntelchen, Halsbändern und Leinen, die zum Outfit des Hundehalters passen. Selten begegnet man diesen unterschiedlichen Motiven in Reinform, sie spielen bei den meisten Haltern in unterschiedlichem Ausmaß ihre Rolle.

Mit unseren Hunden kommunizieren wir auf einer sehr unmittelbaren, emotionalen Ebene, ihre Zuneigung hängt nicht von unserem Aussehen, Reichtum oder Intelligenz ab. Andererseits beanspruchen sie – soll die Beziehung gelingen – einen erheblichen Teil unserer Zeit. Hunde sind unglaublich anpassungsfähig an unterschiedliche Menschen. Unsere Forschungen zur Beziehung zwischen Menschen und ihren Hunden zeigten, dass die Beziehungsqualität und wie sich ein Hund nach außen gibt, wie ruhig, selbstsicher, freundlich etc., vor allem von Persönlichkeit, Kommunikationsstil und vom Geschlecht des menschlichen Partners abhängt. Natürlich bringt jeder Welpe sein eigenes Temperament, seine ganz eigenen Anlagen mit. Aber er entwickelt sie erst voll in der Beziehung zu seinen Menschen. „Wie der Herr, so 's Gscherr" heißt es. Unseren Forschungsergebnissen nach trifft diese Volksweisheit durchaus zu.

Hundestreicheln ist beileibe nicht nur Luxusaktivität von Menschen, die nicht wissen, was sie sonst tun sollten. Wie die deutsche Psychologin und Mensch-Tier-Forscherin Andrea Beetz in einem Übersichtsartikel aufzeigte, motivieren uns Hunde zu gesundheitsfördernden Aktivitäten, sie bringen uns in Kontakt mit anderen Menschen und machen uns kommunikativer. Kinder wachsen in Begleitung von Hunden zu sozial kompetenten Erwachsenen heran, Hunde geben dem Alltag älterer Menschen Sinn, strukturieren ihn und wirken so gegen Altersdepression. Der australische Gesundheitsökonom Bruce Headey zeigte in einigen Studien in China, Deutschland und Australien, dass Hundebesitzer subjektiv und objektiv gesünder als Menschen ohne Hund sind und dass sie 10 bis 20 % weniger oft den Arzt aufsuchen. Hunde-, nicht aber Katzenhaltung verbessert die Überlebenschancen nach einem Herzinfarkt. Die Anwesenheit eines Hundes in der Klasse verbessert das soziale Klima und die Schulzufriedenheit. Hunde als Assistenten in Therapien wirken positiv auf die Kommunikation und die Vertrauensbeziehung etc.

Wir haben es hier also nahezu mit Wunderwirkungen zu tun, und die Liste ließe sich noch lange fortsetzen. Trotz aller Evidenz für die Vorteile der tiergestützten Arbeit sind die Widerstände dagegen jedoch noch lange nicht überwunden. Das mag auch daran liegen, dass wir in einer Gesellschaft leben, die immer noch eher auf technologische Lösungen denn auf *social skills* setzt. So wird das Schnupfen oder Spritzen des Bindungs- und Vertrauenshormons Oxytocin zur Unterstützung der Behandlung sozialer und psychischer Störungen wissenschaftlich stark beachtet und ernsthaft diskutiert. Ähnliche Effekte, noch dazu im passenden sozialen Kontext, sind durch Assistenz eines

Hundes zu erzielen, indem man den körpereigenen Oxytocinmechanismus aktiviert. Dennoch finden die so genannten „tiergestützten Interventionen“ nur langsam Anerkennung.

Tatsächlich beruht wahrscheinlich ein Gutteil der erwähnten positiven Effekte auf der Wirkung des entspannten Zusammenseins mit einem Hund auf das Bindungs- und Oxytocinsystem. Aus der Wesensverwandtschaft zwischen Mensch und Wolf entwickelten sich im Laufe der Hundwerdung und der menschlichen Kulturentwicklung eine enge Arbeitsbeziehung und soziale Symbiose. Diese lange gemeinsame Geschichte und unsere enge Beziehungsstruktur rechtfertigen ein Menschenrecht auf Zusammenleben mit Hunden aus der biophilen Natur des Menschen und ein Menschenrecht auf das Leben mit Natur und Tieren.

Für eine verantwortungsvolle Hundezucht ist Einsicht vonnöten, aber wo (oft viel) Geld und Eitelkeiten im Spiel sind, haben Köpfchen und Verantwortungsbewusstsein allzu oft Pause. So kommt es, dass immer noch die Mehrzahl der Hunderassen nach Schönheit und Ausstellungsergebnissen in reiner Championzucht vermehrt wird. Dieses System bedingt den Niedergang vieler Hunderassen durch die mangelnde Sorgfalt von Züchtern, denen am Vermeiden von Inzucht und Selektion auf Gesundheit wenig zu liegen scheint. Warner finden wenig Gehör, etwa Hellmuth Wachtel, der in seinem Buch „*Rassehund wohin?*“ eindringlich für eine Neuorientierung der Hundezucht plädiert. So entwickeln sich zu viele Hunderassen in Richtung „Qualzucht“, denen ein Leben ohne Behinderung, Beschwerden oder Schmerzen nicht mehr möglich ist. Diese meist teuren Welpen erwirbt man am besten gleich im Paket mit einem Abo bei einem guten Tierarzt. Zunehmend gibt es aber Ausnahmen, so den Eurasier, einen vor Jahrzehnten aus Wolfspitz, Chow-Chow und Samojeden gemixten Hund, der von seiner Genetik her relativ wolfsnahe, vom Sozialverhalten daher feinfühlig und zurückhaltend ist und dennoch ein gut führbarer, freundlicher Familienhund mit einer natürlichen Tendenz, auf Haus und Auto aufzupassen. Eurasier werden heute im europäischen Verband gezüchtet, auf Basis von Zuchtwertschätzung, welcher die Gesundheitsdaten von etwa 30 000 Hunden zugrunde liegen.

Natürlich gibt es keine perfekten Hunderassen. Doch solche, die nach Maßstäben wie bei den Eurasiern gezüchtet werden, weisen gewöhnlich eine größere genetische Breite auf und sind gesünder als andere. Die einzige Möglichkeit für Menschen, die überlegen, sich einen Hund anzuschaffen, sich böse, tierarzt- und kostenintensive Überraschungen in Form eines armen kranken Hundes zu ersparen, besteht darin, sich nicht vom Aussehen einer Rasse blenden zu lassen, sondern sich genau über Wesen und Zuchtmodus zu informieren. Auch die Anschaffung eines Mischlingshundes schützt übrigens nicht vor Überraschungen, weil dieser die möglichen Probleme der Ausgangsrassen vereint. Einen Hund aus dem Tierheim zu adoptieren, ist sehr verantwortungsvoll, aber man sollte wissen, dass diese Hunde unter Umständen sehr viel Geduld und Zuwendung für eine gute Familienintegration benötigen.

Heute werden von der Fédération Cynologique Internationale (FCI) 359 Hunderassen anerkannt, manche zumindest vorläufig, von denen nicht wenige aufgrund der Auswüchse der Rassehundezucht von teils eklatanten Gesundheitsproblemen betroffen sind. Das wiederum nährt eine ganze tierärztliche Industrie. Eines der Probleme besteht darin, dass die Zuchtbasis von Anfang an viel zu klein ist, wenn wieder eine neue Mischung oder ein alter Regionalschlag Rassestatus erhält. Daher wird, auch um das Erscheinungsbild der neuen Rasse zu vereinheitlichen und damit erkennbar zu machen, intensive „Linienzucht“, also Inzucht und Verwandtenverpaarung betrieben. Man mag selber beurteilen, ob es sinnvoll ist, Pudel oder Spitze nicht nur nach Größe, sondern auch nach einer Reihe von Farbschlägen zu unterteilen und so zum Teil sehr kleine reproduzierende Populationen zu erhalten.

Heute weiß man aufgrund genetischer Untersuchungen, etwa von Heidi Parker, dass einander trotz großer Unterschiede im Aussehen die meisten dieser Rassen genetisch wie ein Ei dem anderen gleichen. Tatsächlich entsprechen den 359 in zehn Gruppen relativ willkürlich nach Aussehen zusammengefassten FCI-Hunderassen gerade mal vier aufgrund relativ kleiner genetischer Unterscheide definierte Cluster: die ursprünglichen, wolfsähnlichen, mit Spitzen, vielen Schlittenhunden und ursprünglichen Windhunden, aber auch den alten Kleinhunden aus Asien und Südamerika; die Molosser mit den Mastiffs, dem Dogo Argentino, aber auch mit dem Deutschen Schäferhund; eine Gruppe von Hirtenhunden; und alle anderen. Dieser Vierergruppierung entsprechen wohl auch die ursprünglichen ersten Spezialisierungen der Hunde für Jagd, Krieg und Hüte-Einsatz. Die vierte Kategorie enthält dagegen alle modernen Spezialisten, vor allem im Bereich der Jagdhunde, die Terrier, die modernen Windhunde wie Greyhounds, viele Begleithunde etc.

Aufgrund dieser großen genetischen Ähnlichkeit der meisten Rassen wäre es relativ einfach, in der Vergangenheit durch sorglose Zucht ruinierte Rassen – stellvertretend für viele seien etwa die englische Bulldogge, der Mops und der Chow-Chow genannt – durch Einkreuzen von Hunden aus anderen Rassen und einer Verbreiterung der Zuchtbasis wieder aufzubauen. Aber Kurzsichtigkeit, fachliche Inkompetenz und natürlich auch massive finanzielle Kurzzeitinteressen, von den Züchtern bis in die Spitzen jener Dachverbände, welche die Zuchtregeln überwachen, verhindern dies immer noch. Die gute Nachricht dabei ist, dass menschliche Kurzsichtigkeit zwar einzelne Rassen gefährden mag, nicht aber den Hundebestand insgesamt.

Heute sind Hunde überwiegend als Sozialpartner wichtig, nur wenige bringen im Team mit Menschen ihr tatsächliches Leistungspotential zum Einsatz. So leben in Österreich etwa 1,5 Millionen Menschen mit mehr als 700 000 Hunden zusammen, von denen nur ein geringer Prozentsatz als Rettungs-, Polizei-, Schnüffel- oder Jagdhund arbeitet. Hundehaltung bewegt in Österreich etwa 2,5 Milliarden Euro pro Jahr. Allein ihre schiere Zahl, aber auch die Kosten, welche Hundehalter auf sich zu nehmen gewillt sind, zeigen, wie wichtig Hunde sein müssen. Darauf deuten auch die jährlichen Steigerungsraten bei den Ausgaben für Hunde hin.

Andererseits können Hunde auch gefährlich sein. Für die USA finden sich Angaben, wonach die dort lebenden rund 72 Millionen Hunde jährlich etwa 700 000 Verletzungen verursachen, die behandelt werden müssen. Und auch in Österreich gibt es ca. pro 300 Hunde eine nennenswerte Verletzung pro Jahr. Die meisten Bisse gehen auf das Konto von Rüden, es trifft vor allem Kinder im Bekanntenkreis. Beliebte Ziele sind aber auch Hundebesitzer, die sich nicht selten unter Alkoholeinfluss einmischen, wenn ihre Hunde beim Spazierengehen und meist angeleint aneinander geraten. Ein Großteil dieser Verletzungen wäre vermeidbar. Sie entstehen aus Fehlern, welche die Halter machen, aus zu geringer Kenntnis des Hundeverhaltens und aus mangelnder Sensibilität dem Hund gegenüber.

So könnte man meinen, dass der gegenwärtige Trend einer steigenden Zahl von Hunden ein immer größeres Sicherheitsrisiko darstellt, weswegen diese nur noch mit Leine und Maulkorb ausgestattet unterwegs sein sollten. Das scheint aber nicht der Fall zu sein. Denn erstens beeinträchtigt ständiges Leinenführen die Funktionalität und damit Sicherheit einer Dyade und zweitens gibt es neuere Zahlen, etwa aus Oberösterreich, die hoffen lassen. Dort stieg die Zahl der gehaltenen Hunde von 43 000 im Jahr 2004 auf 61 000 um das Jahr 2011, während die Zahl der gemeldeten Verletzungen pro Jahr von etwa 450 auf 250 zurückging. Dies bedeutet etwa einen Biss pro Jahr auf 250 Hunde. Trotz eines Anstiegs der Zahl der gehaltenen Hunde wurde Hundehaltung also wesentlich sicherer. Konstant blieb mit etwa 6 % der Anteil der schweren Bissunfälle. Am häufigsten waren die Opfer zwischen 45 und 60 Jahre alt. Am meisten bissen 2010 übrigens Schäferhunde; korrigiert auf die Anzahl der gemeldeten Hunde lieferten allerdings die meisten Bisse Pinscher-Schnauzer, gefolgt von Dobermännern und Rottweilern, Schäferhunde lagen auf Platz vier. Die Unfälle mit Hunden häuften sich bei den Haltern der Altersgruppe zwischen 40 und 50 Lebensjahren. Dabei ist unklar, ob es sich dabei noch um die „alte Generation" von Hundehaltern handelt, die bestimmte Rassen bevorzugt und eher forsch mit ihren Hunden umgeht. Übt man Druck auf einen Hund aus, erhöht sich damit die Gefahr, dass dieser in einer Art Radfahrerreaktion diesen Druck weitergibt. Gerade jüngere Leute halten mehr Hunde in sanfterem Umgang als früher, was die Hundehaltung insgesamt sicherer macht.

Ausblick

Wer ein Verbot der Hundehaltung in der Gesellschaft und ein Freihalten unserer Wälder vom Wolf fordert, weiß offenbar nicht, wovon er spricht. Wölfe und später Hunde waren die beständigen Begleiter der Menschen in ihrer Ausbreitung über die Erde und in ihrer Kulturentwicklung. Hunde sind ohne Menschen nicht definiert und Menschen ohne Hunde nicht ganz vollständig. Daraus wäre problemlos ein Menschenrecht auf Hundehaltung abzuleiten. Und ein Recht der Hunde, menschennah und hundegerecht gehalten zu werden. Aber auch das Recht der Wölfe auf ihren angestammten Lebensraum.

Alle Zahlen und Fakten deuten darauf hin, dass die Hundehaltung in unseren modernen Gesellschaften nicht weniger, sondern zunehmend mehr Bedeutung erlangt. Hunde bewirken einen aktiven, kommunikativen und gesundheitsorientierten Lebensstil. Das Aufwachsen mit Hunden fördert die körperliche, geistige und emotionale Entwicklung von Kindern und ihre soziale Kompetenz. Und nicht zuletzt mildern Kumpantiere wie Hund und Katze jene fortschreitende individuelle Vereinsamung, die als Nebenerscheinung des Zerfalls der klassischen Familienstruktur, der zunehmend prekären Arbeitsverhältnisse und der Überalterung der Gesellschaft immer mehr auftritt. Gerade für ältere Menschen sind Hunde wichtige Sozialgefährten und Sinnstifter, sorgen für einen strukturierten Lebensstil und für Kontakte nach außen.

Gleichzeitig schaffen die Urbanisierung unserer Gesellschaften und das erhöhte, durchaus romantische Bedürfnis von Städtern, mit der Natur in Beziehung zu bleiben, auch eine neue Einstellung zum Wolf. War er in den letzten Jahrhunderten gefürchteter Feind und Sinnbild des Bösen, gesteht heute eine Mehrheit der Stammform unserer Hunde wieder ein Lebensrecht auch in unseren Wäldern zu. Folgerichtig expandieren die meisten Wolfspopulationen in Europa und in Nordamerika. Es wird jedoch viel Aufklärungsarbeit zur Veränderung der mittelalterlichen Einstellungen in den Köpfen jener Menschen bedürfen, die im Wolf immer noch den Konkurrenten und Feind sehen, und viel Konfliktmanagement und Engagement, um das labile Verhältnis der Menschen zu Wölfen einigermaßen zu stabilisieren und unserer wesensähnlichen Schwesterart wieder langfristig Lebensrecht mitten unter uns zu sichern. Es wird ein langer, langsamer Prozess sein mit vielen Rückschlägen – aber die Ampel steht auf Grün.

Wir leben in einer Zeit spannender gesellschaftlicher Entwicklungen der Beziehungen zwischen Menschen und Wolf, Hund und anderen Kumpantieren. Man wird mit der Prognose nicht falsch liegen, dass Tiere, insbesondere Hunde, eine immer größere Rolle als Sozialpartner und als Subjekte der Zuwendung erlangen werden. Menschen sind heute willens und bereit, immer mehr in Hunde zu investieren, auch als Botschaft an die Umgebung, wie wichtig einem der Hund ist. Dieser Trend wird sich verstärken. Einerseits wird es immer mehr kommerzielle Angebote für Hunde und ihre Besitzer geben, Hundeboutiquen, Freizeit-, Genuss- und Sportangebote, hundefreundliche Hotels etc. bis hin zu modischen Outfits. Schon heute scheint es unter den wohlhabenden und immer mehr Hunde haltenden Ostasiaten kaum mehr üblich zu sein, einen Hund „nackt" Gassi zu führen. Die teuren Frühjahrs- und Herbstkollektionen für Mops & Co kommen aus Italien, preisgünstigere Hundekleidung von der Stange zunehmend aus China. Besonders das hochpreisige Marktsegment an Futter, Zubehör und tierärztlichen Leistungen wird sicherlich weiter stark wachsen wie auch die Zahl der gehaltenen Hunde. Diesem Trend steht allerdings die wachsende Anzahl der Singlehaushalte gegenüber. Solche Lebensumstände begünstigen Katzen-, nicht aber Hundehaltung. Es wird auch die Nachfrage nach gutem, also hunde- *und* menschengerechtem Beziehungscoaching steigen. Der bereits jetzt boomende Markt der Hundetrainer, der tatsächlichen oder selbsternannten Problemhundeexperten, der zweifelhaften Gurus und Abkassierer auf diesem Sektor wird weiterhin stark wachsen.

Andererseits wird man zunehmend bereit sein, das Potential und die Kompetenz von Hunden für eine bessere Gesellschaft anzuerkennen, Hunde in ihrem Wert als Sozial- und Freizeitpartner, aber auch als Assistenten im effizienten Therapieeinsatz wertzuschätzen. Darin sind auf beiden Seiten des Großen Teichs unterschiedliche Tendenzen zu bemerken. Während man in den USA und generell im angelsächsischen Raum eher versucht, Hunde mittels Zucht, chirurgischer Eingriffe und Haltungsmethoden an den Menschen anzupassen, ist in Europa eher der sympathische Trend festzustellen, den Hund als Partner zu sehen, an den sich auch die Halter bis zu einem gewissen Grad anzupassen haben, kurz, an einer auch hundgerechten Beziehung zu arbeiten. Man wird sehen, wohin die Entwicklung führen wird, besonders die sozialen und geistigen Fähigkeiten der Hunde zu fördern und zu nutzen. Denkbar sind Kompetenzzentren für Hunde und Versuche, ihnen mehr Rechte und über Hundeanwälte mehr Mitsprache in der Gesellschaft einzuräumen. Dies wird nahezu automatisch geschehen, mit der bereits spürbaren Einstellungsänderung, Hunde zunehmend als Partner auf gleicher Augenhöhe zu sehen. Hundehalter werden zunehmend Politiker auch nach ihrer Bereitschaft beurteilen, für eine Gesellschaft zu arbeiten, die dem Team Mensch-Hund gute Lebensbedingungen bietet.

Man mag den Wechsel von der Kinder- zur Hundegesellschaft bedauern, so es einen solchen tatsächlich gibt. De facto ist eine Gesellschaft, die Kinder gut einbettet, auch freundlich zu Hunden und ihren Haltern (und umgekehrt). Gerade Familien mit Kindern leben oft mit Hunden. In jedem Fall ist der Versuch, Hundehaltung durch schikanöse Maßnahmen von Seiten der Kommunen weiter einschränken zu wollen, als Steinzeitpolitik zu werten. Angesichts der gesellschaftlichen Entwicklungen geht er an jeder Realität vorbei. Damit bedient man ausschließlich miesepetrige Kontrollfreaks und Technokratengehirne.

Die Zukunft liegt in der Förderung des Miteinanders, in der Würdigung der sozialen und wirtschaftlichen Leistungen der Hundehaltung und in einer klaren Berücksichtigung der Bedürfnisse der Hunde und ihrer Menschen. Eine sowohl menschen- als auch hundegerechte Gesellschaft ist kein Widerspruch, sondern kommt nur im Doppelpack. Es sollte das Motto zutreffen: Geht's den Hunden gut, dann geht's den Menschen, insbesondere den Kindern, gut. Zumindest wenn die Halter ihre soziale Verantwortung wahrnehmen und ihre Hunde zu verträglichen Mitgliedern unserer Mensch- und Tiergesellschaft erziehen. Noch sind wir nicht dort, aber wir sind auf einem guten und nicht mehr umkehrbaren Weg.

In Mitteleuropa ist heute die Bereitschaft sehr groß, Hunde, ihre Bedürfnisse und ihr Wohl zu sehen und zu berücksichtigen. Dieser Trend wird sich langsam auch in andere Weltgegenden ausbreiten. Dies wird in Zukunft dazu führen müssen, dass auf die Bedürfnisse der Hunde und ihrer Menschen in den Städten, auf dem Land, im Wohnungsbau, in öffentlichen Verkehrsmitteln und Institutionen wie Arbeitsstätten, Ämtern, Krankenhäusern etc. mehr Rücksicht genommen wird. Immer mehr wird die Gesundheit von Mensch und Tier als Einheit betrachtet werden. Wahrscheinlich wird dies in nicht allzu ferner Zeit zu Kliniken und Reha-Zentren führen, in denen Mensch und Hund zusammen therapiert werden, sowie zu einem Besuchs- und Aufenthaltsrecht von Hunden in Schulen, Krankenhäusern und Pflegeeinrichtungen.

Parallel zum steilen gesellschaftlichen Bedeutungszuwachs der Mensch-Tier-Beziehung, speziell der Beziehung zum Hund, wird mehr einschlägige Forschung benötigt. Entsprechende Tendenzen zeichnen sich klar ab. Es ist gesichertes Grundwissen zu Hund, Mensch und der Beziehung zwischen beiden vonnöten, auch um für die zukünftigen gesellschaftlichen Herausforderungen und Bedürfnisse gewappnet zu sein. Internationale Organisationen zur Erforschung der Mensch-Tier-Beziehung gibt es schon lange, aber bislang köchelte dieser Zweig auf eher kleiner Flamme, am Leben erhalten vor allem durch Mittel aus der Industrie, allen voran der Firma MARS. Zunehmend fassen heute *Human-Animal Studies* in Disziplinen wie Biologie, Soziologie, Psychologie und in diversen Human-, Sozial- und Kulturwissenschaften auch an den Universitäten Fuß. Seit einigen Jahren etwa existiert eine *private-public partnership* zwischen MARS und dem NIH, dem US-amerikanischen National Institute of Health. Damit wird vor allem in den USA viel Forschungsgeld in jenen Bereichen investiert, die uns später helfen werden, das in der Mensch-Tier-Beziehung schlummernde Sozialkapital zu heben. In Europa zieht man nach, Volumen und Breite der heimischen Forschung steigen. So finanziert der Österreichische Wissenschaftsfond im Moment ein großes Projekt meiner Mitarbeiterinnen und mir zur Erforschung der Komponenten der Mensch-Hund-Beziehung.

An den Universitäten sprießen einschlägige Arbeitsgruppen. Allein in den USA gibt es *Human-Animal Studies* schon an ca. 30 Universitäten, an einigen davon bereits als Master-Studium. Aber auch in Österreich sind die Entwicklungen sehr vielversprechend. Es begann vor etwa 25 Jahren auf kleiner Flamme mit dem IEMT Österreich, dazu kam dann vor etwa zehn Jahren meine eigene Mensch-Tier-Arbeitsgruppe an der Konrad Lorenz Forschungsstelle bzw. an der Universität Wien. Und im März 2012 wurde an der Veterinärmedizinischen Universität Wien in Zusammenarbeit mit der Universität Wien sowie der Medizinuniversität Wien mit vorläufig drei Professuren das „Messerli

Institut für Mensch-Tierbeziehung" gegründet. Dort kümmert man sich um ethische, kognitive und medizinische Aspekte der Mensch-Tier-Beziehung. Ein einschlägiger Master-Studiengang startet im Herbst 2012. Es besteht die Hoffnung, dass es dieser jungen Institution gelingt, aus ihrem Elfenbeinturm auszubrechen und eine Drehscheibe für die Mensch-Tier-Forschung weltweit zu bilden.

Zudem gibt es gerade in Österreich hoffnungsvolle bis sensationelle behördliche Entwicklungen in Richtung Praxis. Während man anderswo den Einsatz von Hunden in der Schule eher behindert, entwickelte man hierzulande als Initiative des Unterrichtsministeriums Richtlinien, also ein „Best-Practice-Modell", für den Einsatz von Hunden in der Schule, samt einschlägiger Zusatzausbildung für Lehrer an den Pädagogischen Hochschulen. Auch das wird 2012 starten. Last but not least müssen auch die vielen privaten Initiativen erwähnt werden, die tiergestützte Aktivitäten und Therapien anbieten. Es entstand ein wahres *grassroot movement*, eine massive Basisbewegung, offenbar in Reaktion auf den gesellschaftlichen Bedarf. Gefördert werden diese Aktivitäten durch einschlägige Ausbildungen, angeboten etwa durch Ingrid Stephan am Institut für Soziales Lernen mit Tieren nahe Hannover, durch Dennis Turner im IEMT in der Schweiz oder auch durch den Verein Tiere als Therapie in Wien. Natürlich spielen Hunde dabei eine dominierende Rolle.

***

Die in diesem Buch dargestellte Kontinuität und Bedeutung der Beziehungen der Menschen zu Wölfen und Hunden erstaunt mich jeden Tag aufs Neue. Für besonders beeindruckend halte ich, dass Hundehaltung kein anachronistisches Auslaufmodell darstellt, sondern dass in der Mensch-Hund-Beziehung viel von dem für die Zukunft unserer Gesellschaft dringend erforderlichen Sozialkapital liegt. Miteinander haben Hund und Menschen Zukunft. Dem Wolf wird das nicht schaden. Wir schulden ihm allein schon aufgrund unserer langen gemeinsamen Beziehungsgeschichte die Sicherung seiner Zukunft.

Shima im ersten Winter ihres Lebens

Apache durchstreift sein großes Gehege – nicht der sicherste Ort für Mäuse und andere Kleintiere ...

Z. Viranyi mit Kenai und Wapi

Die dreiwöchige Kai nähert sich vorsichtig der Hündin Kendra.

Für einen 2,5 Wochen alten Timberwolf ist die Wiese ein Dschungel.

Kai in Augenkontakt mit WSC-Wolf-Walkerin C. Ritter

Tatonga genießt die warme Herbstsonne.

Hündin Bolita mit ihren „Ziehsöhnen" Aragorn (li.) und Kaspar (re.)

V. re. n. li.: Z. Viranyi mit Nanuk, F. Range mit Yukon und Kurt Kotrschal.

Bolita legt ungestümen Welpen etwas Zurückhaltung nahe.

Der achtwöchige Amarok bekommt in Konkurrenz mit Gefährtinnen seinen „Schnauzenbiss“.

Die allerersten Welpen des WSC aus dem Tierpark Herberstein ruhen im Alter von zehn Tagen vertrausensvoll auf einer Royal-Canin-Jacke.

Mai 2012: Erstkontakt der achtwöchigen Welpen und der vierjährigen Shima unter Vermittlung des Autors – ein Abbild einer Vertrauensbeziehung im direkten Blickkontakt zwischen Wölfin und Mensch und der Zuwendung des Welpen zur unbekannten Wölfin aus sicherer Geborgenheit sowie ein Symbol für die jahrzehntausendelange Nahebeziehung zwischen Mensch und der Wesensschwester Wolf, die immer wieder in Hass, Angst und grausame Verfolgung der Wölfe durch Menschen umschlug. Die Liebe zum Wolf war Mutter unserer Hunde, Wolfshass Vater der fortdauernden Ausrottungsfeldzüge – die alte Geschichte von Kain und Abel eben ...

DANKSAGUNG

Dieses Buch beruht auf meinen Erfahrungen und Erlebnissen im Zusammenleben mit unseren Familienhunden, vor allem aber mit den Wölfen und Hunden des Wolfsforschungszentrums (WSC). Daher gebührt ihnen mein erster, symbolischer Dank. Besonders wichtig waren (und sind) mir meine Kolleginnen Friederike Range und Zsófia Virányi; gemeinsam leiten wir das WSC, sie lieferten wichtigen Input zum Buch.

Darüber hinaus danke ich den vielen Kollegen, mit denen ich über die letzten 25 Jahre an der Konrad Lorenz Forschungsstelle und an der Universität Wien zusammenarbeiten durfte. Sie haben mein Denken nachhaltig geprägt. Großen Dank schulde ich vor allem meinen Vorgesetzten an der Universität Wien, die mir jenen Freiraum und jenes blindes Vertrauen gewährten, die für eine gute Entwicklung sowohl der Konrad Lorenz Forschungsstelle als auch des WSC notwendig waren. Elli Radinger verdanke ich die Vermeidung eines peinlichen Irrtums im Buchtext. Und ohne die freundliche Motivationsarbeit der Mitarbeiterinnen des Christian Brandstätter Verlags hätte ich wohl viele gute Gründe gefunden, dieses Buch nicht zu schreiben.

AUSGEWÄHLTE LITERATUR

Was Wölfe biologisch sind und wie das mit Menschen und Hunden zusammenpasst, Wolfskulturen, zu Wesen und Verhalten von Wölfen

Bloch, G., Radinger, E.H. (2010). Wölfisch für Hundehalter. Stuttgart.

Feddersen-Petersen, D.U. (2008). Ausdrucksverhalten beim Hund. Mimik und Körpersprache, Kommunikation und Verständigung. Stuttgart.

Julius, H. et al. (2012). Attachment to Pets. An Integrative View of Human-Animal Relationships with Implications for Therapeutic Practice. Göttingen.

Mech, D.L., Boitani, L. (2003). Wolves. Behavior, Ecology and Conservation. Chicago.

Musiani, M. et al. (2007). Differentiation of tundra/taiga and boreal coniferous forest wolves: genetics, coat colour and association with migratory caribou Molecular Ecology 16, 4149-4170.

Peterson, R.O. (2008). The wolves of Isle Royale. A broken balance. Ann Arbor.

O'Connell, L.A., Hofmann, H.A. (2012). Evolution of a Vertebrate Social Decision-Making Network.10.1126/science.1165448 DOI: 10.1126/science. 1218889, Science 336, 1154.

Zimen, E. (1990). Der Wolf: Verhalten, Ökologie und Mythos. München.

Von Wölfen und Menschen - eine ewige Beziehungskiste

Broom, D. M. (2003). The evolution of morality and religion. Cambridge.

DeLoache, J. S., Pickard, M. B., LoBue, V. (2011). How very young children think about animals. In: McCune, S., Griffin, J. A., Maholmes, V. (Eds.). How animals affect us: Examining the influences of human-animal interaction on child development and human health, 85–99. Washington, DC.

Ericsson, G., Heberlein, T.A. (2003). Attitudes of hunters, locals, and the general public in Sweden now that the wolves are back. Biological Conservation 111, 149-159.

Hare, B., Wobber, V., Wrangham, R. (2012). The self-domestication hypothesis: evolution of bonobo psychology is due to selection against aggression. Animal Behaviour 83: 573–585.

Hobusch, E. (2009). Hirschsteine und Wolfsjäger in der mongolischen Steppe jagdkultur.eu/forum/media/ downloads/313_320Hob.pdf.

Jiang Rong (2008). Der Zorn der Wölfe. München.

Kaczensky, P. (2006). Medienpräsenz- und Akzeptanzstudie Wölfe in Deutschland. Arbeitsbereich Werkvertrag Wildtierökologie und Wildtiermanagement Forstzoologisches Institut Fakultät für Forst- und Umweltwissenschaften Universität Freiburg, www.lcie.org.

Kotrschal, K. (2009). Die evolutionäre Theorie der Mensch-Tier-Beziehung. In: C. Otterstedt, M. Rosenberger (Hg.). Gefährten - Konkurrenten - Verwandte. Die Mensch-Tier-Beziehung im wissenschaftlichen Diskurs. Göttingen.

Kotrschal, K. et alt. (2009). Dyadic relationships and operational performance of male and female owners and their male dogs. Behavioural Processes 81, 383-391.

Kruuk, H. (2002). Hunter and hunted. Relationships between carnivores and people. Cambridge.

Linnell, J.D.C. et al. (2002). The fear of wolves: a review of wolf attacks on humans. NINA Oppdragsmelding: 731, 1-65.

Musiani, M., Boitani, L., Paquet, P.C. (2009). A new era for wolves and people. Wolf recovery, human attitudes and policy. Calgary.

Røskaft, E. et alt. (2007). Human attitudes towards large carnivores in Norway. Wildl. Biol. 13, 172-185.

Schleidt, W.M., Shalter, M.D. (2003). Co-evolution of Humans and Canids. An Alternative View of Dog Domestication: Homo Homini Lupus? Evolution and Cognition 9, 57-62.

Serpell, J. A. (1986). In the company of animals. Oxford.

Ulmer, T. (2010). Der Hund in den Kulturen der Plains-Indianer. Marburg.

Willerslev, R. (2009). Soul Hunters. Hunting, Animism, and Personhood among the Siberian Yukaghirs. Berkeley.

Wedl, M., Kotrschal, K. (2009). Social and Individual components of animal contact in preschool children. Anthrozoös 22, 383-396.

Zeiler, H., Zedrosser, A., Bath, A. (1999). Attitudes of Austrian Hunters and Vienna Residents Toward Bear and Lynx in Austria. Ursus, Vol. 11, A Selection of Papers from the Eleventh International Conference on Bear Research and Management, Graz, Austria, September 1997, and Gatlinburg, Tennessee, April 1998 (1999), www.jstor.org/stable/3873001.

Wagner, C. et alt. (2012). Wolf (Canis lupus) feeding habits during the first eight years of its occurrence in Germany. Mammal. Biol. DOI: 10.1016/j.mambio.2011.12.004.

Wilson, E. O. (1984). Biophilia. Cambridge.

Vom gefährlichen Beutegreifer zum Partner in der Forschung

Bradshaw, J. (2011). Dog sense. New York.

Csányi, V. (2006). Wenn Hunde sprechen könnten ... Verstand und Verstandesleistungen von Hunden. Mürlenbach.

Frank, H., Frank, M.G. (1982). On the effects of domestication on canine social development and behavior. Appl. Anim. Ethol., 8: 507–525.
Hemetsberger, J. et alt. (2010). Influence of socially involved hand-raising on life history and stress responses in greylag geese Interaction Studies 11, 380–359.
Miklosi, A. (2007). Dog, behaviour, evolution and cognition. Oxford.
Range, F. (2009). Wie denken Tiere? Faszinierende Beispiele aus dem Tierreich. Wien.
Range, F., Viranyi, Z. (2011). Gaze following abilities in wolves (Canis lupus). PLoS ONE 6(2): e16888. DOI:10.1371/j ournal.pone.0016888.
Range, F., Möslinger, H., Virányi, Z. (2012). Domestication has not affected the understanding of means-end connections in dogs. Animal Cognition, im Druck.

Aus Wölfen wurden Hunde …

Anderson, T.M. et al. (2009). Molecular and Evolutionary History of Melanism in North American Gray Wolves, sciencexpress.org / 5 February 2009.
Coppinger, R., Coppinger, L. (2001). Dogs. New York.
Herre, W., Röhrs, M. (1990). Haustiere – zoologisch gesehen. Stuttgart, New York.
Jun-Feng Pang et al. (2009). mtDNA Data Indicate a Single Origin for Dogs South of Yangtze River, Less Than 16,300 Years Ago, from Numerous Wolves. Mol. Biol. Evol. 26 2849-2864.
Lorenz, K. (1965). So kam der Mensch auf den Hund. Wien.
Oeser, E. (2004). Hund und Mensch. Die Geschichte einer Beziehung. Wien.
Parker, H.G. et alt. (2004). Genetic structure of the purebred domestic dog. Science 304, 1160–1164.
Range, F. et alt. (2008). The absence of reward induces inequity aversion in dogs, pnas.org/cgi/ DOI: 10.1073/pnas.0810957105.
Scott, J.P., Fuller, J.L. (1965). Genetics and the social behaviour of the dog. Chicago.
Serpell, J.A. (1995). The domestic dog. Cambridge.
Von Holdt, B.M. et al. (2010). Genome-wide SNP and haplotype analyses reveal a rich history underlying dog domestication. Nature 464, 898-902.
Zimen, E. (1988). Der Hund. Abstammung, Verhalten, Mensch und Hund. München.

AUSGEWÄHLTE LINKS

Zum Umfeld des Autors

www.klf.ac.at

Konrad Lorenz Forschungsstelle in Grünau, Oberösterreich, die „home base", aus der auch das Wolfsforschungszentrum hervorging, heute Core Facility der Fakultät für Lebenswissenschaften der Universität Wien.

www.wolfscience.at

Das Wolfsforschungszentrum/Wolf Science Center in Ernstbrunn, Niederösterreich.

http://mensch-tier-beziehung.univie.ac.at

Die Arbeitsgruppe für Mensch-Tier-Beziehung des Autors an der Universität Wien.

http://cogcom.univie.ac.at

Information zum FWF-finanzierten PhD-College „Cognition und Communication" mit fünf Betreuern (inkl. Autor) und ca. 50 Mitarbeitern, vorwiegend PhDs und Post Docs.

http://www.fwf.ac.at/asp/projekt_res.asp

Projektdatenbank, über die FWF-finanzierte Forschungsprojekte des Autors zu finden sind.

http://diepresse.com/user/search.do?resetForm=1&resultsPage=0&searchText=Kotrschal&suchtyp=

Regelmäßige Kommentare des Autors zu einschlägigen Themen in der österreichischen Tageszeitung „Die Presse".

http://www.eurasier-club-austria.at

Eurasier, die bevorzugte Hunderasse des Autors, der Vorsitzender des Vereins ist.

http://www.managementpilots.com/index.php?option=com_content&view=article&id=112&Itemid=189

Zur WSC-Kooperation mit Patricia Stanieks „Management Pilots" im Bereich Managercoachings.

Berufliches Umfeld der beiden Ko-Leiterinnen des Wolfsforschungszentrums, Dr. Friederike Range und Dr. Zsófiya Virányi

www.vetmeduni.ac.at/messerli

www.cleverdoglab.at

Kleine Auswahl wolfsrelevanter Homepages

www.lcie.org

Die Homepage der Large Carnivore Initiative for Europe. Hoch informativ zur Lage der großen Beutegreifer in Europa. Zahlreiche Downloads.

http://www.yellowstonenationalpark.com/wolves.htm

http://www.nps.gov/yell/naturescience/wolves.htm

Zwei von vielen Homepages zu den Yellowstone-Wölfen; aufregende Beobachtungen zum Verhalten von Wölfen im Freiland; surfen lohnt!

http://www.isleroyalewolf.org

http://en.wikipedia.org/wiki/Wolves_and_moose_on_Isle_Royale

Zwei von vielen Homepages zu den berühmten, gut beforschten Wölfen der Isle Royale im Lake Superior.

http://www.gzsdw.de

Gesellschaft zum Schutz der Wölfe. Wichtige Wolfsschutz-NGO im deutschsprachigen Raum; bereitete den Boden für die Besiedlung von Teilen Deutschlands durch Wölfe.

http://www.wolfpark.org/index.html

Wolf Park Indiana. Vorbild für das Wolfshandling am WSC, enge Partnerinstitution.

http://www.haliburtonforest.com/wolf.html

Sehenswerter Natur-und Wolfspark in Kanada. Zwei WSC-Welpen (Kay, Wamblee) kamen 2012 aus Haliburton.

http://www.wolf.org/wolves/index.asp

Hervorragendes Bildungszentrum zum Wolf in den USA.

http://www.wolfcenter.de

Neues Wolfszentrum in Dörverden, hervorragende Didaktik, Wolfshaltung leider nicht ideal.

http://www2.tierwelt-herberstein.at

Schöner Zoo im Süden Österreichs, ehemals gute Wolfshaltung; Herkunft der ersten vier Timberwolf-Welpen (Aragorn, Kaspar, Shima, Tayanita) des WSC 2008.

http://www.zoobasel.ch

Schöner Schweizer Zoo mit zootypischer Wolfshaltung; Herkunft von zwei WSC-Wolfswelpen 2009.

http://www.ernstbrunn.gv.at/system/web/gelbeseite.aspx?detailonr=219352909

Wildpark Ernstbrunn im Umfeld der Marktgemeinde, Standort und Partner des WSC.

Symbolisch auch eine inhaltlich gute Homepage für den Hund (das Schlagwort „dogs" ergoogelt 660 000 000 Treffer ...)

http://en.wikipedia.org/wiki/Dog

Einige wichtige Homepages zur Mensch-Tier-Beziehung

http://www.iahaio.org
IAHAIO: International Association of Human-Animal Interaction Organizations; Dachorganisation für Forschung und Praxis im Bereich Mensch-Tier-Beziehung.

http://www.isaz.net
ISAZ: International Society for Anthrozoology. Gesellschaft für die wissenschaftliche Erforschung der Mensch-Tier-Beziehung.

http://www.iemt.at
IEMT: Institut für die interdisziplinäre Erforschung der Mensch-Tier Beziehung. Arbeitet im Interesse einer guten Kumpantierbeziehung.

http://www.lernen-mit-tieren.de
Institut für soziales Lernen mit Tieren. Eine bewährte Fortbildungsinstitution im Bereich Mensch-Tier-Beziehung.

Zu zwei unvergessenen Pionieren der wissenschaftlichen Arbeit mit Gehegewölfen

http://web.ics.purdue.edu/~hresler/Wolf/About%20Us/Dr%20 Klinghammer.html
Dr. Erich Klinghammer, 1930-2011. Begründer von Wolf Park Indiana.

http://de.wikipedia.org/wiki/Erik_Zimen
Dr. Erik Zimen, 1941-2003, zeigte als Dissertant von Wolf Herre durch Verhaltensvergleiche als Erster, dass Hunde domestizierte Wölfe sind.

Bildnachweis

33 Peter Kaut; 34, 35, 36/37 Daniel Zupanc; 38 o.: Walter Vorbeck, u.: Peter Kaut; 39 o.: Kurt Kotrschal, u.: Peter Kaut; 40/41 Peter Kaut; 42/43 Walter Vorbeck; 44/45 Peter Kaut; 46 Daniel Zupanc; 47 o.: Peter Kaut, u.: Kurt Kotrschal; 48 Kurt Kotrschal; 211 Friederike Range; 212/213 Peter Kaut; 214 o.: Walter Vorbeck, u.: Daniel Zupanc; 215 Daniel Zupanc; 216/217 Peter Kaut; 218 o.: Kurt Kotrschal, u.: Claudia Schanza; 219 o.: Daniel Zupanc, u.: Walter Vorbeck; 220/221 Friederike Range; 222/223 Daniel Zupanc

Bibliografische Information der Deutschen Nationalbibliothek
Die Deutsche Nationalbibliothek verzeichnet diese Publikation in der Deutschen Nationalbibliografie; detaillierte bibliografische Daten sind im Internet über dnb.d-nb.de abrufbar.

2. Auflage 2013

Coverfotografie: Peter Rigaud
Rückcoverfotografie: Daniel Zupanc
Lektorat: Else Rieger
Grafische Gestaltung: Fuhrer, Wien
Schrift: Romain BP Headline Regular & Italic, Stag Stencil Medium, Stag Bold, Giorgio Sans Bold
Papier: Munken Print White 115g/m²

Gedruckt in der EU

ISBN 978-3-85033-675-8

Christian Brandstätter Verlag
GmbH & Co KG
A-1080 Wien, Wickenburggasse 26
Telefon (+43-1) 512 15 43-0
Telefax (+43-1) 512 15 43-231
E-Mail: info@cbv.at
www.cbv.at